U0161264

# 大数据知识读本

主　编　钟世芬

副主编　唐剑梅　何忠秀

　　　　唐明伟　陈红红

科学出版社

北　京

# 内 容 简 介

　　本书以通识为出发点，通过图文结合、理论和实例结合等方式，对大数据这一前沿科学进行综合介绍，既介绍大数据对人类生活的影响，又讲解大数据的相关知识；既以大数据的处理流程为线索讲述大数据采集、存储、分析、可视化以及应用的整个生命周期，又从数据使用者和创造者的角度介绍大数据安全、大数据伦理相关案例和知识。

　　本书可作为大学生的大数据通识教材，也可作为 IT 人员、企业策划和管理人员、培训中心的参考书。

**图书在版编目(CIP)数据**

大数据通识读本 / 钟世芬主编. — 北京：科学出版社，2020.8
（2024.8 重印）
　ISBN 978-7-03-065127-3

Ⅰ. ①大… Ⅱ. ①钟… Ⅲ. ①数据处理–基本知识Ⅳ. ①TP274

中国版本图书馆 CIP 数据核字（2020）第 096066 号

　　　　责任编辑：李小锐 / 责任校对：彭　映
　　　　责任印制：罗　科 / 封面设计：墨创文化

科 学 出 版 社 出版
北京东黄城根北街16 号
邮政编码：100717
http://www.sciencep.com

成都锦瑞印刷有限责任公司 印刷
科学出版社发行　各地新华书店经销
*

2020 年 8 月第 一 版　　开本：787×1092 1/16
2024 年 8 月第九次印刷　　印张：15 1/2
字数：358 000
定价：52.00 元
（如有印装质量问题，我社负责调换）

# 《大数据通识读本》编委会

主　　编　　钟世芬

副主编　　唐剑梅　　　何忠秀　　　唐明伟　　　陈红红

参　　编　　（按编写章节顺序）

　　　　　　彭　宏　　　钟世芬　　　陈红红　　　唐剑梅

　　　　　　付新川　　　黄襄念　　　曾晟珂　　　牛宪华

　　　　　　何忠秀　　　唐明伟

# 前　言

　　大数据以一日千里的发展速度，快速实现了从概念到落地，直接带动了各行各业的井喷式发展。拥有大数据思维，能够掌握数据和运用数据的人，才能在"一切都被记录，一切都被分析"的数据化时代更好地生存和发展。无论你今天从事什么行业，你所在的行业将来都有可能被颠覆，你现在的职业将来都可能变成一种自动化、智能化的服务。学会用数据说话，用数据分析的结果来证明什么更好、什么是未来的发展趋势，并指导我们作出正确决策，是每个新时代的自然人都需要具备的能力。

　　通识学习不以自然人将从事或正从事的职业和实用性为导向，而是一种广泛的、非专业性的、非职业性的、非功利性的基本知识和能力的建立和培养，包括一系列的思维、习惯和能力，是为自然人的自我认知和人生发展提供正确的世界观和方法论的学习，目的在于使自然人具备远大眼光、通融识见、博雅精神和优美情感。大数据通识学习是适应时代发展，实践国家发展战略的重要举措。科学研究、企事业管理、社会治理、医疗健康、电子商务、互联网络等领域都会产生大量数据，因此，每一个自然人都有必要了解大数据，建立大数据思维，具备透过数据看问题、利用数据做决策的基本能力，并由此形成触类旁通的通用智慧。

　　大数据是 21 世纪最具代表性的标志之一。悠长的人类发展历史中，人类文明进步的每一个阶段都有着最具代表性的历史标志。在 18 世纪后期至 19 世纪中期的第一次工业革命中，随着蒸汽机的发明与广泛使用，煤炭需求量迅速增加，进入大规模开采利用时期，成为重要的能源；在 19 世纪后期至 20 世纪初期的第二次工业革命中，随着内燃机和电动机的发明与推广，石油及电力成为重要的能源，推动能源效率和劳动生产力进一步提升。随后出现的第三次科技革命，以原子能、电子计算机和空间技术的广泛应用为主要标志，涉及信息技术、新能源技术、新材料技术、生物技术、空间技术和海洋技术等诸多领域，是科技领域里的又一次重大飞跃。21 世纪由信息技术和互联网所引发的新一轮科技和产业变革，使得世界的快速变化超乎了人们的想象和预测。从来没有哪一次技术变革能像大数据革命一样，在短短数年时间内，上升为大国的竞争战略，形成举足轻重、无法回避的时代潮流。大数据已成为一个国家提升综合竞争力的又一关键资源，它正在为人类历史长河烙下时代的烙印，成为人类文明史上最具代表性的历史标志之一。

　　科学技术的高速发展，使得移动互联网、智能终端、新型传感器快速渗透到地球的每个角落，处处可上网，时时可连线，互联网、物联网、云计算、智慧城市、智慧地球使数据呈几何式爆炸增长。大数据带来的信息风暴正在改变着我们的生活、工作和思维方式。

大数据将丰富甚至从根本上改变人类探索未知世界的方法。在大数据时代，企业的营销手段正在从集中推销和各种广告宣传转变为充分利用大数据进行精准高效与低成本营销。企业经营的方方面面正在发生着极大的改变，一场新的商业革命已经来临。在大数据推动下，政府公共服务部门的决策水平、服务效率和社会管理水平快速提升。大数据与传统产业的融合正使时代发生转型，企业在大数据时代纷纷进行多种多样的尝试。

大数据已被赋予多重战略意义，它被视作21世纪新型的"石油"和"金矿"，作为战略资产来管理；它被作为提升国家综合治理能力的重要工具，掀起治理革命；它被用来提振全球经济，成为战略新兴产业的重要组成部分；它被作为大国之间博弈和较量的利器，通过它划分出数据强国和数据弱国。大数据革命的重要意义，使各个国家都快速作出战略响应。2012年美国发布了《大数据研究和发展计划》，并成立"大数据高级指导小组"。2013年英国政府发布了《英国数据能力发展战略规划》，并建立世界首个"开放数据研究所"。2015年8月，国务院印发《促进大数据发展行动纲要》，标志着大数据在我国的发展与应用上升到国家战略层面。

那么，大数据时代有什么特征？什么是大数据？大数据的来源是什么？如何获取大数据？如何存储大数据？如何分析挖掘大数据以体现大数据敏锐的洞察能力？如何兼顾大数据安全与隐私保护？大数据有哪些应用？本书将逐渐为读者揭开大数据的神秘面纱，通过图文并茂、案例结合的方式，为读者搭建起全面了解大数据相关知识和技术，以及建立大数据思维并进行行业应用的桥梁和纽带。

本书共分为9章，第1章主要介绍大数据对当今社会的影响，包括大数据对人们生活、思维方式、商业运作和社会管理等方面的改变。第2章主要介绍大数据的基础知识和当前与大数据相关的热点技术，包括大数据的基本概念、特征、分类和来源、云计算、物联网和人工智能等基本知识。第3章主要介绍大数据采集及预处理相关知识，包括大数据采集的概念、方法、预处理技术、主要工具等。第4章主要介绍大数据存储相关知识，包括存储介质与存储实现方式、传统及大数据时代的数据存储和管理等。第5章主要介绍大数据分析的相关知识，包括数据分析方法、数据分析常用工具等。第6章主要介绍大数据可视化相关知识，包括数据可视化基础知识、常用可视化图表、科学计算可视化方法等。第7章主要介绍大数据安全与隐私保护相关知识，包括大数据安全与挑战、大数据隐私保护、基于大数据的安全技术等。第8章主要介绍大数据伦理与法律法规相关知识，包括个人隐私引发的伦理问题、数据鸿沟问题、数据时效性问题、数据权归属问题、大数据与数据分析的真实可靠性问题、大数据相关法律法规等。第9章主要介绍大数据在多个领域的应用。

本书以讲解宽泛的大数据知识为出发点，旨在使读者通过阅读本书，提高对大数据世界的认识，转变传统思维，以大数据思维去看待和解决实际问题、进行创新创业。

本书第1章由彭宏编写，第2章由钟世芬编写，第3章由陈红红编写，第4章由唐剑梅编写，第5章由付新川编写，第6章由黄襄念和钟世芬编写，第7章由曾晟珂和牛宪华编写，第8章由何忠秀编写，第9章由唐明伟编写。全书的统稿和修改工作由钟世芬完成。另外，何明星、赵修文、刘雪梅、于春、周洁、孔明明、魏冬梅等分别为本书的定位和内容组织给予了很大的帮助。本书能够顺利编写完成，离不开西华大学"大数据与数据分析"通识课程教学团队全体成员以及西华大学多方组织的通力合作，离不开武汉大学和复旦大学通识教育中心的帮助。在此，对所有为本书编写工作提供过支持和付出过努力的老师们致以由衷的感谢！

　　书中如有不妥之处，恳请读者朋友们提出宝贵意见，我们将不胜感激。您的宝贵意见将促进本书再版时的修订工作。如您在阅读本书时发现任何问题，请邮件联系：bigdata_xhu@163.com。

# 目　　录

# 第1章 引 言

随着信息时代的发展，数据呈指数级增长。大数据告诉我们"是什么"而不是"为什么"。数据为我们提供了解决问题的新方法，数据中所包含的信息可以帮助我们消除不确定性，而数据之间的相关性在某种程度上可以取代原来的因果关系，帮助我们寻找到想知道的答案，帮助我们做出更精准的决策。在大数据时代，人们的生活、工作、学习和思维方式都在发生着根本性转变。本章将介绍大数据时代人们生活、思维方式以及在商业和管理上的变革。

## 1.1 大数据时代

大数据时代会给我们的生活带来什么改变和影响呢？我们遐想一下未来某一天的大数据生活。

【例1】20××年的某个周末

20××年的某个周末，也许你的生活见表1.1。

表 1.1　20××年的某个周末

| 时间 | 生活状态 |
| --- | --- |
| 7：00 | 你被手机闹钟叫醒。昨晚你戴着一款小型可穿戴设备睡觉。这个设备连接着你手机里的一款应用程序（Application，App），你打开它就可以看到你昨晚睡觉时的翻身次数、心跳和血压状况等。根据测量结果，它建议你今天出门前多喝橙汁类的饮品来补充维生素 |
| 9：00 | 今天你要带朋友到成都春熙路步行街逛逛，你打开某互联网公司的大数据产品"××预测"，看看步行街今天预计会有多少人、交通状况如何，"××预测"根据你的定位请求信息建议你乘地铁前往步行街 |
| 12：00 | 逛了一圈，你和朋友都累了，想找个地方吃饭。你打开大数据软件，寻找附近的餐馆。通过该软件，利用视频功能你可以提前看到餐馆的环境，看看就餐人数是否多。大数据软件还可以把你的脸部打上马赛克，你不用担心个人信息被泄露 |
| 14：00 | 吃过午饭，你想去附近的公园玩玩，但你不知道应该去塔子山公园还是人民公园。你又打开"××预测"，希望它帮你分析一下，哪个公园相对不太拥挤。根据推荐结果，你选择了去塔子山公园 |
| 16：00 | 你正在公园休息，收到了催缴电话费的短信。你很好奇自己过去三年每个月的话费账单。过去运营商只能让你查到六个月以内的话费账单，但在大数据时代，过去几年的话费账单都可以查到 |
| 18：00 | 你回到了家，你的可穿戴设备告诉你，今天你在室内和室外的时间分别是多少、吸入的雾霾量是多少 |
| 22：00 | 晚上睡觉的时候，你家的孩子哭闹起来。你把孩子的哭声录入一款大数据软件中。软件能告诉你孩子为什么哭：是饿了，还是哪里不舒服，还是说只是想撒娇…… |

　　以上例子，是不是感觉某些场景似曾相识？然而，这只是大数据时代生活的冰山一角。大数据时代，我们每天上网浏览网页、打开各种 App 的行为都被各种各样的软件插件记录着，这些行为数据最终会被各种企业和机构所利用，从而出现上述场景中的情况。

　　大数据时代给人们的生活带来了一系列便利，如网络订餐，订餐平台会根据用户以往的消费记录为用户推荐美食，节省了用户选择的时间，而淘宝、京东等购物平台表现得更加明显，用户搜索过某种商品，平台便会根据需要定期向用户推荐类似的商品。

　　大数据时代为我们的生活带来便利的同时，也会产生弊端，例如隐私保护和道德伦理问题等，但这些问题必然会随着监管的跟进以及行业的优胜劣汰而得到遏制甚至被消除。

　　大数据开启了一次重大的时代转型，正在改变我们的生活以及理解世界的方式，成为新发明和新服务的源泉并且还会催生更多的改变。大数据的科学和社会价值正在不断体现：一方面，对大数据的掌握程度可以转化为经济价值的来源；另一方面，大数据已经撼动了世界的方方面面，从商业科技到政府、教育、医疗、人文以及社会的其他领域。在大数据时代，我们将面临以下三个方面的转变。

　　(1) 我们可以分析更多的数据，甚至处理与某个特定现象相关的所有数据，而不依赖传统的随机采样。

　　(2) 数据种类多得我们不再热衷于追求数据的精确度。

　　(3) 我们不再热衷于寻找因果关系，而强调数据间的相关关系。

　　大数据必将推动社会、经济和商业发生改变。接下来的三小节，将阐述大数据如何带来思维、商业和管理的变革。

## 1.2　大数据与思维变革

　　在大数据时代，数据处理变得更加容易、更加快捷，人们能够在瞬时处理成千上万的数据。大数据致力于发现和理解信息内容中信息与信息之间的关系。大数据与以下三个相互联系和相互作用的思维转变有关。

### 1. 利用所有数据，而不是仅仅依靠一小部分数据

　　很长一段时间以来，准确地分析大量数据对我们而言都是一种挑战。过去，因为记录、存储和分析数据的工具不够好，我们只能收集少量数据进行分析。为了让分析变得简单，我们会把数据量缩减到最少。所以，过去处理数据的方式是随机采样，通过最少的数据获得最多的信息。

　　如人口普查就是一个典型的例子。人口普查是一个耗时且耗资的工作，像中国、美国这样的国家十年才进行一次全国人口普查。如何对庞大的人口普查数据进行分析是一个难点问题。统计学家证明：分析的精确性随着采样随机性的增加而大幅度提升，但与样本的

数量增加关系不大。这种观点认为样本选择的随机性比样本数量更重要，较少的样本也可以做出高精确度的推断。随机采样不仅适用于公共管理服务部门，也适用于商业领域，诸如商品监管、电视收视率调查等。

过去，世界需要数据分析，但缺少数据分析工具，因此随机采样应运而生。而随着大数据时代的来临，数据处理技术已经发生了根本性改变，但人们的思维方式还没有跟上这种改变。我们应该采用"样本=总体"这种全数据模式来对数据进行深度分析。

如谷歌流感趋势预测(图 1.1)并不是依赖于对随机样本的分析，而是分析整个美国几十亿条互联网检索记录。分析整个数据库，能够提高微观层面分析的准确性，甚至能够推测出某个特定城市的流感疫情，而不是一个州或者整个国家的流感疫情。但不可忽视的是，受搜索引擎算法和用户搜索行为的影响，谷歌流感趋势预测结果与美国疾病预防控制中心(Centers for Disease Control and Prevention，CDC)的滞后预测报告存在偏差。

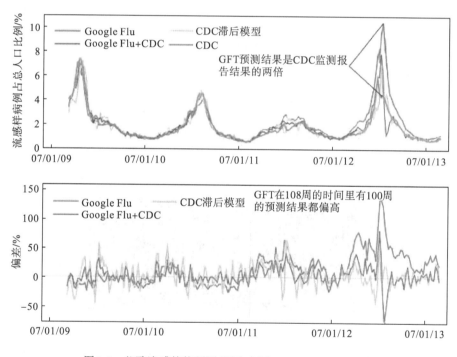

图 1.1　谷歌流感趋势预测(图片来源：Google Flu Trends)

如果不使用所有数据，有些情况会被大量数据淹没。所以，在大数据时代，将不用随机样本分析方法，而采用大数据分析方法。

## 2. 关注的不是数据的精确性，而是数据的多样性

执迷于精确性是信息缺乏时代和模拟时代的产物。只有极少量数据是结构化并且能够适用于传统的数据。如果不接受数据多样性，大量的非结构化数据都无法被利用，只有接

受数据多样性，我们才能打开一扇从未涉足的世界窗口。

对于收集少量数据而言，最基本、最重要的要求就是减少错误、保证质量。因为收集的信息量比较少，所以必须确保记录下来的数据尽量精确。但是，随着人们收集的数据量增加，允许不精确的出现已经成为一个亮点而非缺点，利用这些带不精确性的大数据，我们可以创造出更好的结果。

数据多样性还意味着数据格式的不一致性。要达到数据格式的一致，就需要在进行数据处理之前仔细地清洗数据，而这在小数据背景下很难做到。

大数据通常用概率说话，而不是板着"确凿无疑"的面孔。整个社会要习惯这种思维需要很长的时间，其中也会出现一些问题。有必要指出的是，当我们试图扩大数据规模时，要学会拥抱数据多样性。

数据多比少好，更多的数据比算法更智能更重要。下面以谷歌开发的翻译系统（图1.2）为例进行说明。

图 1.2　谷歌翻译系统

2006 年，谷歌开始涉足机器翻译。这被当作实现"收集全世界的数据资源，并让人人都可以享受这些资源"目标的一个步骤。谷歌翻译系统利用了一个更大更复杂的数据库，也就是全球互联网，而不是只利用两种语言的语料库。谷歌翻译为了训练计算机，会吸收它能找到的所有翻译，它会从各种语言的公司网站上寻找到对译文档等。如果不考虑翻译质量，上万亿条语料库就相当于 950 亿句英语。尽管其输入源是多种多样的，但是较其他翻译系统而言，谷歌翻译系统的翻译质量是较好的，而且可翻译的内容更多。谷歌翻译系统之所以取得成功，并不是因为它拥有一个更好的算法机制，而是增加了大量的数据。

在信息缺乏的时代，任意一个数据都可能会对分析结果产生至关重要的影响。所以，我们要确保每个数据的精确性，才不会导致分析结果出现偏差。然而，在大数据时代，我们拥有大量的多样性数据，即使数据精确性不高，我们同样可以掌握事物的发展趋势。大数据不仅让我们不再期待数据精确性，也让我们无法实现精确性。然而，接受数据的不精确和不完美，我们反而能够更好地进行预测，也能更好地理解这个世界。

### 3. 强调的不是因果关系，而是相关关系

杰夫·贝索斯(Jeff Bezos)，亚马逊(Amazon)公司的创始人以及总裁，决定尝试一个极富创造力的想法：根据客户以前的购物喜好，为其推荐具体的书籍。亚马逊公司创立以来，已从每个客户身上捕获了大量的数据。比如，客户购买了什么书籍？哪些书他们只浏览没有购买？他们浏览了多长时间？哪些书是他们都有购买的？亚马逊找到了一个解决方案，推荐系统没有必要将顾客与顾客进行比较，需要做的是找到产品之间的关联性。这就是著名的协同过滤技术。

亚马逊的推荐技术不仅用于图书，还用于电影或者烤面包机等产品的推荐。据说如今亚马逊销售额的 1/3 都来自它的个性化推荐系统。推荐技术改变了电子商务，越来越多的人开始使用电子商务。

奈飞(Netflix)公司是一个在线电影租赁公司，它 3/4 的新订单都来自推荐系统。在亚马逊的带领下，成千上万的网站可以推荐产品、内容和朋友以及很多相关的信息，但并不知道为什么人们会对这些信息感兴趣。亚马逊的推荐系统梳理出有趣的相关关系，但不知道背后的原因。所以，大数据时代，知道是什么即可，没必要知道为什么。

相关关系的核心是量化两个数据值的数理关系。相关关系强是指当一个数据值增加时，另一个数据值很有可能会随之增加。例如谷歌的流感趋势预测：在一个特定的地理位置，越多的人通过谷歌搜索流感词条，该地区就可能有更多的人患了流感。相反，相关关系弱就意味着当一个数据值增加时，另一个数据值几乎不会发生变化。例如，我们可以寻找个人鞋码与幸福的相关关系，但会发现它们几乎没有关联。

在大数据时代，我们理解世界不再需要建立在假设的基础上。大数据的相关分析方法更准确和更快，而且不易受偏见的影响。因此，建立在相关关系分析技术上的预测是大数据的核心。

## 1.3　大数据与商业变革

数据就像一个神奇的钻石矿，当它的首要价值被发掘后仍能不断给予。它的真正价值就像漂浮在海洋中的冰山，第一眼只能看到冰山的一角，而绝大部分都隐藏在表层之下。在大数据时代，我们终于有了这种思维、创造力和工具来发掘数据的隐藏价值。

### 1. 数据的再利用

数据再利用的一个典型例子是搜索关键词。消费者和搜索引擎之间的瞬时交互形成了一个网站和广告的列表，实现了那一刻的特定功能。乍看起来，这些信息在实现了基本用途之后似乎变得一文不值。但是，以往的查询也可能变得非常有价值。有的公司，如全球领先的信息服务公司益百利（Experian）旗下的网页流量测量公司 Hitwise，让客户采集搜索流量来揭示消费者的喜好。通过 Hitwise 提供的数据，营销人员可以了解到粉红色是否会成为今夏的流行色，或者黑色是否会回归流行。谷歌整理了一个版本的搜索词分析，公开供人们查询，并与西班牙第二大银行毕尔巴鄂比斯开银行（Banco Bilbao Vizcaya Argentaria，BBVA）合作推出了实时经济指标以及旅游部门的业务预报服务，这些指标都是基于搜索数据得到的。英国央行通过搜索查询房地产的相关信息，更好地了解住房价格的升降情况。图 1.3 为 Hitwise 公司所做的在 2019 年黑色星期五期间，亚马逊上按购买量分类的热门类别数据分析。在黑色星期五，亚马逊上的电子产品（Electronics）类购买量最大，在前 15 个类别中占近 20% 的份额，同比增长 6%。服装、鞋与珠宝（Clothing，Shoes & Jewelry）类下降了 8%，预示服装之战对于亚马逊来说较困难。

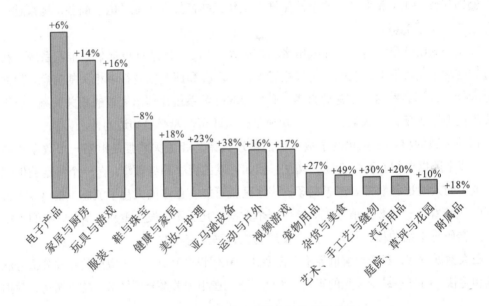

图 1.3　亚马逊上按购买量分类的热门类别

（图片来源：https://www.hitwise.com/en/2019/12/16/fastest-risers-us-cyber-week-2019/）

数据再利用对于那些收集或者控制大型数据集但目前却很少使用的机构来说是个好消息，如线下运作的传统企业。互联网和科技公司在利用海量数据方面走在了最前沿，因为它们仅仅通过在线搜集就能获取大量的信息，分析能力也领先于其他行业。但是，所有的公司都可能从中获利。

## 2. 重组数据

　　有时，处于休眠状态的数据的价值只能通过与另一个截然不同的数据集结合才能释放出来。用最新的方式混合这些数据，可以开展很有创意的研究。一个成功的例子是丹麦癌症协会的研究团队开展的一项研究。

　　通过分析 1990～2007 年丹麦拥有手机的用户(共 358403 名)和 10729 名中枢神经系统肿瘤患者这两个数据库，研究人员试图寻找两者的关系(图 1.4)：手机用户是否比非手机用户显示出更高的癌症发病率？使用手机时间较长的用户是否比使用手机时间较短的用户更容易患癌？最后，研究表明没有发现使用手机与患癌风险增加之间存在任何关系。

　　这个例子说明，随着大数据的出现，数据总量比部分数据更有价值。

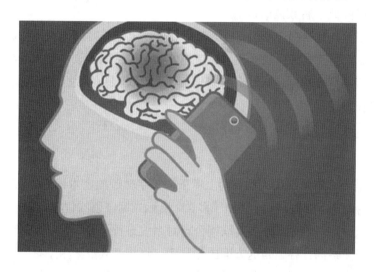

图 1.4　手机与中枢神经系统肿瘤间的关系

## 3. 可扩展数据

　　促进数据再利用的方法之一是从一开始就设计好它的可扩展性。虽然一开始这总是不可能的，在数据收集到很长时间才会意识到这点，但确有一些方法鼓励系统数据集的多种用途。例如，大型超市在店内安装的监控系统，不仅能防范小偷，还可以跟踪顾客流和他们停留的位置。超市可通过分析监控数据设计店面、陈列商品，判断营销活动的有效性。在此之前，监控系统仅用于安全保卫，是一项单纯的成本支出，而现在却被视为一项增加收入的投资。

　　收集多个数据流或者每个数据流中更多的点，并在一开始就考虑到数据的可扩展性是非常有意义的。

### 4. 数据的折旧值

随着数据存储成本的大幅度下降，企业拥有了更强的经济动机来保存数据，并再次用于相同或类似用途。但是，其有效性是有限的。如亚马逊和淘宝这类公司可以利用客户的购买记录、浏览记录和评论来向其推荐新的产品，它们会年复一年、一遍又一遍地使用这些数据。所以，它们会永远保存这些数据。然而，事实并非如此。

随着时间的推移，大量的数据都会失去一部分基本用途。在这种情况下，继续依赖旧的数据不仅不能增加价值，实际上还会降低新数据的价值。比如，两年前你买了一件某款式的服装，而现在该款式已经过时。如果淘宝继续利用以前的数据向你推荐该款式的服装，你当然不会买并且还会质疑淘宝的推荐。这些推荐的依据既有旧数据又有近期的新数据，而旧数据的存在降低了新数据的价值。

然而，并非所有数据都会贬值。有些公司提倡尽可能长时间地保存数据。这就是为什么一直以来，谷歌都拒绝将互联网最后协议地址从旧的搜索查询中删除。谷歌希望利用这些数据得到每年的同比数据，如假日购物搜索等。所以，即使数据用于基本用途的价值会减少，但其潜在价值仍然很大。

### 5. 数据废气

数据废气是一个用来描述人们在网上留下的数字轨迹的艺术词汇。它是用户交互的副产品，包括人们浏览了哪些网页、停留了多久、鼠标光标停留的位置、输入了什么信息等。为得到数据废气并循环利用，许多互联网公司对系统进行了设计，以改善现有的服务或者开发新服务。毫无疑问，谷歌是这方面的领导者，它将"从数据中学习"这个原则应用到许多服务中。用户执行的每个动作都被认为是一个"信号"，谷歌对其进行分析并反馈给系统。

脸书（Facebook）的数据科学家研究了数据废气的丰富信息，发现人们会采取某种行为（如回帖、点击图标等）的重要因素是他们看到了周围的朋友也在这样做。于是，脸书重新设计了系统，使每个用户的活动变得可见并广播出去，为系统的良性循环做出了新的贡献。

数据废气可以成为公司的巨大优势，也可能成为竞争对手进入的壁垒。试想一下，如果一家新的上市公司设计了一个比当今行业领先者（如亚马逊、谷歌或脸书等）更优秀的电子商务网站、搜索引擎或者社交网站，它也难以撼动竞争对手，这不仅因为其经济规模、网络效益或者品牌价值不够好，还因为这些行业领先者收集了来自客户交互的数据废气并纳入到了它的服务中。

现在，越来越多的电子商务网站、搜索引擎或者社交网站利用数据废气获取用户的大数据画像（图1.5）。

图 1.5　用户的大数据画像(图片来源：https://www.sohu.com/a/76051108_195364)

### 6. 开放数据

如今，人们很可能认为谷歌和亚马逊等网站是大数据的先驱者，但事实上，政府才是大规模信息的原始采集者。政府与企业数据持有人之间的主要区别是：政府可以要求人们为其提供信息，而不必加以说服或支付报酬。因此，政府能继续收集和积累大量的数据(图 1.6)。

图 1.6　政府大数据

大数据对公共部门的适用性对商业实体是一样的：大部分的数据价值是潜在的，需要创新性的分析来发掘。政府在获取数据中所处的特殊地位，在数据使用上往往效率很低。于是，"开放政府数据"的倡议受到极大关注。开放数据的倡导者主张，政府只是收集数据的托管人，私营部门和社会对数据的利用会比政府更具创新性。他们呼吁建立专门的官方机构来公布民用和商业数据，并且以标准可读形式展现数据。

# 1.4  大数据与管理变革

在互联网出现之前，像美国信用报告机构艾可飞（Equifax）公司就采集和记录了全球范围内几百万人口的数据，而互联网的出现使得监控变得更容易、成本更低廉、用途更广。例如，亚马逊监控人们的购物习惯，谷歌监视人们的网页浏览习惯，脸书知晓人们的社交关系网。大数据的潜在价值极大地刺激了互联网企业进一步采集、存储和利用个人数据的野心。随着数据存储成本急速下降并且分析工具越来越先进，所收集和存储的数据呈爆炸式增长。相比于互联网时代，大数据给人们的隐私带来了更多威胁，构成了一个新的挑战。

下面通过一些例子来看看个人隐私如何被二次利用。

【例 2】智能电表

如今，在美国、欧洲和日本等国家和地区部署了大量智能电表（图 1.7），该装置每隔几秒钟采集一次实际读数。这样一天所采集的数据比传统电表一天收集到的数据多得多，周而复始形成了电能大数据。因为每个用电设备在通电时会有自己独特的"负荷特征"，比如热水器的负荷特征不同于电脑，也不同于 LED 照明灯。所以电能消耗情况就能暴露一个人的日常习惯甚至非正常行为这样的个人信息。

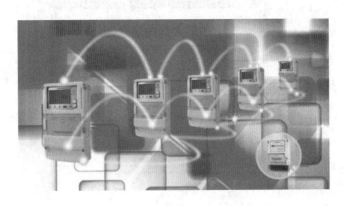

图 1.7　智能电表

大数据的利用给个人隐私保护带来了威胁。我们应关注大数据是否改变了这种威胁的性质，而不是是否加剧了这种威胁。如果仅仅是加剧了这种威胁，那么我们现在采用的保护隐私的法律法规仍然有效，只需要进一步确保保护的有效性即可。然而，这种威胁的性质已发生了改变，我们需要新的解决方法与途径。

大数据的价值不止在于它的基本用途，而更多地体现在其二次利用。这颠覆了当前隐私保护以个人为中心的思想：数据收集者必须告知个人，他们收集了哪些数据、作何用途，也必须在收集工作开始之前征得个人同意。尽管这不是合法收集数据的唯一方式，但"告知与许可"已经是世界各国执行隐私保护的共识性基础。

大数据时代，很多数据在收集时无意用作其他用途，但是最终却产生了许多创新性的用途。一般，数据收集者在收集数据时无法告知个人数据未来的用途，而个人也无法同意这种未知的用途。然而，只要没有得到许可，任何包含个人信息的大数据分析都需征得个人同意，使这即使没有技术障碍，也将是一个非常巨大的负担。

同样，一开始就要用户同意数据所有可能的用途也是不可行的。因为这样一来，"告知与许可"这个经过了考验的可靠基石，要么太狭隘，限制了大数据潜在价值的挖掘，要么太空泛而无法真正地保护个人隐私。

那么采用技术手段能否保护个人隐私？下面通过两个例子进行阐述。

## 【例3】谷歌街景

谷歌的图像采集车在许多国家采集了道路和房屋的信息（以及许多备受争议的数据）（图 1.8）。德国媒体和民众对谷歌这种行为提出抗议，因为民众认为这些图片会帮助盗贼选择有利可图的目标。有的业主不希望他的房屋或花园出现在这些图片上。顶着巨大压力，谷歌同意将他们的房屋或花园的影像模糊化。但是，这种模糊化却起了反作用，因为在街景图上有意模糊化可识别的个人信息数据，对盗贼来说是"此地无银三百两"。

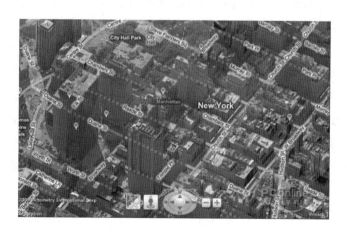

图 1.8　谷歌街景

数据匿名化是否是有效的隐私保护技术手段？对于谷歌地图，数据匿名化是指对数据集中在街景图上将可识别的个人信息数据，如名字、生日、住址和身份证号码等进行匿名化。但是随着数据量和数据种类的增加，大数据促进了数据间的交叉检验，匿名化在大数据时代无法真正地匿名，看看下面的例子。

**【例 4】美国在线检索案例**

2006 年 8 月，美国在线（American online，AOL）公布了一个包含大量旧搜索查询记录的数据库，本意是希望研究人员能够从中得出有趣的见解。这个数据库由 2006 年 3 月 1 日到 5 月 31 日 65.7 万用户的 2000 万条搜索查询记录组成。这个数据库进行过精心的匿名化处理：用户名称和地址等个人信息都由编码替换。这样，研究人员可以把同一个人的所有搜索查询记录联系在一起分析，而并不包含任何个人信息。

尽管如此，《纽约时报》还是在几天之内通过综合分析"60 岁的单身女性""有益健康的茶叶""科尔本的园丁"等搜索记录后，发现数据库中的 4417749 号用户是佐治亚州科尔本一个 62 岁的老妇塞尔玛·阿诺德（Thema Arnold）。当记者找到她的家时，她惊叹道："天呀，我真没想到一直有人在监视我的私人生活。"这引起了公愤，最终美国在线的首席技术官和另外两个员工都被开除了。

美国在线检索案例说明数据匿名化处理在大数据时代可能是无效的。这主要有两个原因：一是收集的数据越来越多，二是大数据分析会结合越来越多不同来源的数据。

大数据为监测人们的生活提供了便利，同时也让保护个人隐私权的相关法律法规失去了应有效力。面对大数据，隐私保护的核心技术不再适用，同样通过大数据预测，对我们的未来想法而非实际行为采取惩罚措施，也会让我们惶惶不安。

在了解和监视人类的行为方面，社会已经有了数千年的经验。但是，如何监控一个算法系统呢？在小数据时代，社会已经建立起庞大的规则体系来保护个人隐私。但是在大数据时代，这些规则都成了无用的马其诺防线（Maginot Line）。

大数据时代，威胁不再是个人隐私的泄露，而是个人行为被预知的可能性。大数据分析技术可能预测我们生病、拖欠还款而使我们无法购买保险、无法贷款。显然，大数据技术已经把大数据放在首位。大数据时代需要新的法律法规来捍卫个人权利。

政府和公司在大数据的控制和处理上必须有全方位的改变。不可否认，我们进入了一个利用大数据进行预测的时代，虽然我们可能无法解释其中的原因。还有，司法系统的"合理证据"是不是应该改为"可能证据"呢？如果真是这样，会对人类社会产生什么样的影响呢？

# 第2章 大数据概述

随着计算机、互联网、物联网、云计算等技术的不断发展，计算机处理能力和存储能力大幅提升，人类活动越发活跃，数据规模急剧膨胀，包括政府、工业、农业、教育、金融、电信、媒体、医疗、能源、环境、旅游、交通、零售、餐饮、社交、娱乐等各行各业产生的数据量越来越大，数据类型也越来越多、越来越复杂，已经超越了传统数据管理系统、处理模式的能力范围。从传统互联网的计算机终端，到移动互联网的智能终端，再到物联网传感器，技术革新使数据生产能力快速提升，数据爆炸性增长。根据大数据的摩尔定律，数据量每两年约增长一倍。本章将介绍大数据的基础知识，概述云计算、物联网和人工智能等前沿技术与大数据的关系，并通过大数据的生命周期引出大数据的产业链，最后以大数据在影视剧中的应用为例阐明大数据的重要性。

## 2.1 大数据基础

### 2.1.1 大数据概念

#### 1. 数据

数据(data)是指对客观事件进行记录并可以鉴别的符号，是对客观事物的性质、状态以及相互关系等进行记载的物理符号或这些物理符号的组合。它可以是人类社会传播的一切内容，如符号、文字、数字、语音、图形、图像、视频等。

#### 2. 大数据

除传统行业和互联网产生大量数据外，移动通信、医疗影像、传感器、无线射频识别阅读器、导航终端等非传统信息技术(information technology，IT)设备，也在随时随地产生大量数据。以微信使用为例，据 2018 年的统计数据，每天都有 10.82 亿用户活跃在微信上。在出行早高峰期间，平均每分钟有 2.5 万人同时通过微信扫码乘地铁或公交。每分钟有 8 亿以上用户可以用微信支付或支付宝实现收付款，超 2000 万公众号可以发出多样化的声音。

那么什么是"大数据"呢？不同的研究机构给出了不同的定义。

维基百科的解释为：大数据又称为巨量资料，指的是使用传统数据处理应用软件很难处理的大型而复杂的数据集。

高德纳（Gartner）咨询公司的定义为：大数据是指需要借助新的处理模式才能具有更强的决策力、洞察发现力和流程优化能力来适应海量、高增长率和多样化等特点的信息资产。

麦肯锡全球研究的定义为：大数据是一种规模大到在获取、存储、管理、分析方面大大超出了传统数据库软件工具能力范围的数据集合，具有海量的数据规模、快速的数据流转、多样的数据类型和价值密度低四大特征。

综上所述，大数据是指无法在一定时间范围内用常规软件工具进行捕捉、管理和处理的数据集合，是需要新处理模式才能具有更强的决策力、洞察发现力和流程优化能力的海量、高增长率和多样化的信息资产。

### 3. 大数据的意义

人们已越来越认识到大数据的重要性，将大数据比喻成石油和矿山。数据已经成为一种商业资本、一项重要的经济投入，利用数据可以创造出新的经济收益。

#### 1）人类生活离不开数据

在大数据时代，一切都被记录，一切都被数据化。人类生活在一个海量、动态、多样的数据世界中，数据无处不在、无时不有、无人不用。数据就像放大镜、望远镜、显微镜一样，利用它可以找出事物间诸多关联因素。

#### 2）大数据蕴含大价值

数据量大是大数据具有价值的前提。当数据量不够大时，它们只是离散的"碎片"，人们很难读懂其背后的故事。随着数据量不断增加，达到并超过某个临界值后，这些"碎片"就会在整体上呈现出规律性，并在一定程度上反映出数据背后的事物本质。通常来说，分析和解决的问题越宏观，所需要的数据量就越大。将不同侧面、不同局部的数据汇聚起来并加以关联，能产生对事物的整体性和本质性认识。通过综合运用数学、统计学、计算机等工具进行大数据分析，就能使大数据产生价值，完成从数据到信息再到知识和决策的转换。

"用数据说话""让数据发声""使数据有用"已成为人类认知世界的一种全新方法。用数据说话，直观清晰。例如：2017年春晚，中央电视台主持人称："利用大数据，统计目前共有超过1.04亿位观众观看了2017年春节联欢晚会。"春晚热播与否用统计数据发声。使数据有用，变革社会。例如，通过分析用户行为数据，可以进行精准营销。当你打开微信，小程序或朋友圈向你精准推送各种你曾在其他网站浏览过的商品的"打折"信息；未来的某一天，当你行走在大街上，每次抬头看见的电子屏广告可能就是你想购买的商品的广告。这些结果都是通过大数据分析实现的。以企业为例，大数据可以帮助企业了解客户、锁定资源以及规划生产和开展服务等。

## 2.1.2　大数据来源

在这万物互联、新技术层出的大时代，大数据的来源较之前无网的时代更为广泛。专业设备，如离子对撞机、天文望远镜等每秒钟都会产生大量的数据；联网设备，如电脑、手机、iPad、智能手表、智能电器、摄像头等(图 2.1)，每秒钟也会产生大量的数据；各行各业的应用，如电信、电力、银行、政务、医药、教育、商场、超市、交通等，每天也会产生大量的数据。人类社会中的每个人既是数据的产生者，又是数据的使用者。

(a)智能手表　　　　　(b)手机、iPad、电脑　　　　　　　(c)物联网设备

图 2.1　联网设备

### 1. 按产生数据的主体划分

按产生数据的主体划分，大数据的来源可分为以下三类。

(1)企业应用产生的数据。工业设计、研发、制造、销售、服务、员工管理等环节都将产生大量数据。这些数据可能存放在设备管理系统、商品信息系统、销售系统、工资管理系统等关系型数据库和数据仓库中。

(2)人产生的数据。中国总人口数约 14 亿人(图 2.2)，约占世界总人口数的 1/5。截至 2017 年，中国互联网普及率达到 55.8%，手机上网人数达到 7.53 亿人。每一天，每个人都将产生数据，尤其是手机用户。上网用户将产生大量的诸如 QQ 空间数据、微博数据、即时通信数据、移动通信数据、电子商务在线交易日志数据、企业应用的相关评论数据等。

(3)设备产生的数据。欧洲核子研究组织(European Organization for Nuclear Research, CERN)的大型强子对撞机每秒产生高达 40TB 的数据；事件视界望远镜计划里，当使用天文望远镜观测时，一次普通的五天观测期间，每座望远镜会搜集约 500TB 的数据，整个阵列产生的数据约 7PB，将装满大约 7000 个 1TB 的硬盘。截至 2018 年，银联卡全球发行累计超过 75.9 亿张，银联卡全球受理网络已延伸到 174 个国家和地区，覆盖超过 5370 万家商户和 286 万台自动取款机。每台自动取款机都将产生大量的数据。除此之外，各种射频识别装置、音频采集器、视频采集器、传感器、全球定位设备、办公设备、家用设备和生产设备等每天也将产生大量数据。

图 2.2　2018 年中国人口统计数
数据来源：国家统计局(不包括港、澳、台)

**2. 按数据来源的行业划分**

按数据来源的行业划分，大数据的来源可分为以下几类。

(1)以百度、阿里巴巴、腾讯为代表的互联网公司数据。互联网是大数据赖以生存的土壤。互联网上的数据主要来自两个方面，一方面是用户的上网记录；另一方面是互联网公司在日常运营中，深层累积的用户网络行为数据和企业数据。百度公司拥有大量基于用户搜索行为的需求数据，阿里巴巴掌握着大量的交易及信用数据，腾讯公司则拥有大量的社交关系数据。这些数据规模已经不能用吉字节(GB)和太字节(TB)来衡量。互联网每天产生的全部数据可以刻满 6.4 亿张 DVD；以全球每秒发送 290 万封电子邮件计算，如果一个人一分钟读一封，足够一个人昼夜不停地读 5.5 年。

(2)电信、金融、保险、电力、石化、教育系统等传统行业数据。电信行业产生的数据主要为移动设备终端所产生的数据与信息，主要包括人们通过电话、电子邮件、短信等产生的文本信息、语音信息和图像信息。银行业产生的数据主要为用户存取款交易、贷款、抵押、市场投放、业务管理等产生的数据。金融行业产生的数据主要来自银行资本的运作和股票、证券、期货、货币等市场。教育行业产生的数据分两类，一类是常规的结构化数据，如成绩、学籍、就业率、出勤记录等；另一类是非结构化数据，如图片、视频、教案、教学软件、学习游戏等客观的教育数据，其价值的发挥取决于操控和应用数据的人。电力业产生的数据大致可分为生产数据，如发电量、电压；运营数据，如交易电价、售电量、用电客户等；管理数据，如企业资源计划系统(enterprise resource planning，ERP)、一体化平台、协同办公等产生的数据。

(3)公共安全、医疗、交通领域。公共安全包含信息安全、食品安全、公共卫生安全、公众出行规律安全、避难者行为安全、人员疏散的场地安全、建筑安全、城市生命线安全、恶意和非恶意的人身安全和人员疏散等。仅全国公安机关掌握的数据资源已达数百类、上万亿条、艾字节(EB)级的大数据规模。医疗行业产生的数据主要为患者数据。通过对患者数据的分析，可以更精确地预测患者病理情况，从而对患者采取恰当的医疗措施，整个医疗卫生行业一年保存下来的数据就可达到数百拍字节(PB)。一个大中型城市，一个月的交通卡口记录数可达 3 亿条；航班往返产生的数据，列车、水陆路运输产生的各种视频、文本类数据，每年保存下来的数据也达到数十 PB。

(4)气象、地理、政务等领域。气象数据是反映天气的一组数据，气象数据可分为气候资料和天气资料，包括风速、风向、气温、云量、云底高度、地面气压、相对湿度等。目前，国家气象信息中心收集管理国内外各类气象数据近 17PB，每年约增加 4PB。地理数据包括空间位置、属性特征以及时态特征三个部分。政务数据则涵盖了旅游、教育、交通、医疗等多个门类的数据，且多为结构化数据。各种地图和地理位置信息、政务数据等每年呈 PB 级以上增长。

(5)制造业和其他传统行业。制造业的大数据类型以产品设计数据、企业生产环节的业务数据和生产监控数据为主。其中产品设计数据以文件为主，为非结构化数据，共享要求较高，保存时间较长；企业生产环节的业务数据主要是数据库结构化数据，而生产监控数据量非常大。在其他传统行业，虽然线下商业销售、农林牧渔业、线下餐饮、食品、科研、物流运输等行业的数据量剧增，但是数据量还处于积累期，整体体量都不算大，多则达到 PB 级别，少则数十 TB 或数百 TB 级别。

## 2.1.3　大数据特征及度量单位

### 1. 大数据的特征

(1)海量性(volume)。大数据的特征首先就体现为"大"，以前一首兆字节(MB)级别的 MP3 歌曲，就可以满足很多人的需求，然而随着时间的推移，存储单位从吉字节到太字节，再到现在的拍字节、艾字节级别。淘宝网活跃用户近 6 亿，每天产生的可公开数据大约 7TB；Facebook 约 10 亿用户每天产生的日志数据超过 300TB。如果把印刷在纸上的文字和图形也看作是数据，那么人类历史上第一次"数据爆炸"发生在造纸术和印刷术发明的时期，而现在人类社会正经历第二次"数据爆炸"，各种数据产生的速度之快、数量之大，已经远远超出人类可以控制的范围。"数据爆炸"成为大数据时代的鲜明特征。数据量决定数据的价值和潜在信息量。根据国际数据公司(International Data Corporation，IDC)做出的估测，数据量一直在以每年大约 50%的速度增长，也就是说每两年就接近增长一倍(大数据摩尔定律)，如图 2.3 所示。目前，大数据的规模尚是一个不断变化的指标，单一数据集的规模为几十太字节到数拍字节，而存储 1 PB 数据将需要两万台配备 50GB 硬盘的电脑。

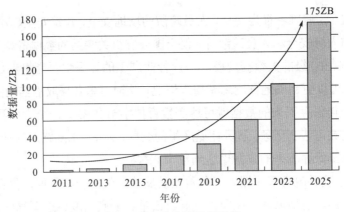

图 2.3    全球数据规模趋势

(2)多样性(variety)。与传统数据相比,大数据来源广、维度多、类型杂,各种机器仪表在自动产生数据的同时,人自身的行为也在不断产生数据;不仅有企业组织内部的业务数据,还有海量相关的外部数据。例如:来自科学研究中的诸如基因组、大型强子对撞器、地球与空间探测;企业应用中的传感器数据、邮件、文档、文件、应用日志、交易记录、通话记录;Web 数据中的文本、图像、视频、查询日志/点击流、博客、即时通消息等。大数据的数据类型丰富,包括结构化数据和非结构化数据,其中,前者占 10%左右,主要是指存储在关系数据库中的数据;后者占 90%左右,种类繁多,主要包括邮件、音频、视频、微信、微博、位置信息、链接信息、手机呼叫信息、网络日志等。

(3)高速性(velocity)。大数据时代的数据产生速度非常迅速,一分钟产生的数据量惊人(图 2.4)。随着感测、互联网、计算机技术的发展,数据生成、储存、分析、处理的速度远远超出了人们的想象,这是大数据区别于传统数据的显著特征。从数据的生成到消耗,时间窗口非常小,可用于形成决策的时间非常少。在高速网络时代,通过基于实现软件性能优化的高速电脑处理器和服务器,创建实时数据流已成为流行趋势。企业不仅需要了解如何快速创建数据,还必须了解如何快速处理、分析数据并将结果返回给用户,以满足他们的实时需求。

图 2.4    一分钟数据

(4)价值(value)密度低。"价值"是大数据的核心特征。现实世界所产生的数据中，有价值的数据所占比例很小。如一段时长数小时的视频，可能有用的数据仅有一两秒。相比于传统数据，大数据最大的价值在于可从大量不相关的各种类型的数据中，挖掘出对未来趋势与模式预测分析有价值的数据，并通过机器学习方法、人工智能方法或数据挖掘方法深度分析，发现新规律和新知识，运用于农业、金融、医疗等各个领域，最终达到改善社会治理、提高生产效率、推进科学研究的效果。

除了上述典型的 4V 特征，大数据还具有易变性(variability)等特点。大数据具有多层结构，这意味着大数据会呈现出多变的形式和类型。相较于传统的业务数据，大数据存在不规则和模糊不清的特性，造成很难甚至无法使用传统的应用软件进行分析。目前，企业面临的挑战是处理并从以各种形式呈现的复杂数据中挖掘价值。

### 2. 数据计量单位

数据计量单位中，最小的计量单位是比特(bit)，1bit 可以存储 1 位二进制数。基本计量单位是字节(byte，B)，1 字节可以存储 8 位二进制数。一般存储一个英文字符需要 1 个字节，存储 1 个汉字需要 2 个字节。除此之外，数据计量单位(按大小顺序)还有 kB、MB、GB、TB、PB、EB、ZB、YB，换算率为 1024，如 1MB=1024kB，1GB=1024MB 等。

大数据的数据来源众多，科学研究、企业应用和外部应用等都在源源不断地生成新的数据，生物大数据、交通大数据、医疗大数据、电信大数据、电力大数据、金融大数据等都呈现出井喷式增长，所涉及的数据十分庞大，已经从 TB 级别跃升到 PB 级别。IDC 的研究报告指出，2011 年全球数据总量为 1.8ZB(泽字节)，到 2025 年全球数据总量将达到 175ZB，全球数据的膨胀率大约为每两年翻一番。整个人类文明所获得的全部数据中，有 90%是过去两年内产生的。数据的快速增长，对数据的存储技术以及计算机的高速并行计算能力提出了新要求，从而推动了大数据技术及云计算技术的快速发展。

## 2.1.4  大数据分类

### 1. 按性质划分

大数据按性质可划分为以下几类。

(1)定位数据，如各种坐标数据。

(2)定性数据，如表示事物属性的数据(居民地、河流、道路等)。

(3)定量数据，反映事物数量特征的数据，如长度、面积、体积等几何量，或重量、速度等物理量。

(4)定时数据，反映事物时间特性的数据，如年、月、日、时、分、秒等。

### 2. 按表现形式划分

大数据按表现形式可划分为以下两类。

(1)数字数据,如各种统计或量测数据。数字数据在某个区间内是离散的值。

(2)模拟数据,由连续函数组成,是指在某个区间连续变化的物理量,又可以分为图形数据(如点、线、面)、符号数据、文字数据和图像数据等。

### 3. 按结构划分

大数据按结构可划分为以下几类。

(1)结构化数据,通常是指用关系数据库方式记录的数据,数据按表和字段进行存储,字段之间相互独立。结构化数据大部分存储于关系数据库中,如企业资源计划系统数据库、财务系统数据库、医院信息系统数据库等。

(2)非结构化数据。半结构化和非结构化数据统称为非结构化数据,通常是指音频、图形、图像、视频、文本等格式的数据(图 2.5)。这类数据一般按照特定应用格式进行编码,数据量非常大,且不能简单地转换成结构化数据。

结构化数据是传统数据的主体,而非结构化数据是大数据的主体。大数据的量之所以大,主要是因为非结构化数据量的快速增长。结构化数据用传统的关系数据库便可高效处理,而非结构化数据必须用 Hadoop 等大数据平台进行处理。在数据分析和挖掘时,不少工具都要求输入结构化数据,所以需要事先做数据转换工作。

图 2.5 非结构化数据

### 4. 按数据处理情况划分

按数据处理情况划分,大数据可分为以下两类。

(1)原始数据,是指来自上游系统,没有做过任何加工的数据。虽然会从原始数据中产生大量衍生数据,但还是会保留一份未作任何修改的原始数据,一旦衍生数据出现问题,可以随时从原始数据重新产生。

（2）衍生数据，是指通过对原始数据进行加工处理后产生的数据。衍生数据包括各种数据集市、汇总层、宽表、数据分析和挖掘结果等。

## 2.1.5　大数据获取方式

大数据的获取方式可分为以下四类。

（1）权威机构公开发布的数据。这类数据主要指各国各级政府、联合国各机构、综合性或特定行业的权威机构公开发布的数据，一般可从相关机构网站或特定渠道获取。例如全国人口普查数据、中国统计年鉴数据等。

（2）互联网开放数据。互联网开放数据包括 QQ、微信、微博、淘宝、京东、百度、大众点评等平台上支持公开浏览和查询的数据信息。这些数据可通过手动下载或爬虫爬取方式获得。

（3）企业级数据。企业级数据是指由企业掌握的行业数据或客户数据，可通过与企业合作的方式获取。一般而言，这类数据需进行抽样、聚合和脱敏处理。

（4）调研数据。调研数据是指通过发起问卷调查等活动，向特定群体收集的数据。例如，有些公司通过聘用咨询公司开展市场调研及购买行业报告等传统方式，获取外部数据来了解本公司所在行业的变化情况以及竞争形势。

四类数据的主要特点见表 2.1。

表 2.1　四类数据的特点

| 数据类型 | 覆盖面广 | 时效性强 | 自主性强 | 成本低 | 质量高 | 可回溯 |
|---|---|---|---|---|---|---|
| 权威机构公开发布的数据 | √ | | | √ | √ | √ |
| 互联网开放数据 | √ | √ | √ | √ | | √ |
| 企业级数据 | | √ | | | √ | √ |
| 调研数据 | | √ | √ | | | |

## 2.1.6　大数据应用场景

大数据的应用包括科学研究、行业或领域应用等。

### 1. 科学研究

大数据在科学研究上的应用包括：天文学、大气学、生物学、物理学等学科的应用。

在生物医学研究上，大数据可以帮助人们解读 DNA，了解更多的生命奥秘，同时还可以辅助医疗健康行业实现流行病预测、智慧医疗、健康管理等。

在天文和物理学研究上，世界上最大的粒子加速器——欧洲大型强子对撞机中有 1.5 亿个传感器，每秒发送 4000 万次数据。实验中每秒产生将近 6 亿次对撞，在过滤去除 99.999%的撞击数据后，得到约 100 次有用的撞击数据。将撞击结果数据过滤处理后仅记录 0.001%的有用数据，全部四个对撞机每年产生的数据量复制前为 25 PB，复制后为 200PB。这些庞大的数据可以辅助研究天文和物理现象。

2. 行业或领域应用

大数据在各行业或领域都有广泛应用。

大数据产生的背景离不开互联网的高速发展。Facebook、QQ 等社交网络的兴起，人们每天通过这种自媒体传播信息或者沟通交流，由此产生的信息被网络记录下来，社会学家可以利用这些数据分析人类的行为模式、交往方式等。基于互联网的电子商务领域，借助于大数据技术，可以分析客户行为，进行商品推荐和针对性广告投放等。

在制造业，利用工业大数据可提升制造业水平，包括产品故障诊断与预测、分析工艺流程、改进生产工艺、优化生产过程能耗、工业供应链分析与优化、生产计划与排程。

在金融行业，大数据在高频交易、社交情绪分析和信贷风险分析三大金融创新领域发挥着重大作用。

在汽车行业，基于大数据和物联网技术的无人驾驶汽车，在不远的未来将走入人们的日常生活。

在电信行业，利用大数据技术可实现客户离网倾向分析，及时掌握客户离网倾向，出台客户挽留措施等。

在能源行业，随着智能电网的发展，电力公司可以掌握海量的用户用电信息，利用大数据技术分析用户用电模式，可以改进电网运行，合理设计电力需求响应系统，确保电网运行安全。

在物流行业，利用大数据可优化物流网络，提高物流效率，降低物流成本。

在城市管理领域，可以利用大数据实现智能交通、环保监测、城市规划和智能安防。

在体育界，利用大数据可以帮助我们训练球队、预测比赛结果以及招聘更合适的运动员进入相应体育项目等(图 2.6)。

图 2.6　大数据在体育界的应用

在安全领域，政府可以利用大数据技术构建起强大的国家安全保障体系，企业可以利用大数据抵御网络攻击，公安机关可以借助大数据来预防犯罪。

大数据还可以应用于个人生活领域，利用与每个人相关联的"个人大数据"，分析个人生活行为习惯，为其提供更加周到的个性化服务。

大数据的价值，远远不止于此，大数据对各行各业的渗透，大大推动了社会生产和生活，未来必将产生重大而深远的影响。

## 2.2　大数据与云计算、物联网、人工智能

### 2.2.1　云计算

#### 1. 云计算概念

云计算(cloud computing)是分布式计算的一种，指的是通过网络"云"将巨大的数据计算处理程序分解成无数个小程序，再通过多部服务器组成的系统对这些小程序进行处理和分析，最后将结果返回给用户。通过这项技术，可以在很短时间内(几秒钟)完成对数以万计的数据的处理。简而言之，云计算通过网络、以服务的方式，为千家万户提供非常廉价的 IT 资源(图 2.7)。

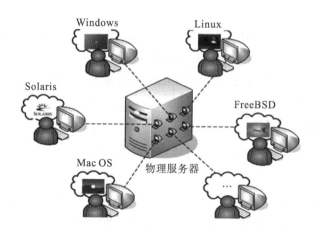

图 2.7　云计算

云计算包括公有云、私有云和混合云三种类型。公有云面向所有用户提供服务，只要是注册付费的用户都可以使用，比如 Amazon AWS；私有云只为特定用户提供服务，比如大型企业出于安全考虑自建的云环境，只为企业内部提供服务；混合云综合了公有云和私有云的特点，因为对于一些企业而言，一方面出于安全考虑需要把数据放在私有云中，另一方面又希望可以获得公有云的计算资源，为了获得最佳的效果，就可以把公有云和私有

云进行混合搭配使用。

2. 云计算特点

(1)虚拟化技术。云计算最为显著的特点是虚拟化技术。虚拟化技术是云计算基础架构的基石,是指将一台计算机虚拟为多台逻辑计算机,在一台计算机上同时运行多个逻辑计算机,每个逻辑计算机可运行不同的操作系统,并且应用程序都可以在相互独立的空间内运行而互不影响,从而显著提高计算机的工作效率。虚拟化的资源可以是硬件(如服务器、磁盘和网络),也可以是软件。虚拟化突破了时间、空间的界限。云计算使得物理平台与应用部署的环境在空间上没有任何联系,通过虚拟平台对相应终端操作完成数据备份、迁移和扩展等。

(2)动态可扩展。云计算具有高效的运算能力,在原有服务器基础上增加云计算功能能够使计算速度迅速提高,最终实现动态扩展虚拟化的层次达到对应用进行扩展的目的。

(3)按需部署。计算机包含了许多应用、程序软件等,不同的应用对应的数据资源库不同,所以用户运行不同的应用需要较强的计算能力对资源进行部署,而云计算平台能够根据用户的需求快速配备计算能力及资源。

(4)灵活性高。目前市场上大多数 IT 资源、软硬件都支持虚拟化,比如存储网络、操作系统和开发软硬件等。虚拟化要素统一放在云系统资源虚拟池中进行管理,可见云计算的兼容性非常强,不仅可以兼容低配置机器、不同厂商的硬件产品,还能够外设获得更高性能计算。

(5)可靠性高。云计算使用了数据多副本容错、计算节点同构可互换等措施来保障服务的高可靠性,使用云计算相比使用本地计算机更可靠。

(6)性价比高。将资源放在虚拟资源池中统一管理在一定程度上优化了物理资源,用户不再需要昂贵、存储空间大的主机,可以选择相对廉价的个人计算机(personal computer,PC)组成云,一方面减少费用,另一方面计算性能不逊于大型主机。

(7)可扩展性。云计算中"云"的规模可以动态伸缩,可以满足应用和用户规模增长的需要。

在云计算出现之前,数据存储的成本非常高。例如,企业要建设网站,需要购置和部署服务器,安排技术人员维护服务器,保证数据存储的安全性和数据传输的畅通性,还需定期清理数据,腾出空间以便存储新的数据,机房整体的人力和管理成本都很高。云计算出现后,数据存储服务衍生了新的商业模式,数据中心的出现降低了企业计算和存储数据的成本。企业通过租用云端资源的方式即可解决之前成本高的问题。

3. 云计算中心

云计算中心(图 2.8)是一整套复杂的设施,包括刀片服务器、宽带网络连接、环境控制设备、监控设备以及各种安全装置等。数据中心是云计算的重要载体，为云计算提供计算、存储、带宽等各种硬件资源，为各种平台和应用提供运行支撑环境。谷歌、微软、IBM、惠普、戴尔等纷纷投入巨资在全球范围内大量建设数据中心。我国政府和企业也都在加大力度建设云计算数据中心，内蒙古提出了"西数东输"发展战略，把本地的数据中心通过网络提供给其他省份的用户使用。阿里巴巴集团在甘肃玉门建设的数据中心，是我国第一个绿色环保的数据中心。贵州被公认为是我国南方最适合建设数据中心的地方，中国移动、联通、电信三大运营商都将南方数据中心建在了贵州。

图 2.8　云计算中心

### 4. 云计算的应用

云计算技术已经融入数据存储、医疗、金融、教育等诸多领域。

（1）存储云。存储云又称云存储，是在云计算技术上发展起来的一种新的存储技术。云存储是一个以数据存储和管理为核心的云计算系统。用户可以将本地资源上传至云端，然后在任何地方通过互联网来获取云端上的资源。在国外，谷歌、微软等均有云存储的服务；在国内，百度云和微云则是市场占有量最大的存储云。存储云向用户提供了存储容器服务、备份服务、归档服务和记录管理服务等，大大方便了使用者对资源的管理。

（2）医疗云。医疗云是指在云计算、移动技术、多媒体、4G 通信、大数据以及物联网等新技术基础上，结合医疗技术，使用"云计算"来创建医疗健康服务云平台，实现医疗资源的共享和医疗范围的扩大。医疗云可以推动医院与医院、医院与社区、医院与急救中心、医院与家庭之间的服务共享，并形成一套全新的医疗健康服务系统，从而有效提高医疗保健的质量。现在医院的预约挂号、电子病历、医保等都是云计算与医疗领域结合的产物。

（3）金融云。金融云是指利用云计算的模型，将信息、金融和服务等功能分散到由庞大分支机构构成的互联网"云"中，旨在为银行、保险和基金等金融机构提供互联网处理和运行服务。2013 年 11 月，阿里云整合阿里巴巴旗下资源，推出了阿里金融云服务。这就是现在已基本普及的快捷支付。因为金融与云计算的结合，现在只需要在手机上简单操作，就可以实现银行存款、购买保险和买卖基金等行为。

(4)教育云。教育云可以将所需要的任何教育硬件资源虚拟化，然后将其传入互联网中，以向教育机构和学生、教师提供一个方便快捷的平台。现在流行的大规模开放式在线课程(massive open online courses，MOOC)就是教育云的一种应用。

### 2.2.2 物联网

#### 1. 物联网的概念

物联网(internet of things，IOT)是物物相连的互联网，是互联网的延伸，它利用局部网络或互联网等通信技术把传感器、控制器、机器、人员和物等通过新的方式联在一起，形成人与物、物与物相联，实现信息化和远程管理控制。物联网的体系架构如图 2.9 所示。

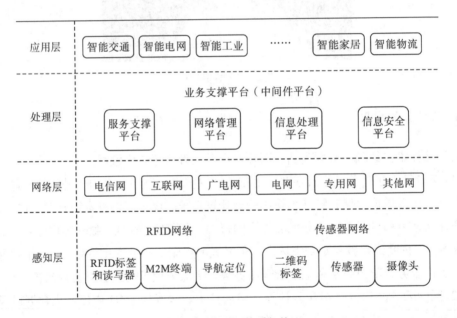

图 2.9　物联网体系架构

#### 2. 物联网关键技术

物联网中的关键技术包括识别和感知技术，例如：二维码(图 2.10)、无线射频识别(radio frequency identification，RFID)(图 2.11)、传感器(图 2.12)等；网络与通信技术；数据挖掘与融合技术等。

图 2.10　矩阵式二维码

图 2.11　采用 RFID 芯片的公交卡

(a)温湿度传感器　　　　　　(b)压力传感器　　　　　　(c)烟雾传感器

图 2.12　不同类型的传感器

### 2.2.3　大数据与云计算、物联网的关系

　　云计算、物联网和大数据代表了 IT 领域最新的技术发展趋势,三者既有区别又有联系。物联网将物品和互联网连接起来,在进行信息交换和通信,实现智能化识别、定位、跟踪、监控和管理的过程中,会产生大量的数据。大数据必须采用分布式计算架构,肯定无法用单台的计算机进行处理。大数据的价值在于对海量数据的挖掘,但它必须依托云计算的分布式处理、分布式数据库、云存储和虚拟化技术。因此,物联网产生大数据,大数据需要云计算,云计算则解决万物互联带来的巨大数据量,所以三者互为基础,又相互促进。

　　如图 2.13 所示,物联网对应了互联网的感觉和运动神经系统。大数据代表了互联网的信息层,是互联网智慧和意识产生的基础。云计算是互联网的核心硬件层和核心软件层的集合,也是互联网的中枢神经系统。

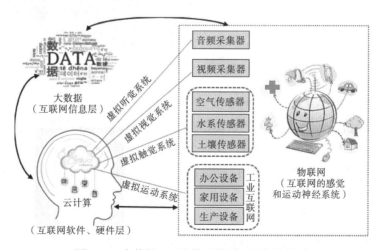

图 2.13　大数据、云计算和物联网之间的关系

### 2.2.4　人工智能

#### 1. 人工智能概念

人工智能(artificial intelligence，AI)是计算机科学的一个分支，是研究、开发用于模拟、延伸和扩展人的智能的理论、方法、技术及应用系统的一门新的技术科学。人工智能领域的研究包括机器人、语言识别、图像识别、自然语言处理和专家系统等。

#### 2. 人工智能关键技术

(1)机器学习。机器学习是在数据的基础上，通过算法构建出模型并对模型进行评估。评估的性能如果达到要求，就用该模型来测试其他数据；如果达不到要求，就要调整算法，重新建立模型，再次进行评估。如此循环往复，最终获得满意的模型来处理其他数据。

(2)知识图谱。知识图谱(knowledge graph，KG)又称科学知识图谱，是显示知识发展进程与结构关系的一系列不同的图形(图2.14)。

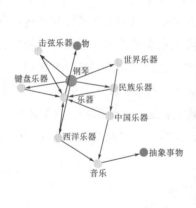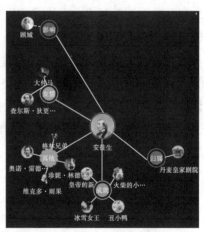

图2.14　知识图谱

(3)自然语言处理。自然语言处理是计算机科学领域与人工智能领域中的一个重要方向。它研究能实现人与计算机之间用自然语言进行有效通信的各种理论和方法。自然语言处理的应用包罗万象，例如：机器翻译(如百度翻译)、手写体和印刷体字符识别(如手写输入)、语音识别(如语音输入)、信息检索、信息抽取与过滤、文本分类与聚类、舆情分析和观点挖掘等。

(4)人机交互。人机交互是一门研究系统与用户之间的交互关系的学科。系统可以是各种各样的机器，也可以是计算机化的系统和软件(图2.15)。人机交互是与认知心理学、人机工程学、多媒体技术、虚拟现实技术等密切相关的综合学科。

图 2.15　人机交互

（5）计算机视觉。计算机视觉是一门研究如何使机器"看"的科学，更进一步地说，是指用摄影机和电脑代替人眼对目标进行识别、跟踪和测量的机器视觉，并进一步做图形处理，成为更适合人眼观察或传送给仪器检测的图像。

（6）生物特征识别。生物特征识别技术涉及的内容十分广泛，包括指纹、掌纹、人脸（图 2.16）、虹膜、指静脉、声纹、步态等多种生物特征，其识别过程涉及图像处理、计算机视觉、语音识别、机器学习等多项技术。例如现在的智能手机大多支持指纹解锁和人脸识别解锁等。

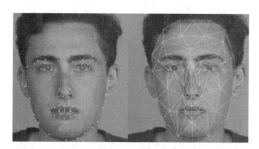

图 2.16　人脸识别

（7）虚拟/增强现实。虚拟现实（virtual reality，VR）/增强现实（augmented reality，AR）是以计算机为核心的新型视听技术（图 2.17）。结合相关科学技术，在一定范围内生成与真实环境在视觉、听觉、触感等方面高度近似的数字化环境。

图 2.17　虚拟现实（图片来源：http://news.expoon.com/c/20160921/15676.html）

## 2.2.5　大数据与人工智能的关系

### 1. 大数据与人工智能的联系

以下围棋为例，人工智能就像阿尔法围棋（AlphaGo）吸收了大量围棋界名人的围棋秘籍，并不断地进行深度学习和广泛训练，逐渐进化升级为一个围棋高手。大数据则相当于AlphaGo学习、记忆和存储的海量围棋知识，这些围棋知识只有通过它的消化—吸收—再造才能创造出更大的价值。

也就是说，人工智能需要数据来建立其智能，尤其是进行机器学习，而大数据技术为人工智能提供了强大的存储能力和计算能力。因此，人工智能离不开大数据，人工智能需要依赖大数据平台和技术来帮助其完成深度学习和进化。

### 2. 大数据与人工智能的区别

大数据是需要在数据变得有用之前进行清理、结构化和集成的原始输入，而人工智能是一种计算形式，它允许机器执行认知功能，例如对输入起作用或做出反应，类似于人类的做法。在某些方面人工智能会代替或部分代替人类来完成某些任务，但比人类的速度更快、错误更少。

## 2.2.6　物联网与人工智能的应用

物联网和人工智能融合，使得万物具有感知能力，物理设备不再冷冰冰而是具有生命力，让物理世界和数字世界深度融合，继而行业边界越来越模糊，人类进入全新的智能社会。物联网与人工智能已经广泛应用于智能制造、智能家居、智能金融、智能交通、智能安防、智慧医疗、智能物流、智能零售、智能环保、智能电网、智能工业、智慧农业等众多领域（图2.18），对国民经济与社会发展起到了重要的推动作用。

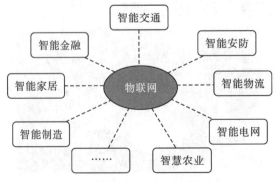

图 2.18　物联网与人工智能的应用

（1）智能制造。智能制造（intelligent manufacturing，IM）是一种由智能机器和人类专家共同组成的人机一体化智能系统（图 2.19），它在制造过程中能进行智能活动，诸如分析、推理、判断、构思和决策等。

图 2.19　智能制造

（2）智能家居。智能家居通过物联网技术将家中的各种设备（如音视频设备、照明系统、窗帘控制、空调控制、安防系统、数字影院系统、影音服务器、影柜系统、网络家电等）连接到一起，提供家电控制、照明控制、电话远程控制、室内外遥控、防盗报警、环境监测、暖通控制、红外转发以及可编程定时控制等多种功能和手段（图 2.20）。国内知名企业，诸如阿里巴巴和百度等互联网公司、华为和小米等手机厂商、海尔和美的等传统家电厂商纷纷布局物联网，并向智能化转型，推动人们消费升级，提升生活品质。

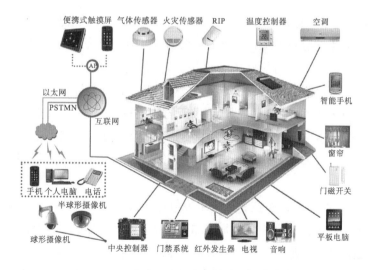

图 2.20　智能家居

（3）智能金融。智能金融（AiFinance），即人工智能与金融的全面融合，以人工智能、大数据、云计算、区块链等高新科技为核心要素，全面赋能金融机构，提升金融机构的服务效率，拓展金融服务的广度和深度，使全社会都能获得平等、高效、专业的金融服务，实现金融服务的智能化、个性化、定制化。

（4）智能交通。智能交通是未来交通系统的发展方向，包括机场、车站客流疏导系统和城市交通智能调度系统、高速公路智能调度系统、运营车辆调度管理系统、机动车自动控制系统等。它是将先进的信息技术、数据通信传输技术、电子传感技术、控制技术及计算机技术等，有效地集成运用于整个地面交通管理系统而建立的一种在大范围内、全方位发挥作用的，实时、准确、高效的综合交通运输管理系统(图 2.21)。人们可随时随地通过智能手机、街边大屏幕、电子站牌等，了解城市各条道路的交通状况、所有停车场的车位情况、每辆公交车的当前所在位置等信息，从而合理安排行程，提高出行效率。

图 2.21　智能交通

（5）智能安防。智能安防是兼顾了整体城市管理系统、环保监测系统、交通管理系统、应急指挥系统等应用的综合体系，智能安防系统可以通过无线移动、跟踪定位等手段建立全方位的立体防护。其中，智能安防在城市管理上涵盖街道社区、楼宇建筑、银行邮局、道路监控、机动车辆、警务人员、移动物体、船只等。特别是针对重要场所，如机场、码头、水电气厂、桥梁大坝、河道、地铁等场所的监控与保护；智能安防在公共交通管理、车辆事故处理、车辆偷盗防范上可以更加快捷准确地跟踪定位处理，还可以随时随地通过车辆获取更加精准的灾难事故信息、道路流量信息、车辆位置信息、公共设施安全信息、气象信息等。

（6）智慧医疗。智慧医疗是在充分应用大数据、云计算、智能可穿戴设备、物联网等新技术的基础上，对患者医疗信息进行监测、收集、传输、分析与保存，为患者建立电子医疗档案，并通过移动互联网信息平台，将信息进行整合，实现患者、医疗器械、医生、机构(医院及其他医疗平台)等的实时联系和有效互动。借助物联网/云计算技术、人工智能的专家系统、嵌入式系统的智能化设备，可以构建起完善的物联网医疗体系，使全民平等地享受顶级的医疗服务，解决或减少医疗资源缺乏导致的看病难、医患关系紧张、事故频发等问题(图 2.22)。

图 2.22　智慧医疗

（7）智能物流。智能物流广泛应用于物流业运输、仓储、配送、包装、装卸等基本活动环节。智能物流使物流系统能模仿人的智能，具有思维、感知、学习、推理判断和自行解决物流中某些问题的能力，利用条形码、射频识别技术、传感器、全球定位系统、智能搜索、推理规划、计算机视觉以及智能机器人等先进的物联网和人工智能技术，通过信息处理和网络通信技术平台，实现货物运输过程的自动化运作和高效率优化管理，提高物流行业的服务水平，降低成本，减少自然资源和社会资源消耗。图 2.23 为智能分拣系统。

图 2.23　智能分拣系统

（8）智能零售。人工智能在零售领域的应用已经十分广泛，无人超市（图 2.24）、智慧供应链、客流统计等都是热门方向。

图 2.24　无人超市

(9) 智能环保。智能环保是"数字环保"概念的延伸和拓展,它借助物联网技术,把感应器和装备嵌入各种环境监控对象(物体)中,通过超级计算机和云计算将环保领域物联网整合起来,可以实现人类社会与环境业务系统的整合,以更加精细和动态的方式实现环境管理和决策的智慧。

(10) 智能电网。智能电网由很多部分组成,可分为智能变电站、智能配电网、智能电能表、智能交互终端、智能调度、智能家电、智能用电楼宇、智能城市用电网、智能发电系统、新型储能系统。以智能电表为例,通过它电力部门不仅可以省去抄表工的大量工作,还可以实时获得用户的用电信息,提前预测用电高峰和低谷,为合理设计电力需求响应系统提供依据。

(11) 智能工业。智能工业将具有环境感知能力的各类终端、基于泛在技术的计算模式、移动通信等不断融入工业生产的各个环节,大幅提高制造效率,改善产品质量,降低产品成本和资源消耗,将传统工业提升到智能化的新阶段。

(12) 智慧农业。智慧农业是农业生产的高级阶段,是集新兴的互联网、移动互联网、云计算和物联网技术为一体,依托部署在农业生产现场的各种传感节点(环境温湿度、土壤水分、二氧化碳、图像等)和无线通信网络实现农业生产环境的智能感知、智能预警、智能决策、智能分析、专家在线指导,为农业生产提供精准化种植、可视化管理、智能化决策。

## 2.3　大数据处理流程

大数据从数据的传导和演变上可以分为:大数据采集及预处理、大数据存储、大数据分析、大数据可视化(图 2.25)。

图 2.25　大数据处理流程

## 2.3.1　大数据采集及预处理

### 1. 大数据采集

大数据的数据采集是在确定用户目标的基础上，针对该范围内所有结构化、半结构化和非结构化数据的采集，采集后对这些数据进行处理，从中分析和挖掘出有价值的信息。在大数据的数据采集过程中，其主要特点和面临的挑战是成千上万的用户同时进行访问和操作而引起高并发数。

大数据的数据采集(data acquisition，DAQ)又称大数据的数据获取，它通过 RFID、传感器、社交网络、移动互联网等方式获得各种类型的海量的结构化、半结构化及非结构化数据。

传统的数据采集来源单一，且存储、管理和分析数据量也相对较小，大多采用关系型数据库和并行数据仓库即可处理。对依靠并行计算提升数据处理速度方面而言，传统的并行数据库技术追求高度一致性和容错性，根据 CAP 原则，难以保证其可用性和扩展性。CAP 原则又称 CAP 定理，指的是在一个分布式系统中，一致性(consistency)、可用性(availability)、分区容错性(partition tolerance)这三个要素最多只能同时实现两个，不可能三者兼顾。而大数据的数据采集来源广泛，信息量巨大，需要采用分布式数据库对数据进行处理。数据类型也相当丰富，既包括结构化数据，也包括半结构化和非结构化数据。

1)数据来源

大数据采集的数据来源包括以下几类。

(1)商业数据。商业数据是指来自 ERP 系统、各种 POS(point of sales)终端及网上支付等业务系统数据(图 2.26)，是现在最主要的数据来源渠道。

图 2.26　商业数据来源

(2)互联网数据。互联网数据是指网络空间交互过程中产生的大量数据。包括通信记录及 QQ、微信、微博等社交媒体产生的数据,其数据复杂且难以被利用。

(3)物联网数据。通过各种信息传感器、射频识别技术、全球定位系统、红外感应器、激光扫描器等装置与技术,采集声、光、热、电、力学、化学、生物、位置等各种需要的信息,可以得到大量的物联网数据(图 2.27)。

图 2.27　物联网数据

2)采集方法

大数据的采集通常采用多个数据库来接收终端数据,包括智能硬件端、多种传感器端、网页端、移动 App 应用端等,并且可以使用数据库进行简单的处理工作。大数据采集方法包括:人工采集方法、系统日志采集方法、网络数据采集方法(通过网络爬虫实现,如图 2.28 所示)、数据接口采集方法。

图 2.28　爬虫

主流而合法的网络数据收集方法主要分为 3 类:开放数据集下载、应用程序编程接口读取和爬虫。

## 2. 数据预处理

通过数据预处理工作，可以补全残缺的数据、纠正错误的数据、删除多余的数据，进而将所需的数据挑选出来，进行数据集成。数据预处理的方法主要包括数据清洗、数据集成、数据变换和数据归约(图 2.29)。

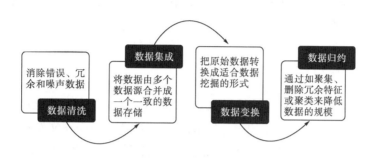

图 2.29　数据预处理

## 2.3.2　大数据存储

面对大数据的爆炸式增长，且具有大数据量、异构型、高时效性的需求时，数据的存储不仅有存储容量的压力，还给系统的存储性能、数据管理乃至大数据的应用方面带来了挑战。根据 IDC 全球数据圈(IDC Global DataSphere)的研究，2025 年全球数据将达到175ZB。

### 1. 存储技术的发展

随着计算机技术和物理技术的发展，存储技术不断发生质的飞跃。

在物理存储介质上，从磁带、光盘、硬盘到磁盘阵列，存储设备的读取速度越来越快，存储容量越来越大，性价比也越来越高(图 2.30)。

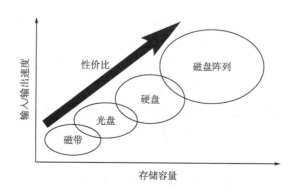

图 2.30　存储设备发展历程

存储技术经历了从第一代开放系统直连存储、第二代共享网络存储、第三代统一存储，到第四代基于闪存的存储系统的发展。2019 年 7 月，戴尔科技集团宣布启动"第五代存储地球有效容量守望计划"，之后戴尔科技集团联合 IDC 发布了《第五代存储助力企业数字化转型》的报告，正式提出了第五代存储的概念。从官方公布的资料可以看出，第五代存储具备"敏捷高速""有效容量""无缝接云""数据护航""AI 赋能"五大特性，也就是说第五代存储更快、更智能、更可靠、更灵活，也更适应云原生、AI、精准营销等新一代数字化应用的需要。

### 2. 传统数据存储和管理方式

传统数据存储和管理方式分为文件系统、关系数据库系统和数据仓库三种。文件系统和关系数据库系统都是数据组织的管理技术，关系数据库系统是在文件系统的基础上发展而来的，但二者有着明显的差异。文件系统和关系数据库系统之间的区别如下。

(1)文件系统用文件将数据长期保存在外存上，关系数据库系统用数据库统一存储数据。

(2)文件系统中的程序和数据有一定联系，关系数据库系统中的程序和数据是分离的。

(3)文件系统用操作系统中的存取方法对数据进行管理，关系数据库系统用数据库管理系统(database management system，DBMS)统一管理和控制数据。

(4)文件系统实现以文件为单位的数据共享，关系数据库系统实现以记录和字段为单位的数据共享。

数据仓库(data warehouse，DW)，是为企业所有级别的决策制定过程，提供所有类型数据支持的战略集合。数据仓库是在数据库已经大量存在的情况下，为了进一步挖掘数据资源、为了决策需要而产生的。

### 3. 大数据时代的数据存储和管理方式

(1)分布式文件系统。分布式文件系统可以解决大数据存储的问题，为大数据的存储提供新方式。分布式文件系统的定义包括两个方面：一方面是关于硬件的，即机器本身是独立的。另一方面是关于软件的，即对于用户来说，他们就像跟单个系统打交道。这两个方面一起阐明了分布式文件系统的本质，缺一不可。

(2)NoSQL 数据库。NoSQL 是"not only SQL"的缩写，其含义是：适用关系型数据库时就使用关系型数据库，不适用时也不是非使用关系型数据库不可，可以考虑使用更加合适的数据存储方式。

(3)NewSQL 数据库。NewSQL 是对各种新的可扩展/高性能数据库的简称，这类数据库不仅具有 NoSQL 对海量数据的存储管理能力，还保持了传统数据库支持数据库事务正确执行的四个基本要素(即原子性、一致性、隔离性、持久性)和结构化查询语言等特性。

　　(4)云数据库。云数据库是指被优化或部署到一个虚拟计算环境中的数据库，可以实现按需付费、按需扩展、高可用性以及存储整合等优势。根据数据库类型一般分为关系型数据库和非关系型数据库。云数据库采用云存储技术。云存储是随着云计算技术的发展而衍生出来的一种新兴的网络存储技术，它是云计算的重要组成部分，也是云计算的重要应用之一；它不仅是数据信息存储的新技术、新设备模型，也是一种服务的创新模型。云存储是指通过网络技术、分布式文件系统、服务器虚拟化、集群应用等技术将网络中海量的异构存储设备构成可弹性扩张、低成本、低能耗的共享存储资源池，并提供数据存储访问、处理功能的系统服务。

## 2.3.3　大数据分析

　　数据分析是大数据处理与应用的关键环节，其目标是提取数据中隐藏的信息，提供有意义的建议，以辅助制定决策。通过数据分析，人们可以从杂乱无章的数据中获取和提炼有价值的信息，进而找出所研究对象的内在规律。数据分析有极广泛的应用范围，在产品的整个生命周期内，数据分析过程是质量管理体系的支持过程，包括从产品的市场调研到售后服务以及最终处置，都需要适当运用数据分析，以提升产品质量、客户黏度和生产效率。

　　1. 数据分析基本概念

　　数据分析是指数据收集、处理并获取数据信息的过程。假如没有数据分析，再多的数据都只能是一堆储存维护成本高而毫无用处的 IT 库存。

　　2. 数据分析方法

　　大数据分析技术主要包括已有数据的分布式统计分析技术和未知数据的分布式挖掘、深度学习技术。分布式统计分析可由数据处理技术完成，分布式挖掘和深度学习技术则在大数据分析阶段完成，包括聚类与分类、关联分析、深度学习等，可挖掘大数据集合中的数据关联性，形成对事物的描述模式或属性规则，可通过构建机器学习模型和海量训练数据提升数据分析与预测的准确性。

　　3. 数据挖掘

　　数据挖掘就是从大量的、不完全的、有噪声的、模糊的、随机的实际应用数据中，提取隐含其中的、人们事先不知道的，但又是潜在有用的信息和知识的过程。这个定义包括几层含义：数据源必须是真实的、大量的、含噪声的；发现的是用户感兴趣的知识；发现的知识要可接受、可理解、可运用；并不要求发现放之四海皆准的知识，仅支持特定的发现问题。

　　数据挖掘是创建数据挖掘模型的一组试探法和计算方法，通过对提供的数据进行分析，查找特定类型的模式和趋势，最终形成数据挖掘模型。

## 2.3.4　大数据可视化

　　大数据可视化是指将大数据分析与预测结果以计算机图形或图像的直观方式显示给用户的过程，并可与用户进行交互式处理。数据可视化技术有利于发现大量业务数据中隐含的规律性信息，以支持管理决策。数据可视化环节可大大提高大数据分析结果的直观性，便于用户理解与使用，所以数据可视化是影响大数据可用性和易于理解性质量的关键因素。

### 1. 数据可视化与数据分析的区别

　　数据分析是处理环节里面一个比较重要的环节。"分析"两个字的含义可以包含两个方面的内容：一个是在数据之间尝试寻求因果关系或影响的逻辑；另一个是对数据的呈现做适当的解读。

　　数据分析偏重数据挖掘、试错与反复比对；数据可视化偏重业务结合、行业情景带入等。

### 2. 数据可视化基础

　　可视化可简明地定义为"通过可视表达增强人们完成某些任务的效率"。

　　从信息加工的角度看，丰富的信息将消耗大量的注意力，需要有效地分配注意力。精心设计的可视化可作为某种外部存储，辅助人们在人脑之外保存待处理信息，从而补充人脑有限的记忆内存，有助于将认知行为从感知系统中剥离，提高信息认知的效率。此外，视觉系统的高级处理过程中包含一个重要部分，即有意识地集中注意力。人类执行视觉搜索的效率通常只能保持几分钟，无法持久。图形化符号可高效地传递信息，将用户的注意力引导到重要的目标上。

　　可视化的作用体现在多个方面，如揭示想法和关系、形成论点或意见、观察事物演化的趋势、总结或积聚数据、存档和汇整、寻求真相和真理、传播知识和探索性数据分析等。

　　面对如此庞大的数据量，如何利用是关键。大数据可以做很多事，例如预测、推荐引擎（图2.31）等，而在这之前便是方向和目标的确定。这就是数据可视化的目的。

图 2.31　某购物平台的智能推荐

数据可视化与信息图形、信息可视化、科学可视化以及统计图形密切相关。当前，在研究、教学和开发领域，数据可视化乃是一个极为活跃而又关键的方面。

3. 大数据应用

大数据应用是指将经过分析处理后挖掘得到的大数据结果应用于管理决策、战略规划等的过程，它是对大数据分析结果的检验与验证。大数据应用过程直接体现了大数据分析处理结果的价值性和可用性。大数据应用对大数据的分析处理具有引导作用。

大数据价值链包括数据采集、流通、储存、分析与处理、应用等环节，其中分析与处理是核心。如果只存储不分析，就相当于只买米不做饭，产生不了实际效益。在大数据收集、处理等一系列操作之前，通过对应用情境的充分调研、对管理决策需求信息的深入分析，可明确大数据处理与分析的目标，从而为大数据收集、存储、处理、分析等过程提供明确的方向，并保障大数据分析结果的可用性和价值性。

# 2.4　大数据产业链

## 2.4.1　对大数据产业的理解

大数据产业是对数量巨大、来源分散、格式多样的数据进行采集、存储和关联分析，从中发现新知识、创造新价值、提升新能力的新一代信息技术和服务业态。大数据产业的存在主要是为了给其他产业提供服务，这和其他产业的存在性质相似。

人们常常把大数据的源头比喻成油田或矿山。以油田为例，人们从事的工作包括石油勘探、石油开采、石油储存、石油运输、石油提炼、石油产品销售等多个细分领域和环节。最后提供给社会的是凝结了大量人工和智慧的石油产品，而这些石油产品极大地方便并满足了社会各领域对工业能源、建筑材料、食品包装、服装面料、模型器具、日杂用品等多种制造与使用的需求。试想如果没有石油，也就没有廉价的汽车与航空燃料，尤其是没有乙烯等重要化工原材料,是否存在塑料这样一种廉价的工业制造材料都很难说,那么各个产业则需要用其他造价更为高昂的材料对其进行取代,更不用提家用的天然气和液化石油气了,人们只能再去寻找其他能源:要么不洁净——如柴火和煤炭,要么价格昂贵——如氢气。人们之所以选用石油作为整个产业链的根源,并把它发展成一个完整的产业也是由于这样的原因。

类比一下大数据产业,数据收集、数据存储、数据传输、数据建模、数据分析、数据交易形成了大数据产业的完整产业链。在这个产业链里同样蕴含着和石油行业一样的东西。

数据通过各种软件进行收集,通过云数据中心进行存储,通过网络进行传输,通过数据科学家或者行业专家进行建模和分析,再通过可视化形式以更直观的方式呈现分析后得到的知识。数据之间错综复杂的潜在关系使大量孤立而多来源的数据同时出现在一个舞台后显得更为有趣,大量看似不相关的事情却能够通过观察与分析建立起联系。这些关联关系能够推测未来趋势,减少试错的机会,降低成本和风险,解放劳动力。

### 2.4.2　大数据产业现状

最早提出大数据时代到来的是全球知名咨询公司麦肯锡。麦肯锡称,数据已经渗透到当今每一个行业和业务职能领域,成为重要的生产因素。人们对于海量数据的挖掘和运用,预示着新一波生产率增长和消费者盈余浪潮的到来。

大数据产业是以数据为核心的产业。大数据产业从数据的传导和演变上可以分为:数据采集、数据存储、数据分析、数据可视化、数据交易、数据应用(图2.32)。其中每个环节都是非常重要的数据生命环节,每个环节的生产加工行为都有着非常重要的价值,每个环节做到极致都可以成就一个伟大的公司。

图2.32　大数据产业链

　　大数据产业也可以划分成数据源、大数据产品、大数据服务应用三大部分。目前，我国的数据来源包括政府部门、企业数据采集及供应商、互联网数据采集及供应商、数据流通平台等。而大数据产品包括大数据平台、云储存、数据安全等基础软件产品；加工分析、解决方案等软件产品；大数据采集、接入、存储、传输等硬件设备产品。大数据服务方面，主要为应用服务、分析服务、基础设施服务等供应商。如图 2.33 所示为大数据产业的一个全景图。

图 2.33　大数据产业链全景图

　　国际数据公司(IDC)和数据存储公司希捷开展的一项研究发现，中国每年将以超过全球平均值 3%的速度产生并复制数据。该研究报告称，我国 2018 年约产生 7.6ZB 数据，2025 年将增至 48.6ZB，已成为全球瞩目的数据大国。2015 年 12 月，全球第一家大数据交易所——贵阳大数据交易所经过半年多的发展，交易金额已突破 6000 万元，会员数量超过 300 家，接入贵阳大数据交易所的数据源公司超过 100 家，数据总量超过 10 PB，已发生实际交易的会员超过 70 家。经过两年多的发展，截至 2018 年 4 月，贵阳大数据交易所发展会员数突破 2000 家，已接入 225 家优质数据源，经过脱敏脱密，可交易的数据总量超 150PB，可交易数据产品 4000 余个，涵盖金融数据、行为数据、企业数据、社会数据、交通数据、通信数据、电商数据、工业数据、投资数据、医疗数据、卫星数据等 30多个领域，交易金额已突破 1.2 亿元。这些数据服务于经济发展，包括政用、民用、商用等各个领域。

　　截至目前，中国境内除了贵阳大数据交易所以外，还有长江大数据交易所、东湖大数据交易所、崇州大数据交易所等十余家大数据交易所挂牌营业。

## 2.5 大数据应用案例

自互联网资本大举进入电影界以来，互联网不仅成为电影出品方的营销推送渠道，也逐渐成为片方了解消费者动态的最佳渠道，例如消费者喜欢哪个明星，关注哪种营销方式，更愿意为哪种题材的电影买单，他们都是谁，喜欢通过什么渠道去了解电影信息等。在商业电影模式最为成熟的好莱坞，大数据已经应用到影视投资决策、消费者定位、剧本故事核构建、明星选角、宣发策略的所有环节，从而让成功的商业电影能够俘获全球观众青睐。全球复杂网络权威、物理学家巴拉巴西(Albert-László Barabási)在其《爆发：大数据时代预见未来的新思维》书中提出，93%的人类行为是可以预测的。这是一种颠覆性的结论。如果有93%的人类行为可以被预测，这就意味着大数据可以使商业行为进入可掌控的范围。

2013年《纸牌屋》(*House of Cards*)电视剧的爆红(图2.34)，开启了大数据在影视产业应用的成功之路，让奈飞(Netflix)公司赚得盆盈钵满。中国电影在2013年也迎来了爆发期。票房繁荣的背后，离不开大数据的影响以及营销方式的转变。数据和商业应用之一的"影视"，这两个看似毫无关联的事物到底存在什么样的关系？数据在影视行业有哪些应用价值？数据是否能够重构影视呢？从《纸牌屋》的创制就可见一斑。

图2.34 《纸牌屋》电视剧

《纸牌屋》的原版是英国的一部迷你电视剧，它改编自同名英国政治惊悚小说，讲述的是一个老谋深算的美国国会议员与野心勃勃的妻子在华盛顿政治圈"运作权力"的故事。但是，这部标准的政治剧最特别的地方在于，不是传统意义上由制片人制作好再出售，而是由视频网站奈飞公司投资并制作。它不在电视台播放，而只在网络上播放。有趣的是，这部电视剧的导演和男主角都是被"算"出来的。根据大数据，奈飞公司请来点击率非常高的天才导演大卫·芬奇和男演员凯文·史派西在其网站上做独播，首次进军原创剧集就一炮而红，在美国及其他 40 多个国家成为最热门的在线剧集。在《纸牌屋》这部剧集上，奈飞公司通过业务所沉淀的用户数据来判断用户喜好，成功催生了热门剧集。《纸牌屋》的成功得益于奈飞公司海量的用户数据积累和分析。如图 2.35 所示，通过分析，奈飞公司预测出凯文·史派西、大卫·芬奇和"BBC 出品"三种元素结合在一起的电视剧产品将会大火。《纸牌屋》被誉为电视剧行业通过互联网挖掘用户行为数据分析结果的第一次战略运用，大数据就这样注入了电视剧行业。

图 2.35　《纸牌屋》热播之三种元素

## 1. 数据采集与存储

影视剧数据的获取，主要依赖互联网，常见的数据来源有：自平台、开放平台抓取或者从数据公司购买。

2013 年，QQ 空间发布了"大数据里看电影"的信息图，从电影票房、观影城市、观影人群、口碑效应等维度对 2013 年的热门电影进行了分析和探讨。经过对大数据的研究发现，城市、年龄、学历、性别等因素，都会直接影响电影票房。QQ 空间的数据大多来自 QQ 空间里对电影的讨论情况。在 QQ 空间，大到一篇观后感，小到一条说说，讨论次数越多，其票房也就越高。除此之外，用户在其他互联网平台留下的和电影相关的痕迹也是数据的来源，例如观众在微博上对某部电影做的影评、打分、互动、转发等。

美剧《纸牌屋》的数据获取主要包括用户在何时、何地、何种设备上观看什么内容；用户给节目添加的"恐怖""必看"等个性标签；用户每一次的收藏、推荐、点击、暂停、倒退、快进、评分、搜索以及观赏的时间、次数与周期等。奈飞公司通过对上述大数据进行存储和分析，以及对用户播放视频的行为和对应的视频内容进行大量对比，从而分析出用户在音量、画面色彩、场景、演员、演员的着装和配饰等多方面的喜好。

## 2. 数据分析与挖掘

影片的高票房和电视剧的高收视率离不开对数据进行的深度分析和挖掘。假设通过对前期采集和存储的数据进行分析和挖掘后，得出影片 *Welike I*（虚拟名）的微博数据分析见

表 2.2，则可以通过这些数据改进该系列的下一部影片，以迎合观众，提高票房。

通过表 2.2 中所示的多维度的分析结果，归纳出喜欢 *Welike I* 人群的年龄、性别、区域分布、关注品牌、喜欢的演员、喜欢的话题以及喜欢的情节等，确立受众人群，推定受众的心理趋向，再根据这些因素调整电影场景，增减角色戏份，安排电影的推广和联系各大电影院排放。例如，分析得知 *Welike I* 的受众主要在非北上广地区后，*Welike* 系列可以定位在二、三线城市进行推广；分析得知 *Welike I* 的受众热衷于讨论名牌服装后，续集 *Welike II* 可以让演员穿上大量名牌服装；分析得知 *Welike I* 某段剧情受欢迎后，续集 *Welike II* 可以把类似情景尽量保留甚至强化；分析得知喜欢 *Welike I* 的受众中，有 40% 关注了某卫视主持人的微博，则在续集 *Welike II* 上影前，在该主持人的节目中安排和电影相关的活动；分析得知大多数女性喜欢帅气男生，电影中遐想梦幻的情景就由男性角色引出，带真情实感的体验则由女性角色承接。

表 2.2  影片 *Welike I* 的微博数据分析

| 维度 | 信息 |
| --- | --- |
| 年龄构成 | 平均年龄 20.3 岁 |
| 性别特征 | 女性受众超过 80%，其中 50% 是微博达人 |
| 区域分布 | 积极参与话题、传播甚至争论的区域集中在二、三线城市 |
| 手机品牌 | 受众群体喜欢用苹果手机发微博 |
| 关注明星 | 对影视娱乐明星的关注比例高达 80% |
| 关注品牌 | 不乏各大奢侈品 |

通过这种对大量数据的分析挖掘，以迎合所有观众为目标的影视制作，必然使影视公司获得丰厚的收益。

2012 年有报道显示，奈飞公司在全球有超过 2500 万的订阅用户，这些人每天在奈飞公司网站上产生 3000 多万个网络点击行为，例如：播放、暂停、回放或者快进，并且用户每天还会给出 400 万个评分，以及 300 万次搜索请求。在这些数据中，奈飞公司发现使用者的习惯正在改变。随着网络影音串流服务的流行，越来越多的人在手机和平板上观看视频，人们不再喜欢苦苦等待影视剧的续集，而是更喜欢一次看完整季的影集。根据 marketingcharts.com 的报道，78% 的美国人对于影片的观赏都有自己的计划，62% 的人会一次观看多集。根据这个分析结论，奈飞公司改变传统电视的播出和宣传方式，一次性推出整季的《纸牌屋》，更推出"免费试看"服务，使收视率大大提高。

3. 《纸牌屋》大数据应用效果

《纸牌屋》第一季于 2013 年 2 月 1 日在奈飞公司网站上全球同步首播后，2013 年奈飞公司收获了约 1000 万的新增收费用户，这是投资 1 亿美元的《纸牌屋》给予奈飞公司

的一大回馈。2014 年推出《纸牌屋》第二季之后，奈飞公司更是声名远播。奈飞公司的
2014 年第二季度的财务报表结果显示：奈飞公司的网站订阅用户数超过了 5000 万。大数
据在《纸牌屋》上的成功应用，使奈飞公司同时收获了订阅用户、盈利和名声，也催生了
《纸牌屋》的后续剧情。之后，《纸牌屋》的第三季于 2015 年播出，第四季于 2016 年播
出，第五季于 2017 年播出，第六季于 2018 年播出。

# 第3章 大数据采集及预处理

大数据的采集与预处理就是实现利用多个数据库接收来自智能硬件端、多种传感器端、网页端、移动 App 应用端等的数据，并且将这些来自前端的数据导入一个集中的大型分布式数据库或分布式存储集群中，同时可以在导入基础上做一些简单的预处理工作。本章将介绍大数据采集的基础知识、大数据采集和预处理的常用方法，以及常用的大数据采集工具和一个大数据采集案例。

## 3.1　大数据采集概述

当前我们生活在一个数据化的时代，几乎每时每刻人们都在制造数据、分享数据、应用数据。我们在淘宝、京东、亚马逊、当当等购物网站上购买商品，通过微信、微博进行实时交流互动，利用百度、谷歌等搜索引擎来查询搜集各类信息，使用各种地图和导航软件来进行汽车行驶导航时，其实都在产生数据、分享数据和使用数据。

### 3.1.1　大数据采集概念

大数据具有很高的商业价值。例如银行通过收集客户的受教育程度、经济能力、住房情况等数据，可以开展相应的金融业务和服务。再如医院的电子病历上，通常包含患者的病程情况、检查检验结果、手术记录等，这些数据可以有效地辅助医生来监控患者的病情。又如亚马逊、淘宝、京东等电商平台，每天都会产生大量的订单数据以及一系列的营销数据，通过对这些数据的收集、整理和分析，可以帮助商家和平台进行决策，从而改进营销策略。

但是，如果没有数据，价值就无从谈起，就好比没有石油开采，就不会有汽油。大数据采集又称为大数据获取，简单来说，是指从真实世界中获得原始数据的过程。通常是利用数据获取工具，对来自外部世界各种数据源产生的数据进行实时或非实时采集，并加以利用。

如图 3.1 所示，大数据的生命周期是由采集、存储、分析和日常维护组成的。首先采集很多需要的数据，然后把数据存储到相应的存储设备上，以备后期的处理，接下来根据既定的目标去设定如何分析这些数据，最后对分析出的结果进行定期维护。通过大数据生命周期的这四个部分，就可以实现大数据价值的挖掘。通过不同数据源的不同数据获取协议，进行数据的汇聚，在数据汇集之后，可以对原始数据进行一定的分析，提取出相关有价值的信息，再对价值信息作进一步分析，就可以提炼出知识，然后把这些知识应用在实际的生活、生产中，用知识去解决一系列问题，这样就实现了大数据的价值。

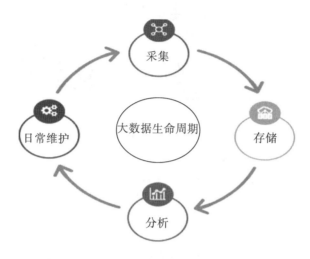

图 3.1　大数据生命周期

比如用户张三在淘宝上有一些购买记录，在微博上有一些社交记录，在支付宝有一些消费记录。把这些信息汇聚在一起，通过分析，可得出关于张三的购物偏好、社交网络语境下的言论特征以及消费行为特征，从而建立起张三的数据画像。然后，根据不同数据源的数据进行关联分析，就可以分析出张三在购物和消费行为之间是否有一定的关联。这就是大数据价值的实现思路。

在大数据生命周期的四个步骤中，所有数据工作的 70%～80%花费在数据的收集和整理上，只有 20%～30%被用在了数据的分析处理上。这就像平时做菜一样，通常会花大量的时间进行买菜、切菜、洗菜等准备工作，真正炒菜的时间很短。

由此可见，大数据采集是大数据分析的入口，是大数据应用的重要支撑。

## 3.1.2　采集数据来源及分类

大数据来源广泛，既有来自 ERP 系统、各种 POS 终端及网上支付等业务系统的商业数据，也有来自 QQ、微信、微博等社交媒体产生的互联网数据，还有来自射频识别、传感器、红外线感应器等的物联网数据(图 3.2)。

图 3.2　大数据来源

视角不同，可采集的数据的分类标准不同。

### 1. 从数据产生方式分类

(1)对现实世界的测量。比如通过感知设备获取的数据。

(2)人类的记录。由人录入计算机形成的数据，如微博、通信软件、电子商务数据、企业财务系统数据等。

(3)计算机产生的数据。如服务器日志、图像和视频监控数据等。

### 2. 从数据的格式划分

从数据的格式划分，大数据可分为结构化数据、半结构化数据和非结构化数据(图 3.3)。

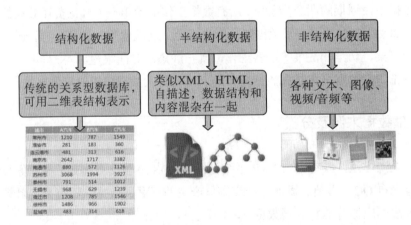

图 3.3　大数据类型

(1)结构化数据,主要是指在各种业务系统的数据库中,以表格形式来表达的业务记录,是在系统中定义好数据的结构,再严格地按照定义好的结构来存储、计算和管理的数据。

(2)半结构化数据,是指如 XML、HTML 之类的文档,它是内容和数据结构混杂在一起的自描述结构。

(3)非结构化数据,是指数据结构不规则或不完整,甚至没有预定义的数据模型。非结构化数据是大量存在的,比如文本、图像、视频和音频等。这些数据对我们的生活是非常重要的。在很多行业领域里,90%的与业务相关的信息都是来自非结构化数据,特别是文本数据。

### 3．从数据的应用领域分类

(1)统计数据。统计数据包括统计年鉴数据、人口数据、产业数据、气候数据和用地数据等。

(2)基础地图数据。基础地图数据包括河流水系数据、各级道路数据、行政边界数据和绿化植被数据等。

(3)交通传感数据。交通传感数据包括公交 IC 卡数据、专车 GPS 数据、出租车 GPS 数据和长途客车物流数据等。

(4)互联网数据。互联网数据包括 POI 数据、街景数据、社交网络数据、人流及车流数据和开源地图数据等。

(5)民生数据。民生数据包括电商数据、医疗数据、超市购物数据等。

(6)遥感测绘数据。遥感测绘数据包括地质水文数据、遥感影像数据、地形地貌数据等。

(7)智慧设施数据。智慧设施数据包括用电数据、用水数据、通信网络数据等。

(8)移动设备数据。移动设备数据包括手机信令数据、移动 App 定位数据、其他移动终端数据等。

## 3.1.3　大数据采集的应用

大数据采集在各行各业都有广泛的应用(表 3.1),比如旅游行业通过收集各类相关信息,能够帮助人们优化出行策略;在电子商务领域,通过对商品类别、商品名称、商品价格等信息进行采集和分析,可以构建商品比价系统;再比如银行通过收集用户的个人交易数据,可对用户的征信和贷款进行评级。此外,在其他金融领域、招聘领域和舆情分析领域,数据采集也是非常重要的。

表 3.1　大数据采集的应用

| 领域 | 信息源 | 应用 |
| --- | --- | --- |
| 旅游 | 各类信息 | 优化出行策略 |
| 电商 | 商品信息 | 比价系统 |
| 游戏 | 游戏论坛 | 调整游戏运营 |
| 银行 | 个人交易信息 | 征信系统/贷款评级 |
| 其他金融 | 金融新闻/数据 | 制定投资策略，量化交易 |
| 招聘 | 职位信息 | 岗位信息 |
| 舆情 | 各大论坛 | 社会群体感知 |

## 3.1.4　大数据采集的挑战

大数据出现之前，计算机所能够处理的数据都需要在前期进行相应的结构化处理，并存储在相应的数据库中。传统的数据处理过程如图 3.4 所示。

图 3.4　传统的数据处理过程

而大数据技术对于数据的结构要求大大地降低，互联网上人们留下的地理位置信息、社交信息、偏好信息、行为习惯信息等各种维度的信息都可以实时处理，其处理过程如图 3.5 所示。

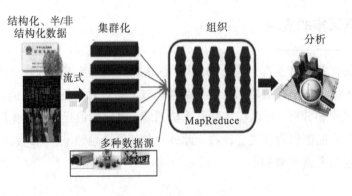

图 3.5　大数据处理过程

传统的数据采集来源单一，且存储、管理和分析数据量也相对较小，大多采用关系型数据库和并行数据库即可处理。对依靠并行计算提升数据处理速度方面而言，传统的并行数据库技术追求高度一致性和容错性，难以保证其可用性和扩展性。

传统的数据处理方法是以处理器为中心，而大数据环境下，需要采取以数据为中心的模式，减少数据移动带来的开销。因此，传统的数据处理方法，已经不能适应大数据的需求。

传统的数据采集与大数据的数据采集对比见表 3.2。

表 3.2　传统数据采集与大数据数据采集对比

| 划分方式 | 采集技术 | |
| --- | --- | --- |
| | 传统数据采集 | 大数据数据采集 |
| 数据来源 | 来源单一 | 来源广泛 |
| 数据量 | 数据量相对较小 | 数据量巨大 |
| 数据类型 | 结构单一 | 数据类型丰富，包括结构化、半结构化、非结构化数据 |
| 数据处理 | 关系型数据库和并行数据库 | 分布式数据库和非结构化数据库 |

大数据采集面临的挑战主要包括：①数据源多种多样；②数据量大；③变化快；④如何保证数据获取的可靠性；⑤如何避免重复数据；⑥如何保证数据的真实性。

此外，成千上万的用户同时进行的访问和操作引起的高并发数也是大数据采集所面临的挑战。

下面以智慧交通大数据应用为例来分析大数据采集所面临的挑战。

智能交通的基本作用，是通过交通领域数据的立体采集与处理，以支撑更智能的交通建设、管理和运行决策。

(1)数据量大，标准不统一。智能交通需要依靠前端传感器进行数据采集。由于铺设的前端传感器来自不同的生产企业，这些行业并没有统一的接口标准，这就造成即使同一个城市的不同系统也很难进行衔接和配合。这极大地增加了交通数据获取的难度，从而妨碍交通流的分析与预测。

(2)数据质量难以确保。智慧交通应用的数据主要来自系统中的传感器、监控等设备收集的数据。目前设备长时间运行的性能得不到保证，导致数据质量不高。由于目前系统难以自行判断数据质量，从而使得交通诱导和信号控制系统不能发挥预期效用，限制了智慧交通业务高水平的扩展应用，最后影响了整个智慧交通系统的投资价值。

(3)采集性能的影响。智慧交通系统往往需要大量的服务器和前端设备，包括信号控制、交通流量采集、交通诱导、电子警察、卡口等子系统，数据要和上级交通管理平台、下级交通管理子平台、公安业务集成平台等系统相连。随着系统规模不断扩大，前端设备点位增加，设备故障点也呈几何级数增长。这些都可能引起数据采集性能的降低。

# 3.2   大数据的采集方法

大数据采集的方法分为人工采集、系统日志采集、ETL（extract transform lood）工具采集、网络爬虫采集和传感器采集。

## 3.2.1   人工采集

人工采集方法是一种非常传统的数据采集方法，其中最古老的就是普查，它至今已有数千年的历史。据记载，两千多年前的西汉时期，中国就开展了人口普查，这也是早期人工采集数据的典范。

1895 年，学术界提出了抽样调查方法（图 3.6），并且在后来的 30 多年进行完善，使得这个调查方法成为一种更及时、更经济的数据采集方法，被广泛应用在经济、社会和科学研究领域。直到今天，它仍然是一种特别有效的方法。

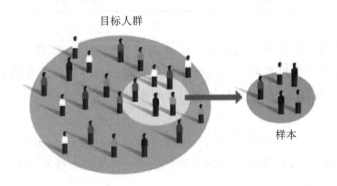

图 3.6   抽样调查方法

## 3.2.2   系统日志采集

系统日志是记录系统中硬件、软件和系统问题的信息，同时还可以监视系统中发生的事件，用户通过分析系统日志来检查错误发生的原因或者寻找设备受到攻击时攻击者所留下的痕迹。计算机中的任何程序都可以输出日志，这些程序包括操作系统内核、各种应用服务器等。在各类程序产生的日志中，内容、规模和用途各不相同。

通常，大数据的处理有两种方式，即离线处理和在线处理。不管是哪一种处理方式，其基本的数据来源都是日志数据，例如对于 Web 应用来说，可能是用户的访问日志、用户的点击日志等。Web 日志中包含大量人们感兴趣的信息，例如，统计出关键词的检索频次排行榜、用户停留时间最长的页面，甚至可获取更复杂的信息，包括构建广告点击量模型、用户行为特征分析等。

很多企业的应用系统每天都会产生大量的日志,对这些日志进行分析,是非常有价值的。比如保险公司、航空公司、电力公司、网络运营商、商业银行以及基金公司等,这些公司每天产生大量的日志,通过对其进行比对分析和数据挖掘,能够帮助企业更精准地了解用户情况,了解设备的运行情况及安全状态,提高企业的服务能力,进而优化营销策略,实现智能运维和统一管控(图 3.7)。

图 3.7  应用系统日志文件的价值

很多互联网企业都有自己的海量数据采集工具,多用于系统日志获取。当然,具体的日志信息采集方式取决于设备。

### 3.2.3  ETL 工具采集

企业内部数据的采集是对企业内部各种文档、视频、音频、邮件、图片等格式之间互不兼容的数据进行采集。主要通过 ETL 工具来完成(图 3.8)。

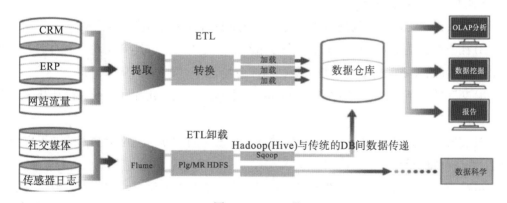

图 3.8  ETL 工具

ETL 工具主要是完成数据的提取、转换和加载。通过这个工具，可以对企业内部各种经营管理数据资源进行整合，以备后期分析处理。提取的时候选取企业的各种业务数据库，比如客户关系管理数据库(CRM)、企业资源计划管理数据库(ERP)，还有企业网站流量监控数据，提取出来的数据要进行一系列形式上的转换，以便后期加工和处理。转换之后经整理过的数据，会加载到数据仓库中，这样，这些数据才能在后期进行数据挖掘，生成数据分析报告，或者是进行在线的数据分析处理。

ETL 工具除了可以提取企业业务系统中的结构化数据以外，还可以提取社交媒体、传感器日志等非结构化数据。对于非结构化数据会通过一些工具，比如类似于 Flume 这样的工具将其提取到非结构化数据分析处理系统中，然后通过非结构化数据和结构化数据之间进行数据交互的 Sqoop 工具，把非结构化数据也整合到数据仓库中，支持后期的分析和处理以及生成相关的商务智能分析报告。

ETL 工具可以帮助企业实现多种数据源的不同数据结构的抽取、转换和加载，对企业进行数据采集和分析有很大的作用。

## 3.2.4　网络爬虫采集

互联网数据的采集是指通过网络爬虫或网站公开应用程序编程接口(application programming interface，API)等方式从网站上获取数据信息，并从中抽取出用户所需要的属性内容。

### 1. 网络大数据的特征

(1)多源异构。多源是指数据来源广泛，有企业业务系统产生的数据、物联网设备产生的数据，还有社交媒体和网站上的各种数据。异构是指这些数据包含了结构化数据、非结构化数据以及半结构化数据。

(2)时效性。时效性是指网络通常会对最新发展的事件做出快速的反应。

(3)社会性。互联网上的数据是由众多组织、企业以及能够连到互联网上的个人产生的。它们之间的关系就构成了网络大数据的社会性。

(4)交互性。企业之间或者个体之间都会有数据的交互。比如回复或评论社交媒体上的消息等。

(5)突发性。突发性是指当某一个突发性事件发生的时候，网络上的人或者组织会快速地对其进行报道等。

(6)高噪声。任何人都可以在网络上发表观点或者是发布消息，这些观点或消息的真伪和质量都难以把控，从而导致网络大数据的噪声较高。

对网络大数据进行处理时，需要针对这六大特性，有一定的考虑和应对。

2．网络爬虫

获取网络大数据最常用的办法就是使用网络爬虫。网络爬虫又称为网络蜘蛛、网络机器人或网络信息采集器，是一种按照一定规则，自动下载指定网页中信息的计算机程序或脚本。网络爬虫的主要目的是将互联网上的网页下载到本地，获得一个互联网内容的镜像备份。其流程主要分为获取网页、解析网页和存储数据三部分。

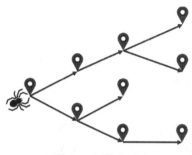

图 3.9　网络爬虫

互联网宛如一张大网，网络爬虫就是在网络上爬行的一种蜘蛛(图 3.9)。如果遇到资源，就可将其抓取下来。抓取的资源由用户来决定与控制。网络爬虫抓取了一个网页，就在这个网中发现了一条道路，即指向网页的超链接，可以爬到另一张网上获取数据。在几分钟内，爬虫可以遍历整张大网。网页是由超文本标记语言(HTML)代码构成，通过分析这些代码，就可以实现对图片、文字等资源的获取。

网络爬虫的对象主要是各类网站，包括新闻类、社交类、购物类以及相应的一些 API、用户接口和一些流型数据，比如视频弹幕数据。其中，网站数据仍然是网络爬虫爬取的主要对象。

根据系统结构和实现技术，可以将网络爬虫分为通用网络爬虫、聚焦网络爬虫、增量式网络爬虫、深层网络爬虫等。根据爬取内容的规模大小，网络爬虫可分为小规模、中规模和大规模三类，小规模相对来说数据量小，对爬虫的爬取速度要求不高；大规模的对爬虫的爬取速度要求较高。相比之下小规模的爬虫通常适用于爬取网页，而中等规模的爬虫适合爬取某一系列的网站，而大规模的搜索引擎级别的爬虫则适合爬取全网的网页。此外，所有被网络爬虫抓取的网页会自动被系统存储，并建立索引，以便之后的查询和检索。

目前成熟的网络爬虫有很多，如 Googlebot、百度蜘蛛这样的分布式多服务器多线程的商业爬虫和 GNU Wget、Apache Nutch 这样的灵活方便的开源爬虫搜索引擎。实际应用的网络爬虫系统通常是上述几种爬虫技术相结合实现的混合系统。

3．互联网数据采集的注意事项

互联网数据有门户网站、政府部门的信息公开、社交网站、电商网站以及相关的论坛等(图 3.10)。

图 3.10  互联网数据类型

互联网数据是企业外部的数据,相比内部数据,真实性更差,不确定性更高。进行互联网数据采集时主要注意以下事项。

(1)各个网站的结构和 IT 水平不同,没有统一的采集方法。

(2)通过网络爬虫获取,不同网站对爬虫的控制不同。

(3)互联网数据是非结构化数据,增加了采集的难度。

(4)互联网数据实效性好,但真实性及数据质量劣于其他数据。

## 3.2.5  传感器采集

手机中布满了各种各样的传感器,这些传感器能够帮助人们实现各种各样的功能,比如实现手机横/竖屏的切换,依靠的就是重力感应传感器。微信中的"摇一摇",依赖的是加速度传感器,而手机根据周围环境光线的强弱来自动调整屏幕亮度,依靠的是光线传感器。再比如在一些手机游戏中,能够以第一人称做出射击动作,或者模拟第一人称进行赛车游戏等。之所以在手机上能够实现这样的功能,它依靠的是手机内置的三轴陀螺仪。此外,手机上的电子地图和导航功能依靠的是 GPS,另外还有一个传感器就是电子罗盘,依靠手机中的电子罗盘能够帮助我们判断方向(图 3.11)。

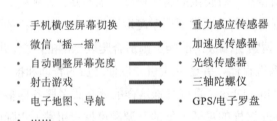

图 3.11  手机传感器

除了手机上的传感器以外,常见的传感器还包括能够对光线作出敏感反应的光敏传感器、对声音作出反应的声敏传感器,以及对气味比较敏感的气敏传感器,还有压敏、温敏和流体传感器等(图 3.12)。这些传感器能够感知相应的信号,并且把它们收集起来,转换成对应的电压或电流这种电学统计量。

雷达测速仪　　　　　　　酒精含量测试仪　　　　　　温湿度传感器

图 3.12　传感器

目前各种传感器的种类可谓纷繁复杂,作为移动大数据的信息采集端,移动传感器是数据采集的基础元器件,同时移动传感器、移动终端又呈现小型化、可穿戴的特点,比如陀螺仪、加速度计、磁力计等都是移动大数据采集不可或缺和不可替代的基础元器件。通过这些微传感器采集动作、姿态、位置、运动路径等数据,为数据库提供了必要的信息。

# 3.3　大数据预处理技术

在我们的生活中,数据无处不在。打电话、刷微博、聊 QQ、用微信、阅读、购物、看病、旅游,都在不断产生新的数据。但是,现实世界中数据大体上都是不完整、不一致的"脏"数据,无法直接进行数据挖掘,或挖掘结果差强人意,为了提高数据挖掘的质量,产生了数据预处理技术。大量的事实表明,在数据挖掘工作中,数据预处理所占的工作量为整个工作量的 60%~80%。

## 3.3.1　数据预处理概念

没有高质量的数据,就没有高质量的数据挖掘结果。低质量的数据对很多数据挖掘算法影响很大,甚至挖掘出错误的知识。错误的数据会导致错误的决策,影响信息服务的质量。因此,数据挖掘之前必须对数据进行一系列的预处理工作。

## 3.3.2　数据清洗

数据清洗的主要目的是标准化数据格式、清除异常数据、纠正错误数据、清除重复数据等。通过填写缺失的值、光滑噪声数据、识别或删除离群点,并解决不一致性来"清洗"数据。

### 1. 数据清洗定义

数据清洗是对数据进行重新审查和检验的过程，包括检查数据一致性、处理无效值和缺失值、删除重复信息、纠正存在的错误等，通过缺失处理、异常处理、数据转换等手段，最终将原始数据集映射为一个符合质量要求的"新"数据集的过程(图 3.13)。

图 3.13　数据清洗示意图

数据清洗的原理，就是通过分析"脏"数据的产生原因和存在形式，将"脏"数据转化为满足应用要求的数据，从而提高数据集的数据质量。

### 2. 数据质量

数据的质量主要是指数据的真实性或可信度。数据质量问题是由多方面引起的，通常有不同的表现形式。数据质量问题不局限于数据错误，即使数据本身没有错误，也可能随着新的数据处理要求的出现重新对原来的数据进行清洗。例如，当历史数据在数据结构、数据属性等方面不能满足数据应用的要求时，就需要通过数据清洗来提升数据质量。

数据质量可以从完整性、一致性、准确性、及时性这四个方面进行评估。

(1)完整性。完整性是指数据信息是否存在缺失的状况。数据缺失可能是整个数据记录缺失，也可能是数据中某个字段信息的记录缺失。不完整的数据所能借鉴的价值会大大降低，因此完整性也是数据质量最为基础的一项评估标准。例如，由于云、气溶胶、强降水遮蔽或传感器故障，遥感影像无法反映相应区域的地表信息，导致缺失值。在遥感数据时间序列中，更会导致时间不连续、空间不完整状态，因此，迫切需要精确高效的遥感数据重建方法以便数据的进一步应用。

(2)一致性。一致性是指数据是否遵循了统一的规范，数据集合是否保持了统一的格式。数据质量的一致性主要体现在数据记录是否规范和数据是否符合逻辑。例如，POI 数据可从不同的电子地图服务商采集，不同服务商提供的 POI 的类别、属性表均有所区别，在结合不同服务商提供的 POI 加工为更为完整的 POI 数据集时，需进行质量控制以保证数据的一致性。

(3)准确性。准确性是指数据记录的信息是否存在异常或错误。数据质量的准确性可能存在于个别记录,也可能存在于整个数据集。一般数据都符合正态分布的规律,如果一些占比少的数据存在问题,则可以通过比较其他数量少的数据比例来做出判断。例如,在 GPS 轨迹数据中,存在一些偏离其周围轨迹运动规律的车辆轨迹,需通过异常轨迹检测算法识别并去除异常轨迹,保证 GPS 轨迹数据集的准确性。

(4)及时性。及时性是指数据从产生到可以查看的时间间隔,也叫数据的延时时长。及时性对于数据分析本身要求并不高,但如果数据分析周期加上数据建立的时间过长,就可能导致分析得出的结论失去借鉴意义。例如,城市群经济区时空大数据均具有时间属性,在结合多种数据进行分析时,需避免历史数据与现实数据相结合进行分析所产生的有偏结果;在决策支持辅助时,也需尽量使用现势性较新的大数据,从而为城市群经济区建设与管理提供更可靠、更具现实意义的意见和建议。

评估数据质量除了以上四个主要指标外,还有一些其他标准,包括规范性,即数据格式是否统一,比如时间都应以四位年、两位月、两位日格式存储;唯一性,即数据唯一不重复,比如同一个 ID 应没有重复记录;关联性,即数据间的关联不缺失,比如建立两张表后,二者之前应有的关联关系必须存在。

### 3. 数据清洗方法

数据清洗的原理是利用有关技术如数据挖掘或预定义的清理规则将"脏"数据转化为满足数据质量要求的数据(图 3.14)。

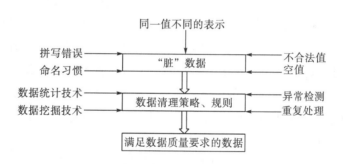

图 3.14 数据清洗原理

数据清洗可以视为一个过程,包括偏差检测与纠正偏差两个步骤。

(1)偏差检测:可以使用已有的关于数据性质的知识发现噪声、离群点和需要考查的不寻常的值。这种知识或"关于数据的数据"称为元数据。

(2)纠正偏差:一旦发现偏差,通常需要定义并使用一系列的变换来纠正它们。但这些工具只支持有限的变换,因此,常常可能需要为数据清洗过程编写定制的程序。

数据清洗主要包含处理数据缺失、处理数据噪声、处理重复数据和处理不一致的数据等方法。

(1)处理数据缺失。在现实世界中，存在大量的不完整数据。造成缺失数据的原因有很多，包括设备异常引起的缺失，由于人工输入时的疏忽而漏掉，或者在填写调查问卷时，调查人不愿意公布一些信息等。在数据集中，若某记录的属性值被标记为空白、"Unknown"或"未知"时，则认为该记录存在缺失值，是不完整的数据。这些不完整、不正确的数据会影响数据分析结果的准确性，影响信息服务的质量。

当前有很多针对缺失值清洗的方法，这些方法大致可分为两类：①忽略不完整的数据值；②填充缺失数据值。第一类方法操作较为容易，往往通过删除含有不完整数据的属性或实例来去除不完整数据，但这种方法会损失很多数据信息。第二类方法是采用填充算法对不完整的数据进行填充，大多是通过分析其他完整部分的数据对缺失数据进行填充。使用这种方法时，如果缺失值是数值型，就根据该变量在其他所有对象的取值的平均值来填充该缺失的变量值；如果缺失值是非数值型，则使用众数来补齐该缺失的变量值。

所以，处理数据缺失的方法主要是经过推断来补充缺失值，常见的缺失值处理方法有：忽略该记录；使用默认值；使用属性平均值；使用同类样本平均值；预测最可能的值等。

(2)处理数据噪声。噪声数据是指数据中存在错误或异常的数据。通常是由随机错误或偏差引起的，比如数据记录的过程中存在偏差、设备测量数据的过程中存在偏差等，导致数据超出了规定的数据域，对数据分析造成了干扰。用统计分析的方法识别错误值或异常值，如数据偏差。识别不遵守分布的值，也可以用简单规则库检查数据值，或使用不同属性间的约束来检测和清理数据。

常见的平滑噪声数据的方法有：分箱算法、聚类算法和回归算法。

(3)处理重复数据。理想情况下，对于一个实体，数据库中应该有且仅有一条与之对应的记录。然而，在现实情况中，数据可能存在输入错误的问题，如数据格式、拼写差异(如 Apple 公司、apple 公司和苹果公司是同一实体的多条记录)。这些差异会导致不能正确地识别出标识同一实体的多条记录。另外，在整合多个数据源的数据时也可能导致出现重复数据。重复记录会导致错误的分析结果，因此有必要去除数据集中的重复记录，以提高分析的精度和速度。

常见的处理重复数据的方法有：删除完全重复的记录；合并不同的表时，增加部分冗余属性(例如时间)等。

(4)处理不一致的数据。引起数据不一致的原因有很多，比如数据录入者习惯不好、数据没有统一的标准等。从多数据源集成的数据语义会不一样，可定义完整性约束用于检查数据不一致性，也可通过对数据进行分析来发现它们之间的联系，从而保持数据的一致性。

常见的处理不一致数据的方法有：制定清洗规则表，进行匹配；通过统计描述，找到异常值等。

### 3.3.3　数据集成

数据集成是把不同来源、格式、特点性质的数据有机地集中起来,通过一致的、精确的表示法,对同一种实体对象的不同数据做整合的过程。其必要性在于数据挖掘经常需要数据集成合并来自多个数据存储的数据,同时,数据还可能需要变换成适于挖掘的形式,并且数据分析任务多半也涉及数据集成。

数据集成的主要目的是解决多重数据储存或合并时所产生的数据不一致、数据重复或冗余的问题,以提高后续数据分析的精确度和速度。其主要任务就是消除冗余数据,将所用的数据统一存储在数据库、数据仓库或文件中形成一个完整的数据集。

常见的数据集成问题如下。

(1)实体识别问题:将来自多个信息源的等价实体进行匹配。

(2)冗余问题:同一数据在系统中多次重复出现,需要消除数据冗余,针对不同特征或数据间的关系进行相关性分析。

(3)数据值冲突的检测与处理问题:由于编码、数据类型、单位等不同,对于同一个实体,不同属性源的属性值可能不同。

大数据集成一般需要将处理过程分布到源数据上进行并行处理,并且仅对结果进行集成。因为,如果预先对数据进行合并会消耗大量的处理时间和存储空间。集成结构化、半结构化和非结构化的数据时需要在数据之间建立共同的信息联系,这些信息可以表示为数据库中的主数据或者键值、非结构化数据中的元数据标签或者其他内嵌内容。

目前,数据集成已被推至信息化战略规划的首要位置。要实现数据集成的应用,不光要考虑集成的数据范围,还要从长远发展角度考虑数据集成的架构、能力和技术等方面。

### 3.3.4　数据变换

数据变换指采用线性或非线性的数学变换方法将多维数据压缩成较少维的数据,消除它们在时间、空间、属性及精度等特征表现方面的差异。实际上就是将数据从一种表示形式转换为另一种表现形式的过程,转换成适用于数据挖掘的形式。其主要任务就是对数据进行规格化操作,如将数据值限定在特定的范围内。

数据变换一般包括以下两类。

(1)数据名称及格式的统一,即数据粒度转换、商务规则计算以及统一的命名、数据格式、计量单位等。

(2)数据仓库中存在源数据库中可能不存在的数据,因此需要对字段进行组合、分割和计算。

数据变换实际上还包含了数据清洗的工作,需要根据业务规则对异常数据进行清洗,保证后续分析结果的准确性。

数据变换主要涉及以下内容。

(1)光滑。去除数据中的噪声。

(2)聚集。对数据进行汇总或聚集,例如:可以对每天销售额(数据)进行合计操作以获得每月或每年的总额。可以用来构造数据立方体。

(3)数据泛化。使用概念分层,用高层概念替换低层概念或"原始"数据。如街道属性,就可以泛化到更高层次的概念,如城市、国家。同样对于数值型的属性,如年龄属性,就可以映射到更高层次概念,如年轻、中年和老年。

(4)规范化。将属性数据按比例缩放,使之落入一个小的特定区间。以消除数值型属性因大小不一而造成挖掘结果的偏差。如将工资收入属性值映射到[-1.0, 1.0]内。方法有:最小-最大规范化;零-均值规范化(z-score 规范化)和小数定标规范化。

(5)属性构造。利用已有属性集构造出新的属性,并加入现有属性集合中以帮助挖掘更深层次的模式知识,提高挖掘结果的准确性。如根据宽、高属性,可以构造一个新属性:面积。

(6)离散化:属性的原始值用区间标签或概念标签替换。

### 3.3.5 数据归约

对海量数据进行分析和挖掘需要很长时间。为了让数据挖掘更加有效,需要对数据进行归约。利用数据归约技术可以得到数据集的归约表示,它很小,但并不影响原数据的完整性,结果与归约前相同或几乎相同。

数据归约是指在尽可能保持数据原貌的前提下,最大限度地精简数据量保持数据的原始状态。它是从数据库或数据仓库中选取并建立使用者感兴趣的数据集合,然后从数据集合中滤掉一些无关、偏差或重复的数据。其主要任务就是剔除无法刻画系统关键特征的数据属性,只保留部分能够描述关键特性的数据属性集合。目的是获得比原始数据小得多的,但不破坏数据完整性的挖掘数据集,该数据集可以得到与原始数据相同的挖掘结果。

通常使用的数据归约策略如下。

(1)维归约:减少考虑的随机变量或属性的个数,或把原数据变换或投影到更小的空间。具体方法包括小波变换、主成分分析等。

(2)数量归约:用替代的、较小的数据表示形式替换原数据。具体方法包括抽样和数据立方体聚集。

(3)数据压缩:数据压缩包括无损压缩和有损压缩,无损压缩能从压缩后的数据重构恢复原来的数据,不损失信息;有损压缩只能近似重构原数据。

通常,数据归约有以下两个途径。

(1)属性选择:针对原始数据集中的属性。

（2）数据采样：针对原始数据集中的记录。

数据归约可以分为特征归约、样本归约和特征值归约三类。

（1）特征归约是将不重要的或不相关的特征从原有特征中删除，或者通过对特征进行重组和比较来减少特征个数。其原则是在保留，甚至提高原有判断能力的同时减少特征向量的维度。特征归约算法的输入是一组特征，输出是它的一个子集。

（2）样本归约就是从数据集中选出一个有代表性的子集作为样本。子集大小的确定要考虑计算成本、存储要求、估计量的精度以及其他一些与算法和数据特性有关的因素。

（3）特征值归约分为有参和无参两种。有参方法是使用一个模型来评估数据，只需存放参数，而不需要存放实际数据，包含回归和对数线性模型两种；无参方法的特征值归约包括直方图、聚类和选样三种。

# 3.4　大数据采集及预处理工具

当前信息采集和数据抓取的一些主流产品包括 Cloudera 公司的 Flume、Facebook 公司的 Scribe、LinkedIn 的 Kafka、淘宝的 Time Tunnel 以及开源社区 Hadoop 的 Chukwa 等，这些大数据采集工具均可以满足每秒数百 MB 的日志数据采集和传输需求。

## 1. Flume

Flume 是 Cloudera 公司提供的一个可靠性和可用性都非常高的日志系统 (http: //flume.apache.org/)，采用分布式的海量日志采集、聚合和传输的系统，支持在日志系统中定制各类数据发送方，用于收集数据；同时，Flume 具有通过对数据进行简单的处理，并写到各种数据接受方的能力。

Flume 的核心是从数据源收集数据，经过传输通道将收集到的数据送到指定的目的地（图 3.15）。Event 是 Flume 传输数据的基本单元。Flume 提供了从 Console、RPC、Text、Tail、Syslog、Exec 等数据源上收集数据的能力。

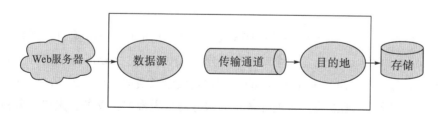

图 3.15　Flume 架构示意图

## 2. Scribe

Scribe 是 Facebook 开源的日志收集系统，能够从各种日志源上收集日志，存储到一个中央存储系统(可以是 NFS、分布式文件系统等)上，以便于进行集中统计分析处理，当采用 HDFS 作为中央系统时，可以进一步使用 Hadoop 进行数据处理。它为日志的"分布式收集、统一处理"提供了一个可扩展的、高容错的方案。Scribe 最重要的特点是容错性好。

如图 3.16 所示，Scribe 从各种数据源上收集数据，放到一个共享队列上，然后推到后端的中央存储系统上。当中央存储系统出现故障时，Scribe 可以暂时把日志写到本地文件中，待中央存储系统恢复性能后，Scribe 把本地日志续传到中央存储系统上。

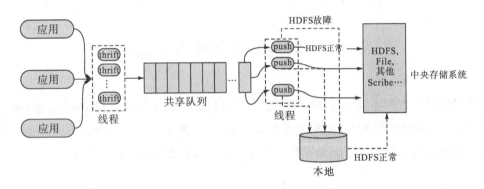

图 3.16    Scribe 架构示意图

## 3. Kafka

Apache Kafka 是由 Apache 软件基金会开发的一个开源消息系统项目，由 Scala 和 Java 写成。Kafka 最初由 LinkedIn 开发，并于 2011 年初开源(http://kafka.apache.org/)。

Kafka 是一种高吞吐量的分布式发布订阅消息系统，它可以处理大规模网站中的所有动作流数据，具有高稳定性、高吞吐量，支持通过 Kafka 服务器和消费者集群来分区消息，支持 Hadoop 并行数据加载的特性，为处理实时数据提供了一个统一、高通量、低等待的平台。

Kafka 集群包含一个或多个服务器(Broker)。每条发布到 Kafka 集群的消息都有一个类别（topic），每个 topic 包含一个或多个划分（partition），partition 是物理上的概念。消息生产者负责发布消息到 Kafka Broker，消息消费者负责向 Kafka Broker 读取消息。

如图 3.17 所示，消息生产者的任务是向服务器发送数据。服务器采取了多种不同的策略来提高对数据处理的效率。消息消费者的作用是将日志信息加载到中央存储系统上。消息生产者向某个类别发布消息，而消息消费者订阅某个类别的消息，一旦有新的关于某个类别的消息，服务器会传递给订阅它的所有消息消费者。在 Kafka 中，消息是按类别组织的，这样便于管理数据和进行负载均衡。同时，它也使用了 Zookeeper 进行负载均衡（http://news.expoon.com/c/20160921/15676.html）。

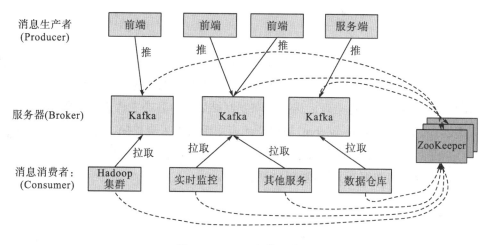

图 3.17　Kafka 架构示意图

### 4. Ceilometer

Ceilometer（https：//docs.openstack.org/stein/#top）主要负责监控数据的采集，是 OpenStack 中的一个子项目，它像一个漏斗，能把 OpenStack 内部发生的几乎所有的事件都收集起来，为计费和监控以及其他服务提供数据支撑。

### 5. Logstash

Logstash 是一个应用程序日志、事件的传输、处理、管理和搜索的平台，可以用它来对应用程序日志进行收集管理，提供 Web 接口用于查询和统计。它可以对日志集进行分析，并将其存储供以后使用（如搜索）。Logstash 带有一个 Web 界面，用于搜索和展示所有日志。

### 6. Kibana

Kibana 是一个为 Logstash 7 和 Elasticsearch 提供日志分析的 Web 接口，可使用它对日志进行高效的搜索、可视化、分析等操作。Kibana 也是一个开源和免费的工具，它可汇总、分析和搜索重要数据日志并提供友好的 Web 界面。

### 7.乐思网络信息采集系统

乐思网络信息采集系统的主要目标就是解决网络信息采集和网络数据抓取问题，它是用户自定义的任务配置，批量而精确地抽取目标网页中的半结构化与非结构化数据，转化为结构化数据，保存在本地数据库中，用于内部使用或外网发布，快速实现外部信息的获取（网址：http：//www.knowlesys.cn/index.html）。

### 8. 火车采集器

火车采集器是一款专业的网络数据采集/信息处理软件，实现对互联网数据的抓取、处理、分析、挖掘。通过灵活的配置，可以迅速地从网页上抓取结构化的文本、图片、文件等资源信息，可编辑筛选处理后选择发布到网站后台、各类文件或其他数据库系统中。火车采集器(http：//www.locoy.com)被广泛地应用于数据采集挖掘、垂直搜索、信息汇聚和门户、企业网信息汇聚、商业情报、论坛或博客迁移、智能信息代理、个人信息检索等领域，适用于各类对数据有采集挖掘需求的群体。

### 9. 网络矿工

网络矿工数据采集软件是一款集互联网数据采集、清洗、存储、发布为一体的工具软件。只要是基于 HTTP/HTTPS 的数据，网络矿工均可采集。它具有高效的采集性能，从网络获取最小的数据，从中提取需要的内容，优化核心匹配算法存储最终的数据。网络矿工(http：//www.minerspider.com)可按照用户数量授权，不绑定计算机，可随时切换计算机。

以上各种数据采集工具均可以进入相应官方网站下载试用版或免费版，也可根据需求购买专业版，也可跟在线客服提出数据采集需求，采用付费方式由专业人员提供技术支持。

## 3.5  大数据采集及预处理案例

### 3.5.1  城市群时空大数据采集

时空大数据既包括按照测绘地理信息标准规范生产的大量空间数据，也包括更大体量的自发的数据，如文字、图片、音频、视频等；既有实体空间中的数据，也有虚拟空间中的数据。时空大数据来源广泛，类型众多，其空间基准、时间、维度、语义等都不一致。主要包括基础地理信息数据、公共专题数据、智能感知实时数据和空间规划数据等。

空间位置、时间、属性是时空大数据的 3 个基本特征。在海量的数据中，80%以上的数据都和空间位置有关，空间和属性数据总是在某一特定时间或时间段内采集得到或计算产生的。此外，时空大数据还具有多维、多源、异构等特点。

时空大数据的采集方式主要包括自行加工生产、网络爬虫、API 接口和直接下载与购买等。

1) 自行加工生产

对现有数据进行加工获取新的数据是数据采集的一种主要方法。例如，基于高分一、二号和 MODIS 遥感影像，设计或利用高分辨率多光谱影像分类方法、遥感参数反演、函数拟合、机器学习等，生产包括土地覆盖分类、植被覆盖度、生物量、不透水率和日温曲线等新的城市群遥感大数据产品集，进一步结合城市群经济区建设与管理时空大数据挖掘与知识发现技术，进行城市群功能区划分和用地效率评价，从而获得新的信息和知识。

2) 网络爬虫

【例 1】采用网络爬虫技术获取微博定位数据。

微博爬虫从一个微博用户账号(Identity，ID)集合(待爬队列)出发，爬取每个用户 ID 的关注人 ID 和粉丝 ID 放入待爬队列中，爬取该用户 ID 所有带地理标签的微博后，将该 ID 放入已爬队列，并从待爬队列中将该 ID 删除，并继续爬取待爬队列中下一个用户 ID 的微博，直到待爬队列为空。图 3.18 示例代码展示了爬取微博中地理坐标的过程。

```
tweetsItems = TweetsItem()
id = tweet.xpath('@id').extract_first()   # 微博 ID
cooridinates = tweet.xpath('div/a/@href').extract_first()   # 定位坐标
if cooridinates:
    cooridinates = re.findall('center=([\d|.|,]+)', cooridinates)
        if cooridinates:
tweetsItems["ID"] = response.meta["ID"]
tweetsItems["_id"] = response.meta["ID"] + "-" + id
tweetsItems["Co_oridinates"] = cooridinates[0]
        if others:
            others = others.split(u"\u6765\u81ea")
tweetsItems["PubTime"] = others[0]
        yield tweetsItems
```

图 3.18　微博爬虫示例代码

图 3.19 展示了微博爬虫爬取的部分微博定位记录，其中 X_id 是微博的唯一标识符，Lat 和 Lon 分别是经纬度，Date、Hour、Minute 和 Second 包含了微博发布的时间信息。该微博爬虫共爬取带地理坐标的微博 910324 条，最后生成空间化的微博定位数据。

| X_id | Lat | Lon | Date | Hour | Minute | Second |
|---|---|---|---|---|---|---|
| 2109739761-M_EmfYnxWys | 39.93279 | 116.4484 | 2016/12/15 | 20 | 29 | 38 |
| 2109739761-M_EmfYae354 | 39.93207 | 116.4458 | 2016/12/15 | 20 | 29 | 6 |
| 2109739761-M_Em4yEqqN1 | 39.93156 | 116.4478 | 2016/12/14 | 15 | 26 | 2 |
| 1763707693-M_ElmaFajap | 39.93609 | 116.3621 | 2016/12/9 | 22 | 26 | 4 |
| 1763707693-M_ElhNy3wca | 39.94614 | 116.2907 | 2016/12/9 | 11 | 18 | 7 |
| 1763707693-M_Ela84i8v2 | 39.94614 | 116.2907 | 2016/12/8 | 15 | 46 | 43 |
| 1763707693-M_El7TE0wDU | 39.94614 | 116.2907 | 2016/12/8 | 10 | 5 | 41 |
| 1763707693-M_El0mApgTF | 39.90781 | 116.2361 | 2016/12/7 | 14 | 55 | 1 |
| 1763707693-M_EkL27junS | 39.96035 | 116.3134 | 2016/12/5 | 23 | 53 | 23 |
| 1763707693-M_EkGz5wx2Y | 39.93077 | 116.3791 | 2016/12/5 | 12 | 30 | 53 |
| 1763707693-M_EkBqRbe0Q | 39.95217 | 116.305 | 2016/12/4 | 23 | 26 | 52 |
| 1763707693-M_EkBpqf3xi | 39.95217 | 116.305 | 2016/12/4 | 23 | 23 | 20 |
| 1663960622-M_yp6uq5h8K | 39.88077 | 116.296 | 2012/6/22 | 21 | 26 | 13 |
| 2882539245-M_DmpmMDNye | 39.97625 | 116.3633 | 2016/3/15 | 21 | 40 | 11 |
| 1782581563-M_CnUmK7Gk1 | 39.9329 | 116.4293 | 2015/6/23 | 19 | 41 | 14 |
| 1782581563-M_CnBPrFB7H | 39.9329 | 116.4293 | 2015/6/21 | 20 | 29 | 46 |
| 1782581563-M_CnnYDvpgy | 39.93915 | 116.4396 | 2015/6/20 | 9 | 13 | 56 |
| 1782581563-M_Cn9I5nfrf | 39.9329 | 116.4293 | 2015/6/18 | 20 | 54 | 42 |
| 1782581563-M_Cn0cb7vQc | 39.9329 | 116.4293 | 2015/6/17 | 20 | 41 | 23 |
| 1782581563-M_CmJ16lAKT | 39.9329 | 116.4293 | 2015/6/16 | 0 | 57 | 24 |
| 3280996745-M_BzAaUgMUo | 39.99117 | 116.3277 | 2014/12/6 | 15 | 36 | 29 |
| 3280996745-M_Bzkfrd8mk | 39.99255 | 116.3017 | 2014/12/4 | 23 | 3 | 42 |
| 3280996745-M_Bqm1XoGpJ | 39.98586 | 116.3018 | 2014/10/6 | 23 | 3 | 15 |
| 2295334563-M_AphmS8NzT | 39.9998 | 116.3476 | 2013/12/27 | 22 | 36 | 24 |
| 2295334563-M_An0dyc9Ru | 40.00037 | 116.3475 | 2013/12/12 | 23 | 16 | 9 |
| 2295334563-M_AmBkQm3Ke | 40.02265 | 116.2745 | 2013/12/10 | 7 | 55 | 28 |

图 3.19　微博爬虫爬取的微博定位记录示例

3) API 接口

【例 2】使用百度地图 Web 服务中 Place API 提供的区域检索 POI 服务，获取北京市海淀区所有 POI 的地理位置和类别大数据。

API 是一些预先定义的函数，可以使用用户在无须访问源代码或理解程序内部工作机制的情况下，通过调用这些函数来使用特定的服务，实现特定功能。

随着谷歌地图通过 API 开放其地理信息服务，国内的百度地图、高德地图、搜狗地图等也相继开放了其 API，能够实现地图显示、本地检索、周边检索、区域检索、公交检索、驾车检索、(逆)地理编码、实时交通、POI 详情检索等功能。

本案例采用矩形检索和移动窗口的方法，通过 API 接口进行 POI 大数据采集，Place 区域检索 POI 服务地址为：http://api.map.baidu.com/place/v2/search。通过设置 Place 区域检索接口参数，发送 http 请求并接收 json 或 xml 数据的方式获取 POI 数据。其中，检索关键字(query)设置为百度 POI 的 17 个一级行业分类，输出格式(output)设置为 xml，输入坐标类型(coord_type)设置为 WGS84 坐标，范围(bounds)设置为移动矩形框的左下角和右上角坐标。例如，获取某移动矩形框内行业分类为"美食"的 POI 的 http 请求，如图 3.20 所示。

```
http://api.map.baidu.com/place/v2/search?query=美食&page_size=20
&page_num=1&scope=2&output=xml&coord_type=1&bounds=39.883
,116.039,39.888,116.044&ak=cz8K3icsqAd9LsRsnQeDYY00LOLiZiT
```

图 3.20　获取美食的 POI 的 http 请求

利用上述 http 请求获取海淀区及周边 POI 共 19 万余个。类似地，利用高德地图 API 获取海淀区及周边 POI 共 26 万余个，利用大众点评 API 获取北京市范围内 POI 共 39 万余个。

除电子地图服务商以外，许多社交媒体也纷纷开放了 API，包括脸书、推特、新浪微博、大众点评和腾讯开放平台(QQ 空间、腾讯微博)等，能够实现访问用户资料、好友列表、发布内容、获取内容、获取评论、搜索等功能。

4) 直接下载与购买

除通过网络爬虫和 API 获取数据外，直接下载或购买是获取城市群经济区时空大数据的一种主要途径。提供时空大数据下载或购买服务的中心或平台包括：

(1)国家基础地理信息中心。国家基础地理信息中心拥有数字高程模型(digital elevation model，DEM)数字线划图(digital line graphic，DLG)数据、地形图制图数据、遥感与航空数据、数字栅格地图和专题数据成果等数据。

(2)国家地球系统科学数据共享服务平台。国家地球系统科学数据共享服务平台拥有大气圈、陆地表层、陆地水圈、冰冻圈、自然资源、海洋、极地等相关的各类数据以及包括航片、卫星影像、雷达影像、地物波谱、反演数据产品和遥感解译产品在内的一系列遥感相关数据。

(3)中国资源卫星应用中心。中国资源卫星应用中心拥有 GF-1、GF-2、ZY-1、ZY-3 等主要国产卫星影像产品。

(4)国家气象科学数据共享服务平台。国家气象科学数据共享服务平台提供地面气象资料、高空气象资料、卫星探测资料、数值预报模式产品等，供教育科研实名注册用户下载使用。

(5)天气后报(http：//www.tianqihoubao.com/)、PM2.5.in(http：//www.pm25.in/)等网站提供每个城市实时和历史空气质量与天气状况。

(6)其他大数据交易平台，如百度众包、数据堂、数多多、华中大数据交易平台等，这些平台可有偿提供不同地区、不同类型的大数据。

## 3.5.2　智能交通大数据预处理

智能交通大数据包括 GPS 轨迹数据及一卡通刷卡数据等。智能交通设备和系统，如智能公交、电子警察、交通信号控制、卡口、交通视频监控、出租车信息服务管理、城市客运枢纽信息化、GPS 与警用系统、交通信息采集与发布和交通指挥类平台等，每天可产生大量位置交通大数据，包含了用户活动内容和路径、刷卡地点和时间、乘车时长、司机和车辆编号、行驶轨迹和速度、车辆违章、交通事故、道路拥堵、全时段客运人数及迁移信息、车辆运营效率、换乘信息、交通气象、停车场信息、出行方式和事件、路线及车次选择、物流、货运效率等信息。如果不对采集到的这些智能交通数据进行清洗和预处理，基于该数据的分析结果会受到很大的影响。

数据清洗主要是利用有关技术如数理统计、数据挖掘或预定义的清理规则将脏数据转化为满足数据质量要求的数据。按实现方式与范围，数据清洗可分为以下 4 种。

(1)通过人工检查实现数据清洗，但这种方法非常耗费人力物力财力，考虑到大数据的海量数据规模，现实意义不大。

(2)通过专门编写的应用程序，但这种数据清洗程序只能针对某种特定数据或某个特定问题设计，不够灵活。

(3)解决某类特定应用领域的问题，如根据概率统计学原理查找数值异常的记录，对名称、地址等进行清理，这是目前研究得较多的领域，也是应用最成功的一类，如 Trillinm Software、System Match Maketr 等。

(4)与特定应用领域无关的数据清理，这一部分的研究主要集中在清理重复的记录上，如 Data Cleanser Data Blade Module、Integrity 系统等。

由于 GPS 定位精度的影响，会出现车辆轨迹曲线偏离实际行驶道路的现象。为了消除定位轨迹异常点，对于 GPS 数据的预处理过程为：通过遍历每条轨迹及轨迹的每个点，检查偏离轨迹曲线和行驶道路的异常点，并将异常点删除。

一卡通刷卡数据的组织模式为一次出行对应两条记录，一条上下车记录有所差异，另一条上下车时间均为上车时间，即一条无效记录和一条有效记录，在使用刷卡数据前，将所有记录按照一卡通号码和刷卡时间进行排列，删除所有无效记录，保留有效记录。

清洗后的智能交通数据，为交通实时监测、交通状态分析、交通设施评估、居出行为研究等提供了高质量的数据。

# 第4章　大数据存储

数据的爆发性增长，直接推动了存储、网络以及计算技术的发展。随着经济全球化，国际性的大型企业正在不断涌现，来自全球各地的用户持续产生着海量的业务数据。同时，大数据也出现在日常生活和科学研究等各个领域，数据也呈现出越来越复杂的结构。数据的海量增长，对数据库的存储及运行能力都提出了更高的要求。如何对海量数据进行组织、存储在大数据时代至关重要。本章将介绍大数据存储的介质及存储方式、传统的和大数据时代的数据存储和管理技术，并在最后给出一个大数据存储案例。

## 4.1　存储介质及存储架构

在人类历史发展长河中，数据的存储载体曾先后经历过石头、骨头、泥板、竹简及纸张等形态，而自电子设备出现以来，电子数据的存储载体也经历了多种形态，我们可以列举出一些生活中经常接触到的数据存储介质，比如电脑内存、电脑硬盘、U 盘、手机存储卡等。电子存储设备的不断进步为大数据时代提供了技术支撑。

随着科学技术的不断进步，电子存储设备的制造工艺在不断升级，容量在不断提升，而价格在不断下降。近年来，像闪存这类具有很多优良特性的新型存储介质开始得到大规模的普及和应用。不同的存储介质有不同的特性，它们可以分别构成用于存储海量数据的磁带机、光盘库、磁盘阵列等设备。磁带机价格最为低廉，所以应用广泛；光盘库在保存多媒体数据和用于联机检索方面也有非常普遍的应用；磁盘阵列（redundant arrays of independent disks，RAID）则是由很多价格便宜的磁盘组合成的容量巨大的磁盘组，具有较高的存取速度和数据可靠性特点，是目前高速海量数据存储的主要介质。

在一个存储系统中往往会组合使用到不同的存储介质。比如在分布式存储系统中，往往会组合使用到机械硬盘、固态硬盘以及内存。

随着计算机的主机、磁盘、网络等技术的发展，对于承载大量数据存储的服务器来说，服务器内置存储的方式已逐渐不能满足需要。一方面，内置的磁盘容量往往不够大；另一方面，各个服务器之间互相独立会严重降低磁盘的利用率。因此，除了内置存储这种方式以外，服务器往往还需要采用外置存储的方式来扩展存储空间和进行存储共享。下面介绍几种目前主流的存储架构：直连式存储、网络附加存储、存储区域网络、统一存储、分布式存储及 Server SAN。

## 1. 直连式存储

直连式存储(direct attached storage，DAS)是将外部存储设备通过数据接口直接连接到主机服务器,存储设备是整个服务器的一部分,每台主机服务器有独立的存储设备(图 4.1)。直连式存储是最为常见的存储形式之一。尤其是在规模较小的企业中, 由于企业本身数据量不大,而光纤交换机等设备价格昂贵,因此多采用高密度的存储服务器或者服务器后接磁盘簇(just a bunch of disks，JBOD)等形式(注: JBOD 是在一个底板上安装的带有多个磁盘驱动器的存储设备,与标准 RAID 系统不同的是没有根据 RAID 系统配置以增加容错率和改进数据访问性能),这种形式的存储属于直连式存储架构。直连式存储既可以是在服务器内部直接连接磁盘组,也可以是通过外接线连接 RAID 或 JBOD。

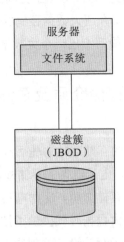

图 4.1    直连式存储示意图

这种方式磁盘读写带宽的利用率高,中间环节较少,购置成本较低,但会占用主机资源,使主机的性能受到较大影响,扩展能力有限,主机系统的软硬件故障对存储数据的访问也会造成影响。而且每台主机服务器的存储设备无法互通,跨主机存取资料较为复杂,若主机服务器分属不同的操作系统,要存取彼此的资料则更加困难。直连式存储如果要进行扩展,无论是从一台服务器扩展为多台服务器组成的集群(cluster),还是存储阵列容量的扩展,都会造成业务系统的停机,这对银行、电信等全天候不间断服务行业的关键业务系统来说是不可接受的。

## 2. 网络附加存储

网络附加存储(network attached storage，NAS)是将外部存储设备与服务器通过网络技术连接,存储设备不再是服务器的一部分,而是作为独立的节点存在于网络中,为所有的网络用户共享(图 4.2)。简单来说,网络附加存储就是一台在网络上提供文档共享服务的网络存储服务器。网络附加存储设备可以直接连接在以太网中，之后在该网络域内不同类型操作系统的主机都可以实现对该设备的访问。

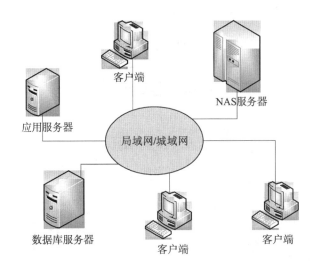

图 4.2　网络附加存储示意图

网络附加存储没有地域限制，具有支持远程实时访问、备份、操作等特性，能实现异构平台之间的数据共享。此外，网络附加存储还具有安装简单、容易扩展、方便维护、安全可靠、低成本等特点。但是，由于数据的存取需要通过网络进行，会加重网络的负载，而且其性能也会随着存储容量的增加而下降。

网络附加存储与直连式存储的不同之处在于网络附加存储设备通常只提供资料的存取及相关的管理功能，不会与其他业务混合部署，这样就增加了设备的稳定性，减少了故障的发生率。

### 3．存储区域网络

存储区域网络(storage area network，SAN)是通过光纤交换机为存储设备建立高速专用网络，采用光纤通道(fibre channel，FC)技术将服务器与存储设备相连接(图 4.3)。其概念的核心是形成一个存储网络。存储区域网络的结构允许任何服务器连接到任何存储阵列，这样不管数据放在哪里，服务器都可以直接存取所需的数据。由于采用了光纤接口，存储区域网络还具有更高的带宽。

存储区域网络扩展能力强，且允许任何服务器连接到任何存储阵列，实现了高速共享存储。此外，在存储区域网络中实现容量扩展、数据迁移、远程容灾数据备份功能都比较方便，提高了数据的可靠性和安全性。例如可在存储设备端实现容灾软件，实时地将数据备份到其他数据中心的存储设备，也可在存储设备端增加压缩功能，从而提高存储设备的利用率。但是设备的互操作性较差，构建、管理和维护成本高，而且只能提供存储空间共享而不能提供异构环境下的文件共享。由于该网络是专有网络，不同于存储区域网络中的以太网，因而往往无法与现有以太网实现互联互通。此外，光纤成本较高，并且技术实现较复杂，会导致后期管理和升级的成本较高。

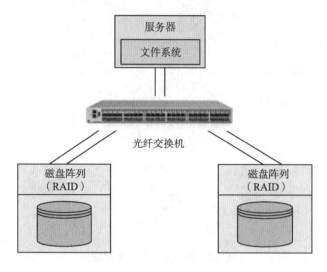

图4.3    存储区域网络示意图

存储区域网络与网络附加存储都是通过网络的方式实现业务服务器与存储设备的连接和访问，那么两者的不同之处主要是什么呢？简言之，存储区域网络在业务服务器上呈现的是一个磁盘，而网络附加存储在业务服务器上呈现的是文件系统。具体说来有以下两点。

(1)结构不同。存储区域网络结构中，文件管理系统还是分别在每一个应用服务器上；而网络附加存储则是每个应用服务器通过网络共享协议使用同一个文件管理系统。也就是说，网络附加存储有自己的文件管理系统。

(2)着眼点不同。网络附加存储的目标聚焦在应用、用户和文件以及它们共享的数据上。存储区域网络则将目标聚焦在磁盘、磁带以及联结它们的可靠的基础结构上。

### 4. 统一存储

统一存储其实在架构上与存储区域网络和网络附加存储并没有差异，只是将这两种存储方式整合到一台物理设备中，并可以同时对外提供存储区域网络和网络附加存储服务。

### 5. 分布式存储

分布式存储通过网络使分散的存储资源构成一个虚拟的存储设备(好比一个共享存储池)，数据分散地存储在企业的各个角落(图4.4)。传统的网络存储系统采用集中的存储服务器存放所有数据，存储服务器成为系统性能的瓶颈，也是可靠性和安全性的焦点，不能满足大规模存储应用的需要。分布式网络存储系统采用可扩展的系统结构，可以通过向集群中加入多台存储服务器来进行扩容及分担存储负荷。因此，这种架构不仅能提高系统的可靠性、可用性和存取效率，还易于扩展。

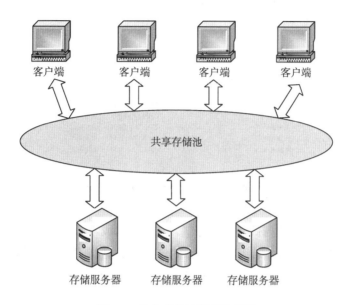

图 4.4　分布式存储模式示意图

### 6.Server SAN

Server SAN 是一个新概念，目前还没有一个具体的定义。Server SAN 其实也算是分布式存储的一种，这种存储架构旨在将分布在各个服务器上的直连式存储的集合通过软件的方式整合成一个统一的存储区域网络。

## 4.2　传统数据存储和管理

### 4.2.1　文件系统

文件系统是对文件存储设备的空间进行组织和分配，负责文件存储并对存入的文件进行保护和检索的系统。具体说来，文件系统主要是负责控制文件的存取等操作，比如为用户建立文件、存入、读取、修改、删除及转存等。例如我们平时在计算机上使用的文本文件、Word 文件、PPT 文件、音频文件、视频文件等，都是由操作系统中的文件系统进行统一管理的。如图 4.5 所示是一张 Windows 操作系统中的文件层级结构图。

图 4.5　Windows 操作系统中的文件层级结构

　　文件系统是最简单、最高效的存储方式，具有存储成本低的优势。但是，以文件形式存储的数据很难进行数据分析。因为各个系统产生的数据格式不同，需要耗费大量的人力对其进行数据预处理或者转换为其他存储形式后再进行分析处理，这给数据的利用造成了很大困难。

## 4.2.2　关系数据库

　　数据库顾名思义就是用来存放数据的，是指以同一组织方式将相关数据组织在一起，并存放在计算机存储器上的，能够为多个用户所共享，与应用程序彼此独立的一组相关数据的组合。数据库的概念最早出现在 20 世纪 50 年代，在其发展的早期阶段主要分为层次型数据库和网状数据库，但这些类型的数据库都没能很好地解决数据和应用程序之间所存在的较强的依赖性。直到 1970 年，IBM 的研究员埃德加·科德发明了关系型数据库，才真正彻底把软件中的数据和应用程序分开，因此关系型数据库的诞生成为软件发展历史上一个重要的里程碑。时至今日，数据库的主流仍是关系型数据库，所以我们现在日常所说的"数据库"，在没特别指明的情况下，通常就指的是关系型数据库，简称"关系数据库"。埃德加·科德也因此而成为 1981 年的图灵奖得主，他也是公认的"关系数据库之父"。
　　那么究竟什么是关系数据库呢？关系数据库是指采用关系模型的数据库，关系模型本质上就是二维表格，见表 4.1。而关系数据库就是由二维表及其之间的联系组成的一个数据组织。一个关系数据库可以看成是很多这样的关系表的集合。由于具有规范的行和列结构，因此存储在关系数据库中的数据通常也被称为"结构化数据"，用来查询和操作关系数据库的语言被称为"结构化查询语言（structured query language，SQL）"。

表 4.1　学生表

| 学号 | 姓名 | 性别 | 年龄 | 所在系 |
| --- | --- | --- | --- | --- |
| S3001 | 刘枫 | 男 | 20 | 计算机 |
| S3002 | 李晓静 | 女 | 21 | 计算机 |
| S4003 | 胡志清 | 男 | 21 | 管理 |
| S6003 | 唐玲 | 女 | 20 | 外语 |

关系数据库具有完善的事务管理机制。这种机制要求数据库事务必须具备四大特性，即原子性、一致性、隔离性和持久性。

(1)原子性(atomicity)。一个事务中的所有操作，要么全部完成，要么全部不完成，不会结束在中间某个环节。事务在执行过程中发生错误，会被回滚到事务开始前的状态，就像这个事务从来没有执行过一样。

(2)一致性(consistency)。在一个事务执行之前和之后数据库都必须处于一致性状态。如果事务成功地完成，那么系统中所有变化将正确地应用，系统处于有效状态。如果在事务中出现错误，那么系统中的所有变化将自动地回滚，系统返回到原始状态。

(3)隔离性(isolation)。在并发环境中，当不同的事务同时操纵相同的数据时，每个事务都有各自的完整数据空间。由并发事务所做的修改必须与任何其他并发事务所做的修改隔离。事务查看数据更新时，数据所处的状态要么是另一事务修改它之前的状态，要么是另一事务修改它之后的状态，不会查看到中间状态的数据。

(4)持久性(durability)。只要事务成功结束，它对数据库所做的更新就必须永久保存下来。即使发生系统崩溃，重新启动数据库系统后，数据库还能恢复到事务成功结束时的状态。

此外，关系数据库还拥有非常高效的查询处理引擎，可以对查询语句进行语法分析和性能优化，保证查询的高效执行。因此，关系数据库产品，即关系数据库管理系统(relational database management system，RDBMS)在社会生产和生活中得到了广泛应用，并从 20 世纪 70 年代到 21 世纪前 10 年都一直据着商业数据库应用的重要位置。例如 Oracle、DB2、SQLServer、Sybase、MySQL 等便是主流的关系数据库产品。

关系数据库凭借自身的独特优势，很好地满足了传统企业的数据管理需求。但是，随着大数据时代的到来，各类网站的数据管理需求已经与传统企业大不相同，需要处理的数据已经远远超出了关系数据库的管理范畴。各种非结构化数据，如博客、标签、电子邮件、超文本、图片、音频及视频等，逐渐成为需要存储和处理的海量数据的重要组成部分。关系数据库已经显得越来越力不从心，暴露出越来越多难以克服的缺陷。例如，互联网应用主要面向的是半结构化和非结构化数据，这类应用与传统的金融、经济等应用不同，它们大多没有事务特性，不要求保证严格的一致性，这本身就与关系数据库的设计初衷不相同，对于这类需求传统数据库早已显得力不从心。而且，在传统的关系数据库中，行的值由相应列的值来定位，这种访问模型会影响快速访问的能力。传统的数据库系统为了提高数据处理能力，一般是通过水平分区或垂直分区来减少查询过程中数据输入输出的次数，从而缩短响应时间。但是，这种分区技术对海量数据规模下的性能改善效果并不明显。另外，在海量数据规模下，扩展性差是传统的关系数据库的一个致命弱点。

### 4.2.3　数据仓库

谈到数据仓库(data warehouse，DW)的由来，先得说说什么是企业的数据处理。企业的数据处理主要有两种类型：操作型处理与分析型处理。操作型处理通常指联机事务处理(on-line transaction processing，OLTP)，也可以称为面向交易的处理系统，它是针对具体业务在数据库联机的日常操作，通常对少数记录进行查询、修改。用户较为关心操作的响应时间、数据的安全性和完整性、并发支持的用户数等问题。传统的数据库系统作为数据管理的主要手段，主要用于操作型处理。分析型处理通常指联机分析处理(on-line analytical processing，OLAP)，一般针对某些主题的历史数据进行分析，支持管理决策。

随着数据库的大规模应用，信息行业的数据呈爆炸式增长，为了研究数据之间的关系、挖掘数据隐藏的价值，人们越来越多地需要使用联机分析处理(OLAP)来为决策者进行分析，探究一些深层次的关系和信息。但数据库之间的集成也存在很大的问题，尤其是庞大的数据如何有效合并与存储的问题。

1988年，为解决企业的数据集成问题，IBM的研究员巴里·德夫林(Barry Devlin)和保罗·墨菲(Paul Murphy)创造性地提出了"数据仓库"这个新术语。1992年，比尔·恩门(Bill Inmon)给出了数据仓库的定义：数据仓库是一个面向主题的、集成的、相对稳定的、反映历史变化的数据集合，用于支持管理中的决策制定。比尔·恩门后来也因此被誉为"数据仓库之父"。

数据仓库通常包含数据源、数据存储和管理、数据服务及数据应用四个层次。

数据源：是数据仓库的数据来源，包含外部数据、现有业务系统和文档资料等。数据源中的数据采用ETL工具完成抽取、清洗、转换和加载任务，以固定的周期加载到数据仓库中。

数据存储和管理：此层次主要涉及对数据的存储和管理，包含数据仓库、数据集市、数据仓库检测、运行与维护工具和元数据管理等。

数据服务：为前端和应用提供数据服务，可以直接从数据仓库中获取数据供前端应用使用，也可以通过OLAP服务器为前端应用提供数据服务。

数据应用：这一层次直接面向用户，包括报表工具、数据查询工具、数据分析工具、数据挖掘工具和各类应用系统。

数据仓库的体系架构如图4.6所示。

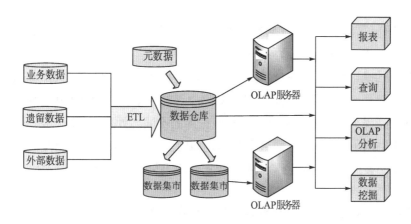

图 4.6　数据仓库的体系架构

该体系架构中的数据集市(data mart, DM)也称为数据市场,用于从数据仓库抽取相关的数据给用户,通常只包含单个主题,迎合了专业用户群体的特殊需求,其面向部门级业务或某一个特定的主题。例如,一个企业的财政部门有自己的数据集市,该企业的市场部门也有自己的数据集市,同样其销售部门也有自己的数据集市。

数据集市可以分为两种,一种是独立数据集市,这类数据集市有自己的源数据库和ETL 架构;另一种是非独立数据集市,这种数据集市没有自己的源系统,它的数据来自数据仓库。数据仓库是企业级的,能为整个企业各个部门的运行提供决策支持。而数据集市则是一种微型的数据仓库,可以理解为是数据仓库的一个子集,它通常有更少的数据、更少的主题区域以及更少的历史数据,一般只能为某个局部范围内的管理人员服务,因此也被称为部门级数据仓库。

数据仓库是面向主题的,强调利用某些特殊资料的存储方式,让所包含的资料,特别有利于分析处理,以产生有价值的资讯并依此做决策。数据仓库并不需要存储所有的原始数据,但需要存储细节数据,并且导入的数据必须经过整理和转换使其面向主题。

数据仓库具有集成性,它将不同来源的数据库中的数据汇总到一起。数据仓库内的数据是面向公司全局的。例如某个主题域为成本,则全公司所有的成本信息都会被汇集进来。

与操作型数据库相比,数据仓库都会含有大量的历史性资料,利用数据仓库方式所存放的资料,具有一旦存入便不随时间而变动的特性。数据仓库的时间跨度通常比较长。前者通常能够保存几个月,后者则能保存几年甚至几十年,这便是数据仓库的非易失性(non-volatile)特征。

另外,数据仓库还具有时变性的特点,因为它存入的资料包含时间属性,因此具有来自其时间范围内不同时间段的数据快照。有了这些数据快照,用户便可以将其汇总起来生成各历史阶段的数据分析报告。

自从数据仓库出现之后,信息产业就开始从以关系数据库为基础的运营式系统慢慢向决策支持系统发展。所谓决策支持系统,其实就是我们现在所说的商务智能(business intelligence，BI）。可以这么说，数据仓库为 OLAP 解决了数据来源问题，数据仓库和 OLAP 互相促进发展，进一步驱动了商务智能的成熟。

但要指出的是，数据仓库的出现，并非是要取代数据库。目前，大部分数据仓库还是用关系数据库管理系统来管理的，它是在数据库已经大量存在的情况下，为了进一步挖掘数据资源进行决策而产生的。数据仓库与数据库的不同之处主要体现在以下三个方面。

(1)数据库是面向事务的，而数据仓库是面向主题的。数据库主要是为应用程序进行数据处理，未必按照同一主题存储数据；数据仓库则侧重于数据分析工作，是按照主题存储的。

(2)数据库一般是面向在线交易的数据，而数据仓库存储的一般是历史数据。通常数据库处理的是日常事务数据，有些数据库(例如电信计费数据库)甚至需要处理实时信息。而数据仓库中的数据往往不是最新的，而是来源于其他数据源，它反映的是历史信息，因此，数据仓库中的数据是极少需要修改或根本不修改的。

(3)数据库的目标是获取数据，而数据仓库的目标是分析数据。数据库保存信息时，并不强调一定有时间信息。数据仓库则不同，出于决策的需要，数据仓库中的数据都要标明时间属性。因为时间属性对于做决策来说往往很重要。

# 4.3　大数据时代的数据存储和管理

## 4.3.1　大数据时代数据存储的新挑战

在大数据时代，随着数据数量的不断增长，以及数据来源越来越多样化，传统的存储与管理技术已经越来越无力应对，在很多方面遭遇瓶颈和面临新的挑战。

### 1. 容量大带来的挑战

大数据时代，人们可以获取的数据呈指数级增长，通常计量单位至少是 PB，甚至是 EB 或 ZB，导致存储的数据规模相当大。因此，海量数据存储系统的扩展能力也要得到相应等级的提升，单纯在某个固定地点进行硬盘的扩充，在容量大小、扩充速度、读写速度和数据备份等方面的表现都无法达到要求。

### 2. 多样化带来的挑战

目前，大数据主要来源于搜索引擎服务、电子商务、社交网络、音视频、在线服务、个人数据业务、地理信息数据、传统企业、公共机构等领域。因此数据呈现方式众多，包括结构化、半结构化和非结构化(统称为非结构化)的数据形态，甚至非结构化数据量远超结构化数据量。目前，约有90%的数据是非结构化数据(图4.7)。不仅使原有的存储方式无法满足大数据时代的需求，还导致存储管理更加复杂。

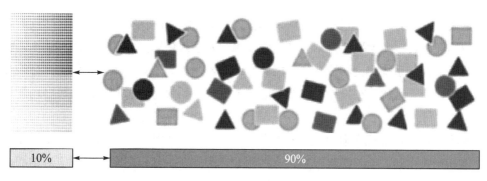

图 4.7　结构化与非结构化数据比例

### 3. 实时性带来的挑战

大数据的应用不可避免地存在着实时性问题，尤其是涉及网上交易或金融类的应用。这就需要存储设备具有较高的读写操作性能。

### 4. 安全性问题带来的挑战

很多行业数据信息的应用，例如金融数据、医疗信息以及政府情报等特殊行业的应用，都有自己的安全标准和保密性需求。相对过去而言，在大数据时代，往往需要对多种数据混合访问，这必然会带来一些新的、需要考虑的安全性问题。

### 5　成本控制问题带来的挑战

成本控制是正处于大数据环境下的企业面临的关键问题，只有让每一台设备都实现更高的利用效率，同时减少昂贵的部件，才能控制住成本。更好地提升重复数据删除、多数据类型处理等技术，方能更好地提升存储效率，为大数据存储应用带来更大的价值。

### 6. 数据的累积带来的挑战

很多基于大数据的应用要求较长的数据保存时间，例如，在涉及法规遵从方面，相关的法规数据通常需要保存几年或者几十年。财务信息通常需要保存 7 年。而为了保证患者的生命安全，医疗信息的保存时间通常不少于 15 年。另外，由于对数据的分析大都是基于时间段进行的，任何数据都是历史记录的一部分，所以，有些数据的存储时间需要更长一些。数据被保存的时间越长，积累得就越多。为了实现数据的长期保存，就需要存储厂商开发出能持续进行数据一致性检测、备份和容灾等能够保证长期高可用性的技术。

7. 灵活性需求带来的挑战

通常大数据存储系统的基础设施规模都很大，数据会同时保存在多个部署站点上而不必进行数据迁移。一个大型的数据存储基础设施开始投入使用以后，就很难再进行调整。所以想要保证存储系统的灵活性，使其能够易于扩容和扩展，难度就会比较大，必须要经过很周密的设计。因此，在设计时就要考虑到灵活性，能够适应各种不同的数据场景与应用类型。

大规模的数据资源蕴含着巨大的社会价值，有效管理数据，对国家治理、社会管理、企业决策和个人生活、学习都将带来巨大的影响，因此在大数据时代，必须应对挑战，解决海量数据的高效存储问题。为了应对大数据对存储系统带来的挑战，相关行业近年来发展出了很多新兴的技术手段。接下来的几小节，我们将介绍一些主流的新兴的存储与管理模式，包括分布式文件系统、HDFS 系统、HBase 数据库、NewSQL 数据库、Hive 数据仓库以及云数据库的相关知识。

## 4.3.2　分布式文件系统

在传统的存储模式中，数据通常集中存放在存储服务器中，而在大数据时代，单台存储服务器成为系统性能的瓶颈，已经无法满足海量数据的存储需求，现在通常采用计算机集群来进行分布式存储。一个计算机集群通常有很多机架，每个机架上又可以有很多存储服务器，也就是说，一个计算机集群可以有成百上千甚至成千上万个节点可供数据存储使用。这种分布式的存储模式将数据分散存储在集群的各个存储设备上，利用多台存储服务器分担存储负荷，好比提供了一个共享存储池供用户使用，而对用户来说，并不需要关心自己访问的数据究竟存在哪台设备上。

分布式文件系统(distributed file system，DFS)便采用了分布式存储的思路，它是分布式存储模式的一种有效实现方案。相对于传统的本地文件系统而言，分布式文件系统是一种通过网络实现文件在多台主机上进行分布式存储的文件系统。使用分布式文件系统可以降低成本，因为我们可以不必为了大容量存储需求去买昂贵的存储设备，可以利用廉价的存储设备组成的计算机集群来实现分布式的数据存储。分布式文件系统里通常会采用冗余机制，系统具有自动备份和恢复功能，提高了可靠性和可用性。如果需要扩展容量，也可以简单地向集群中加入存储设备来实现。

分布式文件系统的设计一般采用"客户机/服务器(client/server，C/S)"模式，客户端以特定的通信协议通过网络与服务器建立连接，提出文件访问请求。分布式文件系统的C/S 模式示意图如图 4.8 所示。

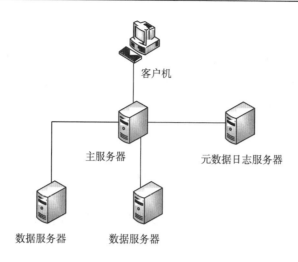

客户机

主服务器　　　　　　　　元数据日志服务器

数据服务器　　　数据服务器

图 4.8　分布式文件系统的 C/S 模式示意图

### 4.3.3　HDFS 系统

目前，已得到广泛应用的分布式文件系统主要包括谷歌文件系统(Google file system，GFS)和 Hadoop 分布式文件系统(Hadoop distributed file system，HDFS)。GFS 是谷歌公司开发的分布式文件系统，通过网络实现文件在多台机器上的分布式存储，较好地满足了大规模数据存储的需求。HDFS 则是一个针对 GFS 的开源实现。

那么，什么是 Hadoop 呢？Hadoop 是一个由 Apache 基金会所开发的分布式系统基础架构，它的开发者是道·卡廷(Doug Cutting)。Hadoop 这个名字并不是有专业含义的一个缩写词，而只是卡廷儿子的一只大象毛绒玩具的名字。卡廷是这样解释 Hadoop 的得名："这个名字是我孩子给一个棕黄色的大象玩具的命名。我的命名标准就是简短、容易发音和拼写，没有太多的意义，并且不会被用于别处。小孩子恰恰是这方面的高手。"因此，在他看到儿子在牙牙学语时，抱着棕黄色大象，亲昵地称为 Hadoop，便灵光一闪，把这项技术命名为 Hadoop，而且还用了棕黄色大象作为标识(图 4.9)。

图 4.9　Hadoop 的标识

Hadoop 为用户提供了系统底层细节透明的分布式基础架构。所谓系统底层细节透明，是指用户无须知道底层细节就能开发分布式的应用程序，以充分利用该平台强大的计算能力来实现海量数据的分布式存储与管理。

Hadoop 是基于开放源代码建构的，它主要有两个核心组件，HDFS 的文件存储和 MapReduce 的编程框架。整个 Hadoop 的体系结构主要是通过 HDFS 来实现对分布式存储的底层支持，并且它会通过 MapReduce 来实现对分布式并行任务处理的程序支持。近年来，Hadoop 逐渐成了大数据的主流技术，如谷歌、脸书、沃尔玛、银联、联通、台积电等，都利用了 Hadoop 技术。

作为 Hadoop 两大核心组成部分之一，HDFS 被设计成适合运行在通用硬件上的分布式文件系统，具有在廉价服务器集群中进行大规模分布式文件存储的能力。HDFS 具有很好的容错能力，并且兼容廉价的硬件设备，因此可以以较低的成本利用现有机器实现大流量和大数据量的读写。

### 1. HDFS 的设计理念

(1)针对大数据文件。非常适合上 T 级别的大文件或者大数据文件的存储。

(2)文件分块存储。HDFS 会将一个完整的大文件平均分块存储到不同主机上，它的意义在于读取文件时可以同时从多个主机读取不同区块的文件，多主机读取比单主机读取的效率要高得多。

(3)流式数据访问，一次写入多次读写，这种模式跟传统文件不同，它不支持动态改变文件内容，而是要求让文件一次写入就不做变化，要变化也只能在文件末尾添加内容。

(4)采用廉价硬件。HDFS 可以应用在普通 PC 机上，这种机制能够让一些公司用几十台廉价的计算机就可以撑起一个大数据集群。

(5)有效应对硬件故障。为了防止某个主机失效读取不到该主机的分块文件，HDFS 将同一个文件块副本分配到其他几个主机上，如果其中一台主机失效，可以迅速找另一个副本读取文件。

### 2. HDFS 的体系结构

在一个计算机集群的基本架构中，往往会有成百上千乃至成千上万的计算结点，部署在不同的机架上，通过网络连接起来。

HDFS 采用了主从(master/slave)结构模型，一个 HDFS 集群包括一个名称节点和若干个数据节点，每个节点都是一台普通的计算机。HDFS 底层把文件切割成了数据块，默认一个块 64MB，然后在不同的数据节点上分散地存储这些数据块。与此同时，HDFS 采用了冗余数据存储方式，将每个数据块数据复制数份存储于不同的数据节点上，增强了数据可靠性。整个 HDFS 的核心是名称节点，它通过一些数据结构的维护来记录每一个文件被切割成了多少个数据块，可以从哪些数据节点获得这些数据块，以及各个数据节点的状态等重要信息。

HDFS 的体系结构如图 4.10 所示。

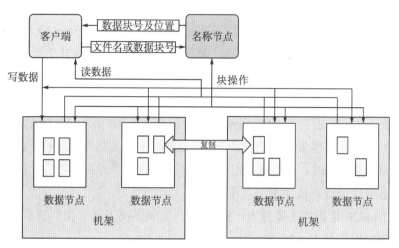

图 4.10　HDFS 的体系结构

例如,用户客户端需要存储并处理一个文件,假设该文件被分块存储在某几台从服务器(数据节点)上。此时,为记录每台从服务器都存了哪些资源,使用一个主服务器(名称节点)。名称节点解决如何存、往哪存、如何取、去哪取的问题。客户端存取资源的过程为:当客户端需要存一个资源时,询问名称节点,后者返回一组地址等信息给客户端,客户端根据地址等信息向数据节点传送数据去存储;当客户端需要读取其中的某个资源时,询问名称节点,后者告诉它文件在哪里,客户端直接去相应的数据节点读取资源。

HDFS 采用数据块的概念具有几个明显的优点:首先,有利于支持大规模文件存储。因为一个大规模文件可以被分拆成若干个文件块,不同的文件块可以被分发到不同的节点上,因此,一个文件的大小不会受单个节点存储容量的限制,可以远远大于网络中任意节点的存储容量。其次,可以大大简化系统设计及存储管理,因为文件块大小是固定的,可以很容易计算出一个节点可以存储多少文件块;并且也方便了元数据的管理,因为元数据不需要和文件块一起存储,可以由其他系统负责管理元数据。最后,便于进行数据备份。每个文件块都可以冗余存储到多个节点上,大大提高了系统的容错性和可用性。

由于 HDFS 专注于解决大数据存储问题,具有兼容廉价的硬件设备、存储和管理超大文件、数据吞吐率高、文件模型简单及数据可靠性强等优点,因而成了分布式文件系统的典型代表,近年来应用得非常广泛。

### 4.3.4　NoSQL 数据库

传统的数据处理主要是通过数据库技术来实现。大多数数据都有定义良好的结构,而且数据集不大,可以通过关系数据库存储和查询。因而,关系数据库在社会生产和生活中得到了广泛的应用，并从 20 世纪 70 年代到 21 世纪前 10 年都一直占据着商业数据库应用的重要位置。

随着大数据时代的到来，近年来，以 Redis、MongoDB、HBase 等为代表的 NoSQL 数据库得到了快速发展，所谓的 NoSQL，最初的含义表示"反 SQL"运动，指完全摒弃传统关系数据库管理系统的设计思想，用新型的非关系数据库取代关系数据库。但经过一段时间的实践认知，发现这是不现实的，关系数据库在一些应用场景具有非关系数据库不可替代的优势。因此，现在 NoSQL 的概念已经演变为表示"not only SQL"，表示一种不同于关系数据库的数据库管理系统设计方式，是对非关系数据库的统称，它所采用的数据模型是非关系模型，同时，这个概念也表示着"不仅仅是关系数据库"，意味着关系和非关系数据库各有优缺点，彼此无法互相取代。

典型的 NoSQL 数据库主要分为：键值数据库、列族数据库、文档数据库和图数据库。这四类数据库的对比见表 4.2。

表 4.2　四类 NoSQL 数据库的对比

| 对比项 | 键值数据库 | 列族数据库 | 文档数据库 | 图数据库 |
|---|---|---|---|---|
| 数据模型 | 数据按键/值对存储 | 数据按列存储 | 数据以文档形式存储 | 数据以图的方式存储 |
| 典型应用 | 读写操作频繁，数据模型简单的应用 | 分布式数据存储与管理 | 存储、索引并管理面向文档的数据或者类似的半结构化数据 | 应用于大量复杂互连接的图结构场合 |
| 优点 | 扩展性、灵活性好，大量写操作时性能高 | 查找速度快，可扩展性强，容易进行分布式扩展，复杂性低 | 性能好，灵活性高，复杂性低，数据结构灵活 | 灵活性高，支持复杂的图算法，可用于构建复杂的关系图谱 |
| 缺点 | 无法存储结构化信息，条件查询效率较低 | 功能较少，大都不支持强事务一致性 | 缺乏统一的查询语法 | 复杂性高，只能支持一定的数据规模 |
| 相关产品 | redis amazon DynamoDB riak | HYPERTABLE accumulo Cassandra HBASE Amazon SimpleDB | Couchbase MarkLogic mongoDB | Neo4j InfiniteGraph The Distributed Graph Database |

由于 NoSQL 数据库在设计之初就是为了满足"水平扩展"的需求，因此天生具备良好的水平扩展能力，能够很好地应对海量数据的挑战。它能避免不必要的复杂性，使用低端硬件集群降低成本，且能较好地满足大数据时代各种非结构化数据的存储需求，因此深受业务开发者和系统维护人员的喜爱，近年来得到了越来越广泛的应用，使其从最初的前沿技术发展成为技术架构中的标准组成部分。而且它可以凭借自身良好的扩展能力，充分、自由地利用云计算基础设施，很好地融入云计算环境中，构建基于 NoSQL 的云数据库服务。

需要指出的是，传统的关系数据库和 NoSQL 数据库各有所长，都有各自的市场空间，不存在一方完全取代另一方的问题。二者的对比如下。

### 1. 关系数据库

优势：模型很严格，以完备的关系代数理论作为基础，行和列都要遵从严格的关系代数的规范，以及相关的约束。支持事务 ACID 四大特性，具有高效的查询优化机制，技术上已经非常成熟，有专业公司的技术支持等。

劣势：数据模型过于死板，可扩展性较差，无法水平扩展，只能纵向扩展而且纵向扩展的能力还有限，所以无法利用云计算基础设施的优势。而云计算基础设施的一个突出优点就是可以根据负载的变化对底层的基础设施进行动态伸缩，负载增加时可把更多的节点纳入集群中，在负载减少时则可以将相关的节点撤出。因此传统的关系数据库无法较好地应对大数据浪潮，同时，其事务机制也影响了系统的整体性能。

### 2. NoSQL 数据库

优势：其本身就是伴随着云计算技术的成熟而出现的，因而充分考虑到了水平可扩展性，可以充分利用云计算的底层基础设施。因此，其灵活的数据模型具有强大的水平扩展能力，可以支持超大规模数据存储，能很好地适应大数据时代的特点。

劣势：缺乏数学理论基础，复杂查询性能不高，大都不能实现较强的事务一致性，很难实现数据完整性，而且正处于发展初期，技术上还不够成熟，缺乏专业团队的技术支持，因此维护起来较困难等。

由于各自的优缺点，所以二者也有各自适宜的应用场景。比如电信、银行等领域的关键业务系统，需要保证事务一致性，因此适于采用关系数据库，而互联网企业、传统企业的数据分析等非关键业务领域，采用 NoSQL 数据库则更为合适。

可见，在未来很长的一段时期内，二者都会共同存在，满足不同应用的差异化需求。

## 4.3.5　HBase 数据库

HBase 是一个在 HDFS 上开发的面向列的开源分布式数据库，是非关系型数据库的典型代表，也是 Hadoop 生态圈的重要组件之一。HBase 是 BigTable 的一个开源实现。那么，什么是 BigTable 呢？BigTable 是为了解决谷歌公司内部的大规模网页搜索问题而被开发出来的，它架构在 GFS 之上，具有非常好的性能(可以支持 PB 级别的数据)，具有非常好的扩展性。它是谷歌的分布式存储系统，用来存储海量数据。该系统用来满足"大数据量、高吞吐量、快速响应"等不同应用场景下的存储需求。

HBase 是一个高性能、高可靠、面向列、可伸缩的分布式数据库，目标是通过水平扩展存储海量数据。与 HDFS 一样，HBase 的水平扩展可以通过不断增加廉价的商用服务器以增加计算和存储能力来实现。HBase 的架构如图 4.11 所示。

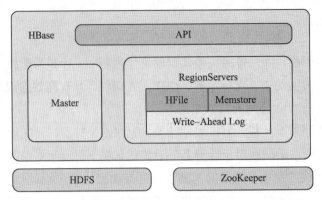

图 4.11　HBase 架构示意图

HBase 以表的形式存储数据。HBase 数据模型中的一些基本概念如下。

表：HBase 采用表来组织数据，表由行和列组成，列划分为若干个列族。

行：每个表由若干行组成，每个行由行键来标识。

列族：一个 HBase 表被分组成许多"列族" 的集合。

列限定符：列族里的数据通过列限定符来定位。

单元格：通过行、列族和列限定符确定一个"单元格"。

时间戳：每个单元格都保存着同一份数据的多个版本，这些版本采用时间戳进行索引。

例如，一张 HBase 表的模型示意图如图 4.12 所示。

| RowKey | TimeStamp | CF1 | | CF2 | |
|---|---|---|---|---|---|
| | | name | age | sex | class |
| 00001 | t1 | zhangsan | 10 | m | 1 |
| | t2 | lisi | 20 | m | |
| | t3 | wangwu | 30 | | 2 |
| 00002 | t1 | zhaosi | | m | 3 |
| | t2 | | 10 | | 1 |
| | t3 | yanger | 20 | f | 4 |

图 4.12　HBase 表的模型示意图

　　HBase 主要用来存储非结构化和半结构化数据，适用于存储大表数据，一张表可以有数十亿行、上百万列。当关系数据库单个表的记录在亿级时，则查询和写入的性能都会呈指数级下降，而 HBase 对于单表存储百亿或更多的数据都没有性能问题，对大表数据的读、写访问可以达到实时级别。HBase 数据库和关系数据库的对比如下。

　　(1)关系数据库。关系数据库通常采用行式存储模型，一个元组(或行)会被连续地存储在磁盘页中，也就是说，数据是一行一行被存储的，第一行写入磁盘页后，再继续写入第二行，依此类推。在从磁盘中读取数据时，需要从磁盘中顺序扫描每个元组的完整内容，然后从每个元组中筛选查询所需要的属性。如果每个元组只有少量属性的值对于查询是有用的，那么这种模型就会浪费许多磁盘空间和内存带宽。

(2) HBase 数据库。HBase 数据库采用列式存储模型，对关系进行垂直分解，并为每个属性分配一个子关系。因此，一个具有 $n$ 个属性的关系会被分解成 $n$ 个子关系，每个子关系单独存储，只有当其相应的属性被请求时才会被访问。也就是说，以列为单位进行存储，关系中多个元组的同一属性值(或同一列值)会被存储在一起，而一个元组中不同属性值则通常会被分别存放于不同的磁盘页中。列可以根据需要动态地增加，同一张表中不同的行可以有截然不同的列，所以非常易于横向扩展。

## 4.3.6　NewSQL 数据库

NewSQL 是对各种可扩展/高性能数据库的简称，这类数据库在保持了传统数据库支持 ACID 和 SQL 等能力的同时，还具有 NoSQL 对海量数据的存储管理能力。简言之，NewSQL 是既拥有传统 SQL 数据库血统，又能够适应云计算时代分布式扩展的产品。这种可扩展、高性能的 SQL 数据库被称为 NewSQL。其中"New"用来表明与传统关系数据库的区别。

NewSQL 是一个很宽泛的概念，主要包括以下两类系统。

(1) 拥有关系数据库产品和服务并将关系模型的优点带到分布式架构上。这一类 NewSQL 数据库包括 ClustrixDB、GenieDB、ScalArc、VoltDB、NuoDB、ScaleBase、NimbusDB、MySQL Cluster 及 Drizzle 等。

(2) 旨在提高关系数据库的性能以使其达到不用考虑水平扩展问题的程度。这一类 NewSQL 数据库包括 Tokutek、JustOneDB 等。

以上两类 NewSQL 数据库都是开源产品。此外，还有一些未开源的 NewSQL 数据库，采用服务方式提供 NewSQL 数据库服务(通常都是在云端提供的，因此也属于云数据库的范畴)，也就是所谓的"NewSQL 即服务"，例如亚马逊公司提供的关系数据库服务 Amazon RDS，微软公司提供的 SQL Azure、FathomDB、Xeround 及 Database.com 等。典型的 NewSQL 数据库如图 4.13 所示。

NewSQL 能够提供 SQL 数据库的质量保证，也能提供 NoSQL 数据库的可扩展性。例如 NuoDB 是 NewSQL 数据库的典型代表之一，是一个弹性可伸缩的 SQL 关系数据库，主要用于去集中化的计算资源，支持复杂数据库管理任务，如分区、缓存集群和性能调优等。它是完全从头开始设计的一个全新的数据库，具有 ACID 保证以及兼容 SQL 标准规范。又比如，VoltDB 也是 NewSQL 的一个典型实现，可以扩展到 39 个机器上，在 300 个 CPU 内核中每分钟处理 1600 万个事务，其所需的机器数比 Hadoop 集群要少很多，而其处理事务的速度比传统数据库系统快 45 倍。

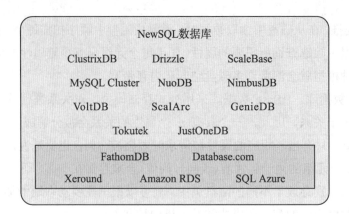

图 4.13　典型的 NewSQL 数据库

　　NewSQL 生态系统正在持续增长和演进。目前无法给出一个能描述全部 NewSQL 数据库的通用定义或提出一些通用的特征。但是在 NewSQL 概念下提出的多种数据库设计，为开发人员提供了针对不同使用场景的多种选择。大数据时代，想只用一种架构支持多种应用的想法是不切实际的，不同类型的应用往往适合采用不同类型的架构。因此，人们不再寄希望于给出适用于所有场景的单一架构，从这个意义上来说，NewSQL 的出现也推动了创新和专业数据库设计的发展。

### 4.3.7　Hive 数据仓库

　　传统数据仓库存在着一些问题，限制了其在大数据时代的应用。

　　(1)无法满足快速增长的海量数据存储需求。传统数据仓库基于关系数据库，其横向扩展性较差，纵向扩展也有限。

　　(2)无法处理不同类型的数据，传统数据仓库只能存储结构化数据，然而随着企业业务发展，数据源的格式正变得越来越丰富，存在着大量的非结构化数据。

　　(3)传统数据仓库建立在关系型数据仓库之上，计算和处理能力不足，当数据量达到 TB 级后基本无法获得好的性能。

　　Hive 作为建立在 Hadoop 之上的数据仓库(更准确地说，Hive 是一个基于 Hadoop 的数据仓库工具)，比传统的数据仓库更适合于大数据时代的存储需求。它可以将结构化的数据文件映射为一张数据库表，并提供完整的 SQL 查询功能。在某种程度上，Hive 可以看成是用户编程接口，本身并不存储和处理数据，它依赖于 HDFS 存储数据，依靠 MapReduce 处理数据。它提供了一种借鉴 SQL 语言设计出来的新的查询语言，称为 HiveQL。HiveQL 不完全支持 SQL 标准，例如不支持更新操作、索引和事务，其子查询和连接操作也存在很多限制。

　　Hive 把 HiveQL 语句转换成 MapReduce 任务后，采用批处理的方式对海量数据进行处理。数据仓库存储的是静态数据,很适合采用 MapReduce 进行批处理。Hive 还提供了一系列对数据进行提取、转换和加载的工具,可以存储、查询和分析在 HDFS 上的数据。

作为 Hadoop 生态系统中的一个重要组件,Hive 与其他组件之间的关系如图 4.14 所示。

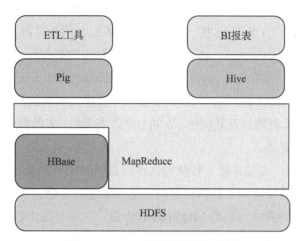

图 4.14　Hive 与其他组件的关系

在 Hadoop 生态系统中,Pig 可作为 Hive 的替代工具,是一种数据流语言和运行环境,适用于在 Hadoop 平台上查询半结构化数据集,用作 ETL 过程的一部分,即将外部数据装载到 Hadoop 集群中,转换为用户需要的数据格式。HBase 作为面向列、分布式、可伸缩的数据库,可提供数据的实时访问功能。而 Hive 则用于处理静态数据,主要是 BI 报表数据。HBase 的目标是实现对数据的实时访问,而 Hive 的初衷则是减少复杂 MapReduce 应用程序的编写工作。

Hive 主要包括三大模块:用户接口模块、元数据存储模块和驱动模块(图 4.15)。

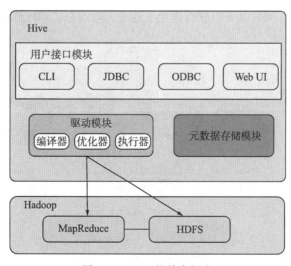

图 4.15　Hive 的基本组成

Hive 各模块的基本组成及功能如下。

用户接口模块(user interface)：主要包含 CLI、JDBC/ODBC 及 Web UI，用来实现对 Hive 的访问。命令行界面(command line interface，CLI)是 Hive 自带的命令行界面，为 shell 命令行；JDBC/ODBC 是 Hive 的 Java 实现，与传统数据库 JDBC 类似，用于向用户提供进行编程的接口；Web UI 是 Hive 的一个简单网页界面，用于访问 Hive。

元数据存储模块(metastore)：Hive 将元数据存储在数据库中。元数据存储模块是一个独立的关系数据库，通常是与 MySQL 数据库连接后创建的一个 MySQL 实例，也可以是 Hive 自带的 Derby 数据库实例。此模块主要保存表模式和其他系统元数据。Hive 中的元数据包括表的名称、表的列及其属性、表的分区及其属性、表的属性(是否为外部表等)、表中数据所在位置信息等。

驱动模块(driver)：含编译器、优化器、执行器等。所有命令和查询都会进入驱动模块，通过该模块的解析编译及对计算过程的优化，即对 HiveQL 语句进行词法分析、语法分析、编译及优化，转换成一系列 MapReduce 作业，生成查询计划，存储在 HDFS 中，并在随后由 MapReduce 调用执行。

### 4.3.8　云数据库

大数据体系中，数据的存储系统位于体系的最低端，其中包括大量基础数据，而基于大数据环境的云存储技术，能够通过系统有效连接，使非结构化数据的提取难度降低。云数据库就是一种非常好的云存储解决方案。它并非一种全新的数据库技术，而只是以服务的方式提供数据库功能。在云数据库中，所有数据库功能都在云端提供，客户端可以通过网络远程使用云数据库提供的服务(图 4.16)。客户端不需要了解云数据库的底层细节，所有的底层硬件都已经被虚拟化，对客户端而言是透明的，就像在使用一个运行在单一服务器上的数据库一样，非常方便容易，同时又可以获得理论上近乎无限的存储和处理能力。

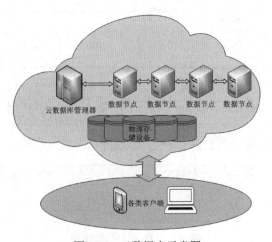

图 4.16　云数据库示意图

云数据库继承了云计算的价格低廉、可扩展性强、可靠性高等特点，能满足企业的个性化需求。目前，云服务提供商正通过云技术推出更多可在公有云中托管数据库的方法，将用户从烦琐的数据库硬件定制中解放出来，同时让用户拥有强大的数据库扩展能力，满足海量数据的存储需求。此外，云数据库还能够很好地满足企业动态变化的数据存储需求和中小企业的低成本数据存储需求。可以说，在大数据时代，云数据库将成为许多企业数据的目的地。

云数据库市场有很多代表性的产品可供选择。亚马逊是云数据库市场的先行者，谷歌和微软公司都开发了自己的云数据库产品，都在市场上形成了自己的影响力。云数据库供应商主要分为三类：第一类是传统的数据库厂商，如天睿公司(Teradata)、甲骨文公司(Oracle)、国际商业机器公司(IBM)和微软公司(Microsoft)等；第二类是涉足数据库市场的云供应商，如亚马逊、谷歌、雅虎、阿里、百度、腾讯等；第三类则是一些新兴厂商，如 Vertica 公司和 EnterpriseDB 公司等。

# 4.4  大数据存储案例

大数据概念中一个很基础但非常重要的问题就是如何在由数以千计的服务器组成的集群中存储 PB 级及以上的海量数据。数据的种类多种多样，不同的数据模型可以满足不同的应用需求。明确具体的应用场景，有助于根据应用需求选择适宜的数据存储方式。

目前，大数据的存储多采用基于 Hadoop 云计算进行存储。部分结构化数据会存放在数据库里。而 Hadoop 架构之上，通过开源的数据库 Hive 或者 NoSQL 产品，也会提供一些数据操作。例如，电信运营公司等大型企业通常采用混搭结构进行大数据的处理，而互联网企业在用 Hadoop 技术成功构建其业务系统之后，也在尝试将其大数据系统构建在 Hadoop 架构上。

随着数据成为企业的核心资产之一，各类银行也面临大数据分析、应用方面的瓶颈和挑战。在这样的背景下，很多银行都各自启动了大数据平台建设，且往往以历史数据查询系统作为大数据平台的第一个迁移应用，搭建企业级大数据平台。例如在某商业银行的大数据平台建设项目中，主要实施了大数据基础平台和历史数据查询平台两个部分。

1. 大数据基础平台

大数据基础平台的架构如图 4.17 所示。

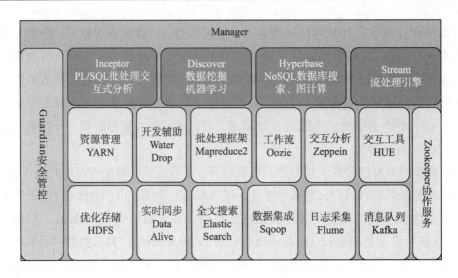

图 4.17　某商业银行大数据基础平台架构

大数据基础开发中有以下几个主要的组件。

（1）Inceptor 组件基于 Hive 构建，主要用于离线数据跑批计算。所谓跑批是指批量形成系统总账，进行大批量交易，比如结息、计提、代付等，并批量形成系统报表。

（2）Discover 组件用于机器学习和数据挖掘。

（3）Hyperbase 组件基于 HBase 构建，用于支持数据高并发在线查询和非结构化数据的对象存储。

（4）Stream 组件用于支持数据的实时处理。

底层采用 HDFS 分布式文件系统进行文件存储。该平台的数据层对采集的结构化数据和半结构化、非结构化数据进行集中管理，进行数据清洗、标准化、存储、索引、数据挖掘、数据分析等操作，实现对大数据的集中管理。数据层将根据处理大数据的类别，分为实时数据区、批量数据区和数据查询功能。在数据层，采用 Hadoop、Stream、HBase、Hive 等工具，实现批量数据区、实时数据区和数据查询的处理。处理完的数据再导入数据仓库或各应用系统中以便做进一步的数据展示与分析。

## 2. 历史数据查询平台

历史数据查询平台主要的使用对象是数据研究分析、查询应用及各渠道终端，能实现灵活的数据查询和批量导出。

该平台目前存储的数据主要来源于该银行内部各业务系统或监管系统，分为数据缓冲层（ODM）、历史数据层（HDM）、公共数据层（CDM）及决策支持集市（DSM）四个部分。ODM 层负责数据的接入处理；HDM 层负责存储技术层面的历史数据；CDM 层负责存储业务层面的历史数据，包括数据仓库的基础层、共性层和集市层的数据；DSM 层负责银行内部决策信息支持，包括历史数据查询集市。该平台的数据流图如图 4.18 所示。

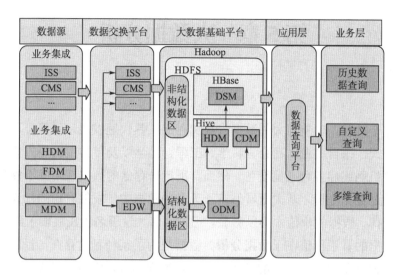

图 4.18　某商业银行历史数据查询平台数据流图

该平台中的具体数据处理流程如下。

(1)数据仓库处理数据后，以批量方式向大数据基础平台提供当天的接口数据。

(2)历史数据基础平台完成当天数据加载及处理后，以批量方式提交给历史数据查询集市。

(3)数据进入历史数据查询集市后，按照设定的数据处理顺序，完成数据的整合及汇总处理，然后供历史数据查询应用进行即时的数据检索。

在该商业银行的大数据平台项目建设及使用以前，为了保证数据仓库的批处理时间和查询响应速度，5 年以上的历史数据只能从数据库清理到磁带上，一旦需要查询这部分数据，只能从磁带中恢复，这会耗费大量的人力物力。而且该银行长期以来所使用的一体机设备的价格较高，存储性价比较低，要通过增加设备来提高存储代价太大。而大数据平台的节点均是采用相对廉价的 PC 服务器，节点数量在理论上能无限扩展，因此能以较低的存储成本把历史数据的存储周期延长，从而实现历史数据保存 15 年以上的存储规划。该银行的大数据平台投产后有效地解决了历史数据的保存问题及历史数据查询系统的效率问题，数据处理性能得到了大幅提升。

# 第5章　大数据分析

在今天这个时代，功能强大的数据收集和存储工具快速发展，使得可用的数据呈爆炸式增长。每天，来自商业、社会、科学、工程、医学以及日常生活等方方面面的海量数据注入计算机网络和各种存储设备。然而，采集与存储的数据通常并不能直接被人们利用，只有通过数据分析，从大量看似杂乱无章的数据中，发掘有用的知识、揭示其中隐含的内在规律，数据的价值才得以彰显。正如哈佛大学著名教授盖瑞·金(Gary King)所说："大数据的真正价值在于数据分析。数据是为了某种目的存在，目的可以变，我们可以通过数据来了解完全不同的东西……有数据固然好，但是如果没有分析，数据的价值就没法体现。"

## 5.1　统计数据分析

统计数据分析可以分为描述性统计分析与推断性统计分析。描述性统计分析是用统计学方法，描述数据的统计特征量，分析数据的分布特性。关于描述性统计分析，本节将以数据的频数分析，数据的集中趋势分析以及数据的离散趋势分析来说明。推断性统计分析是研究如何根据样本数据去推断总体特征的方法。关于推断性统计分析，本节将以相关系数的计算来说明。

### 5.1.1　数据的频数分析

频数分析是指对总数据按某种标准进行分组，统计出各个组内含个体的个数。现在互联网上很多所谓"××大数据"的实例，并没有用到更高级的数据分析方法，仅仅是对大量数据进行频数分析后的结果。即便是这样，也能够发现数据中许多有趣的规律。

每年大学新生入校，在学校的管理系统上注册后会形成数据信息(表5.1)，这个表格可能包含上万条学生信息。只看这个表格，只是一些非常枯燥的数据项，但用不同的方式对表格中的数据进行频数分析并配合恰当的可视化方法，就能够将这些枯燥的数据变出许多花样。2019年，全国许多高校都对外发布了"新生大数据"，接下来以2019年四川省3所高校所发布的新生大数据为例进行关于性别、出生日期、姓名的频数分析。

表 5.1　学生信息表

| 学号 | 姓名 | 性别 | 民族 | 生源地 | 生日 | ... |
|---|---|---|---|---|---|---|
| 201901 | 张三 | 男 | 汉族 | 河南 | 2001-4-7 | ... |
| 201902 | 李四 | 女 | 汉族 | 山西 | 2001-4-26 | ... |
| 201903 | 王五 | 女 | 彝族 | 重庆 | 2000-12-28 | ... |
| 201904 | 赵六 | 男 | 藏族 | 四川 | 2000-10-20 | ... |
| ... | ... | ... | ... | ... | ... | |

在图 5.1 关于性别的频数分析中，将所有学生按照"性别"属性分成两类并统计总数。更细的分法是先按照学院分组，再分别对每个学院的学生按照性别分组。可以看出，作为一所综合性大学，西华大学的男女比例比较平衡。在图 5.2 关于出生日期的频数分析中，分别采用了按年龄分类以及按星座分类，可以看出学生年龄大致呈正态分布，绝大多数学生为 18 岁，人数最多的星座是金牛座。在图 5.3 关于学生姓名的频数分析中，分别统计某个字在"姓"和"名"中出现的次数，其中竹子代表姓、熊猫代表名，字越大代表出现的次数越多。从图中可以看出，名字读音为"宇"的人最多。

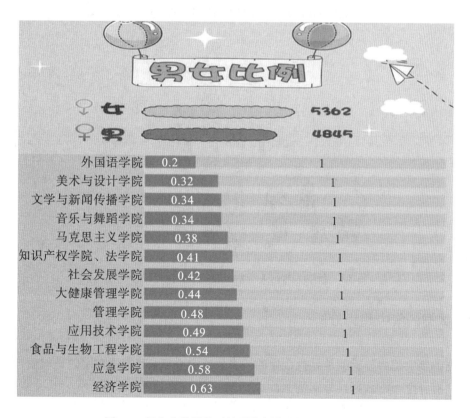

图 5.1　新生大数据关于性别的频数分析(西华大学)

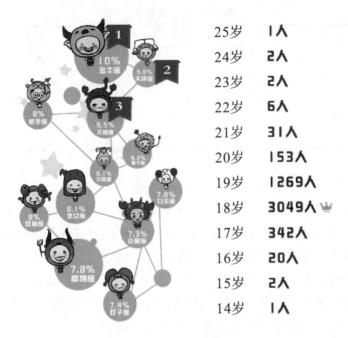

| | |
|---|---|
| 25岁 | 1人 |
| 24岁 | 2人 |
| 23岁 | 2人 |
| 22岁 | 6人 |
| 21岁 | 31人 |
| 20岁 | 153人 |
| 19岁 | 1269人 |
| 18岁 | 3049人 ♛ |
| 17岁 | 342人 |
| 16岁 | 20人 |
| 15岁 | 2人 |
| 14岁 | 1人 |

图 5.2　新生大数据关于出生日期的频数分析(电子科技大学)

图 5.3　新生大数据关于姓名的频数分析(四川大学)

## 5.1.2　数据的集中趋势分析

　　数据的集中趋势分析就是寻找数据的代表值或中心值,其中最常用的是均值。假设一组数据共有 $n$ 个一维数据,分别是 $x_1$, $x_2$, …, $x_n$,则均值可以表示为

$$\bar{x} = \frac{1}{n}\sum_{i=1}^{n}x_i \tag{5.1}$$

均值是度量数据中心最常用、最有效的数值度量方法，例如考试的平均成绩、人均 GDP
等就是用均值来对数据的整体情况加以度量的。

另一种度量数据中心的指标是中位数。中位数的计算方法是：首先将一组数据按从小
到大的顺序排列，如果数据的个数为奇数，中位数就是位于中间的那个数；如果数据的个
数为偶数，中位数就取中间两个数的平均数。相比于均值，中位数具有更好的抗干扰性，
不受极端值的影响。比如 100 个人中有 99 个人年收入为 10 万元，有 1 个人年收入为 1000
万元，那么这 100 个人年收入的均值是 19.9 万元，而中位数是 10 万元。相比而言，中位
数 10 万元更能够表征这 100 个人年收入的整体情况。

## 5.1.3　数据的离散趋势分析

数据的离散趋势分析是度量各变量值远离其中心值的程度。方差是用来反映这种数据
分散程度最常用的一种指标，反映了各变量值与均值的平均差异。假设一组数据共有 $n$
个一维数据，分别是 $x_1$，$x_2$，…，$x_n$，则这组数据的方差可以表示为

$$\sigma^2 = \frac{1}{n} \sum_{i=1}^{n} \left( x_i - \overline{x} \right)^2 \tag{5.2}$$

而方差的算术平方根称为标准差，即

$$\sigma = \sqrt{\sigma^2} \tag{5.3}$$

从直观上看，如果数据点比较分散，方差就大；反之，方差就小。

方差可以作为稳定性的度量，而稳定性很多时候是评价事物的一个重要指标。

下面是一个射击运动中的例子。中国的第一位奥运冠军许海峰读中学时到省里参加汇
报比赛，这个比赛其实是为省队挑选人才。当时许海峰并没有取得好的名次。当省队主教
练看完成绩靠前的几位选手的靶纸之后，又将所有参赛选手的靶纸拿过来一张张地端详。
其中，许海峰的靶纸引起了他的注意。从靶纸上看，选手的成绩不理想，子弹大多偏离了
靶心，但有一个有趣的细节：几乎所有的子弹都偏向右上方。这说明这位选手的技术动作
肯定有大问题，但同时，非常集中的着弹点(方差小)又说明射手的稳定性非常好，而稳定
性对于一个射击选手来说是非常重要的。而后，许海峰出人意料地进入了省队，不久又进
入了国家队。

## 5.1.4　相关性分析

世界上的事物是普遍联系的，比如分析体温与脉搏、年龄与血压、智商与成绩等。数
据分析的一个重要任务就是发现事物之间是否存在相关性，以及存在什么样的相关性。比
如，针对智商与成绩两种属性，通常人们认为，智商越高成绩就越好，那么就说智商与成

绩存在正相关关系；针对海拔与含氧量这两种属性，一般来讲，海拔越高，含氧量越低，那么就说海拔与含氧量存在负相关关系；而针对身高与学习成绩这两种属性，我们感觉是没有相关关系的。

很多时候我们是根据自己的主观感觉来判断不同事物间的相关性，但主观感觉未必可靠。比如，一般人可能想象 CEO 的工资和他的业绩呈正相关，而根据《经济学人》2012年报道的最新统计，CEO 的工资与业绩没有关系。再比如，有人告诉你能通过一个人食指与无名指的长度比例判断其运动能力，你也许认为这是不可能的，这二者之间没有关系。但实际上，一个人食指和无名指的长度比例，又称为"指长比"，确实与其运动天赋相关。2001 年，一项以英国职业足球运动员为调查对象的研究表明，指长比的比值较低，也就是无名指相对食指更长的人，在多种运动项目和体育比赛中更可能有较好的表现。由此可以看出，要想得到更加真实的相关性判断，主观感觉可能与真实情况不一致，只有通过收集大量的数据，并对这些数据进行相关性分析才能做出更加客观的判断。

### 1. 皮尔逊相关系数

在统计学中，一般使用相关系数来表示两个事物之间的相关性。其中最为人们所熟知的相关系数是皮尔逊(Pearson)相关系数，该系数用于衡量两个属性的线性相关关系。所谓线性相关，是指其中一个属性每增加一定的量，另一个属性相应地增加或者减少相同的量。属性 $A$ 和属性 $B$ 的皮尔逊相关系数 $r_{A,B}$ 按照下式计算：

$$r_{A,B} = \frac{\sum_{i=1}^{n}(a_i - \overline{A})(b_i - \overline{B})}{n\sigma_A\sigma_B} \tag{5.4}$$

式中，$n$ 是样本点的个数；$a_i$ 和 $b_i$ 分别是样本 $i$ 在属性 $A$ 和 $B$ 上的取值；$\overline{A}$ 和 $\overline{B}$ 分别是属性 $A$ 和 $B$ 的均值；$\sigma_A$ 和 $\sigma_B$ 分别是属性 $A$ 和 $B$ 的标准差。注意，相关系数是[-1，1]内的一个值，如果相关系数大于 0，则属性 $A$ 和属性 $B$ 呈正相关，这意味着 $A$ 的值增大 $B$ 的值也跟着增大；反之，如果相关系数小于 0，则属性 $A$ 和属性 $B$ 呈负相关，这意味着 $A$ 的值增大 $B$ 的值会随之减小。相关系数的绝对值越大，意味着相关性越强。当相关系数等于 1 或者-1 时，我们称属性 $A$ 和属性 $B$ 是完全正相关或完全负相关；而当相关系数等于 0 时，意味着属性 $A$ 和属性 $B$ 没有线性相关关系。比如，地理学中有一个定律，海拔每升高 100m，气温下降 0.6℃，那么海拔就与气温呈完全负相关关系；假如海拔每升高 100m，气温下降的幅度不一致(比如从海拔 100m 到 200m，下降了 0.6℃；从海拔 200m 到 300m，下降了 0.3℃；从海拔 300m 到 400m，下降 0.1℃)，那么海拔与气温可能仍然呈正相关关系，但绝对值会小于 1。如果气温随着海拔的升高完全是随机变化，则相关系数为 0。需要强调的是，皮尔逊相关系数针对的只是线性相关关系，如果两个属性之间存在的是非线性相关关系，皮尔逊相关系数有可能为 0。

两个属性的相关关系也可以直观地从散点图上看出来。如图 5.4 所示，散点图上的每个点的横坐标与纵坐标都是由某个样本的两个属性值$(A，B)$确定，两个属性之间的相关程度可以由各数据点聚集在一条直线周围的程度来判断。图 5.4(a) 中，两个属性之间有着同向关系：一个属性值增大，另一个属性值也增大，所以为正相关。图 5.4(b) 也是同样的情况，但数据点更接近一条直线，所以相关性更强。图 5.4(c) 中数据点完全成一条直线，所以相关系数为 1，为完全正相关。图 5.4(d)～图 5.4(f) 刚好相反，数据点的两个属性之间有着反向关系，分别为负相关、更强的负相关与完全负相关。在图 5.4(g) 中，$A$ 和 $B$ 两个属性看不出相关性。在图 5.4(i) 中，两个属性虽然没有线性相关关系，但却存在非线性相关关系。

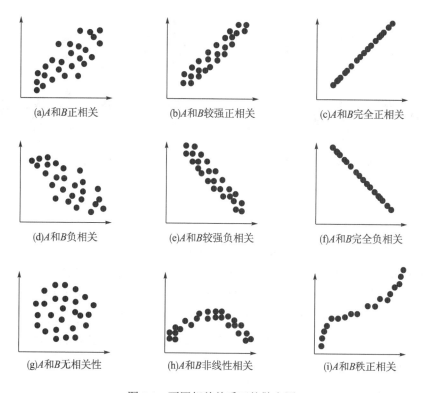

图 5.4　不同相关关系下的散点图

## 2. 斯皮尔曼等级相关系数

在图 5.4(i) 中，$A$ 和 $B$ 的关系虽然不是线性的，但却是单调的。这种情形在实际生活中很常见，比如血压一般会随着年龄的增加而增加，但并不是说每过一年血压就会升高固定的量。描述这种非线性的单调关系通常使用另一种相关系数，即斯皮尔曼等级相关系数（Spearman rank correlation），有时又翻译为斯皮尔曼秩相关系数，这里的"等级"或"秩"是指属性值在所有数据中的排序，例如，给定 5 个值 16、9、28、33、32，它们的等级就分别是 2、1、3、5、4。与皮尔逊相关系数描述两种属性值的相关性不同，斯皮尔曼等级相关系数是描述两种属性排序的相关性。属性 $A$ 和 $B$ 的斯皮尔曼等级相关系数的计算方法即是先将属性值转化为其对应的等级，然后计算其皮尔逊相关系数。

斯皮尔曼等级相关系数的取值仍然为[-1，+1]，当 $A$ 的取值增加时，$B$ 的取值趋向于增加(不要求增加相同的量)，则相关系数为正。当 $A$ 的取值增加时，$B$ 的取值趋向于减少，相关系数则为负。斯皮尔曼等级相关系数为 0 表明当 $A$ 增加时 $B$ 没有任何趋向性。当 $A$ 和 $B$ 越来越接近完全的单调相关时，斯皮尔曼等级相关系数会在绝对值上增加。当 $A$ 和 $B$ 完全单调相关时，相关系数绝对值为 1。这与皮尔逊相关系数不同，后者只有在属性之间具有线性关系时才是完全相关的。

(a)斯皮尔曼等级相关系数=1                    (b)斯皮尔曼等级相关系数=-1

图 5.5    斯皮尔曼等级相关系数示意图

下面用一个例子对斯皮尔曼等级相关系数加以说明。心理学家为了研究"具备什么特点的两个人会结为夫妻"，收集了许多对夫妻的资料，分析了这些夫妻的属性，包括长相特征与其他特征，目的在于找出"做夫妻"的"道理"。如果以某个标准将 100 个先生排成一行，比如身高，再以同样的标准将他们的太太排成一行，斯皮尔曼相关系数描述先生在他那一行中的位置，与他太太那一行的位置，二者对应的一致性有多大。斯皮尔曼等级相关系数如果是 1，表示双方有完美的对应关系，即身材高的男性配身材高的女性[图 5.5(a)]。斯皮尔曼等级相关系数如果是-1，关系正好相反：最高的男性娶了最矮的女性[图 5.5(b)]。如果斯皮尔曼等级相关系数是 0，那么男女的配对就没有逻辑可言，至少身高与做夫妻没有关系。

结果发现，宗教、族裔、人种、社会经济条件、年龄与政治观点等属性具有很高的相关性(约 0.9)。换言之，大多数夫妻有相同的信仰、是同一族裔等。人格与智力的测量，例如内向还是外向、讲不讲究整洁，以及智商等属性具有次高的相关性(约 0.4)。夫妻间的体质属性，如身高、体重、发色、眼珠色与肤色也具有一定相关性(约 0.2)，其中最令人惊讶的，是中指长度，相关系数是 0.61。至少在潜意识中，大家似乎对于意中人的中指长度非常在意，对发色或智商却没那么在意。

### 3. 显著性检验

在对实际现象进行相关分析时,往往是利用样本数据计算的相关系数作为总体相关系数的估计值。比如前面关于"夫妻"的例子中,显然做不到将全世界所有的夫妻都拿来做相关性分析,只能挑选其中一部分样本,所以计算出的相关系数是样本相关系数。样本相关系数具有一定的随机性,它能否说明总体的相关程度往往同样本容量有一定关系。当样本容量很小时,计算出的相关系数不一定能反映总体的相关关系。而且,当总体不相关时,利用样本数据计算出的相关系数也不一定等于 0,有时还可能较大,这就会产生虚假相关现象。结合前述内容,图 5.6 所示的 $x$ 轴与 $y$ 轴所代表的两个属性是不相关的。但假设在采样的时候碰巧只采到了浅色的数据点,我们就会以为这两个属性是完全正相关的。因此,通过样本计算得到的相关系数未必能反映总体的相关性。

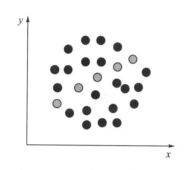

图 5.6　虚假相关的情况

为判断样本相关系数对总体相关程度的代表性,需要对相关系数进行显著性检验。若在统计上是显著的,说明它可以作为总体相关程度的代表值,否则不能作为总体相关程度的代表值,样本数据所表现出的相关性可能是"碰巧"所导致的。

显著性检验也叫假设检验,其做法类似于反证法。在反证法中,为了证明一个命题,首先假设其否命题为真,然后推出矛盾,从而证明原命题为真。在假设检验中,仍然需要假设原命题的否命题为真,这个否命题称为原假设,用 H0 表示,而原命题称为对立假设,用 H1 表示。但接下来不是推出矛盾,而是通过观测样本信息说明,在原假设下,出现观测样本或更极端情况的可能性很低,所以这种原假设不合理,从而说明对立假设(即原命题)为真。如果出现观测样本或更极端情况的可能性不够低,则不能说明对立假设为真。

举一个简单的例子,假设一个人想通过抛硬币和你打赌,他说硬币是均匀的,也就是正面和反面出现的概率是相等的,你对此表示怀疑,提出通过抛几次硬币来测试。现在你想证明的是"硬币不均匀"(H1),那么应该首先假设这个命题的反面,即"硬币是均匀"(H0)为真。接下来,如果连续 2 次抛硬币,结果都出现正面,那这个时候是否能够证明这个硬币不均匀了呢?不能,因为在 H0 的假设下,出现连续 2 次正面的可能性也有 1/4,也算正常。那如果连续抛 3 次都是正面呢?概率是 1/8,有点不正常,不过也能说得过去。但如果连续抛 10 次都出现正面，就有充分的理由怀疑这个硬币不均匀了。因为在 H0 的假设下，连续 10 次出现正面的概率为 1/1024。这个概率太小，以至于你认为这是不可能的，所以可以认为 H0 假设是不正确的，从而有充分理由相信 H1 是正确的，即这枚硬币不是均匀的。可以看到，假设检验的思想是利用"小概率事件实际不可能性原理"这种思想来否定原假设，从而证明对立假设。

　　在前面的例子中，我们通过原假设条件下，推导出观测样本出现的概率很低，从而推翻原假设。但在真正假设检验中，用于推翻原假设的概率不仅应包括观测样本出现的概率，还应包括更加极端的情况出现的概率，这个加总的概率称为 $P$ 值。仍然以抛硬币为例，图 5.7 给出了在硬币均匀的情况下，正面出现不同次数的概率。如果抛 10 次出现 8 次正面，那么计算 $P$ 值时不仅包括出现 8 次正面的概率(虚线框所示)，还应包括更加极端的情况，即出现 9 次、10 次正面以及出现 8 次、9 次、10 次反面的概率(即图中浅色区域所对应的概率之和)。

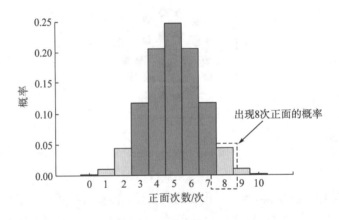

图 5.7　硬币出现不同次数正面的概率

　　这个 $P$ 值就是度量对立假设 H1 显著性的指标。一般会设定一个门限 $\alpha$，当 $P<\alpha$ 时就认为样本结果是统计显著的，当 $P\geqslant\alpha$ 时则表明没有充分的理由怀疑 H0 的正确性，则样本结果不是统计显著的。$\alpha$ 称为假设检验的显著性水平，一般取 0.05，$P\leqslant0.01$ 则认为是样本结果高度显著的。

　　假设检验涉及的范围非常广泛，几乎所有统计分析方法都要用到它，如是否相关、是否服从正态分布、两个总体均值是否相等。这里我们专注于对相关系数的显著性检验。假设我们对两个属性求得一个相关系数 $r\neq0$，进行显著性检验时，令原假设 H0 为：总体的相关系数为 0，然后推出在该假设下的 $P$ 值。这时 $P$ 值的求取不会像抛硬币问题那么简单，事实上我们也不用求得具体的 $P$ 值，而只需要确保它小于某个显著性水平 $\alpha$，从而说明我们求得的 $r$ 不是碰巧出现的，具有统计显著性。具体过程这里不详述，感兴趣的读者可参阅统计学方面的书籍。

## 5.2　基于机器学习的数据分析

机器学习是研究如何通过计算的手段，利用经验来改善系统自身性能的一门学科，在计算机系统中，"经验"通常是以"数据"形式存在。因此，机器学习所研究的主要内容，是关于在计算机上产生"模型"的算法，即"学习算法"。有了学习算法，我们把经验数据提供给它，它就能基于这些数据产生模型，在面对新的情况时，模型就会给我们提供相应的判断。

机器学习包括有监督学习(supervised learning)、无监督学习(unsupervised learning)、强化学习(reinforcement learning)等内容，本节重点介绍有监督学习。有监督学习是机器学习中应用最广的一种类别，其特点是训练数据由输入的特征和预期输出标签构成(图 5.8)。相对应地，无监督学习(如聚类算法)，则只有特征，没有标签。有监督学习的基本过程是利用训练数据通过某种机器算法得到一个模型 $F$，使得模型输出与真实的标签 $y$ 的误差尽可能小，训练完成后，我们就可以使用 $F$ 计算任何新样本的输出。

有监督学习包括分类与回归，分类与回归算法本质是一致的，其差别在于：分类是根据输入数据，判别这些数据属于哪个类别，回归则是根据输入数据，计算一个实数的输出值。可以看到分类与回归的区别在于输出是离散的类别标签还是连续的实数，例如，如何根据父母的升高推测子女的身高、如何通过股票过去的价格推测未来的价格等，这些就属于回归问题，因为身高和价格都是连续的实数。而如何通过一张人脸的图片判断其身份则是典型的分类问题，因为身份是离散的类别。

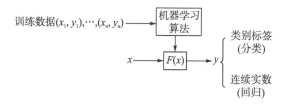

图 5.8　有监督学习

### 5.2.1　回归

根据一个变量或多个变量预测另一个变量的方法，其中最简单的是线性回归。"线性回归"一词起源于英国著名生物学家、统计学家弗朗西斯·高尔顿(Francis Galton)对人类遗传问题的研究。为了研究父代与子代身高的关系，高尔顿搜集了 1078 对夫妇及其儿子的身高数据。他发现这些数据的散点图大致呈直线状态，也就是说，总的趋势是父辈的身材偏高(矮)时，儿子的身材也偏高(矮)，可以看出，这是一个线性相关关系。于是，以每对夫妇的平均身高作为自变量，他们的一个成年儿子的身高作为因变量，父母身高和儿子身高的关系可以拟合成一条直线，即儿子的身高 $y$ 与父母平均身高 $x$ 大致可归结为下述等式：

$$y = 0.8567 + 0.516x$$

通过对这些数据的进一步分析，高尔顿发现了一个更为有趣的现象：当父辈的身高高于平均身高时，其儿子身高比父辈更高的概率要小于比父辈更矮的概率；父辈身高矮于平均身高时，其儿子身高比父辈更矮的概率要小于比父辈更高的概率。结合的线性关系可以得出结论：身材较高的父母，他们的孩子也较高，但这些孩子的平均身高并没有他们父母的平均身高高；身高较矮的父母，他们的孩子也较矮，但这些孩子的平均身高却比他们父母的平均身高高。这反映了一个规律，即儿子的身高，有向父母平均身高回归的趋势。对于这个一般结论的解释是：大自然具有一种约束力，使人类身高的分布相对稳定而不产生两极分化。

1855 年，高尔顿将上述结果发表在论文《遗传的身高向平均数方向的回归》中，这就是统计学上"回归"定义的第一次出现。虽然"回归"的初始含义不同于现代的意义（"线性"和"回归"是研究父子身高得出的两个方面的结论），但"线形回归"的术语却因此沿用下来，作为根据一个变量或多个变量（自变量）预测另一个变量（因变量）的方法。

在高尔顿的研究中，输入变量只有一个，即父母的平均身高。自变量是一维的线性回归称为一元线性回归，其目的是找到一条与能够尽量串起所有数据点的直线（图 5.9）。

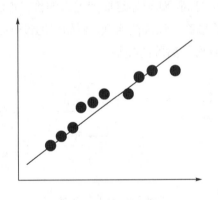

图 5.9　一元线性回归示意图

当然，输入也可以是多维的，称为多元线性回归，其模型可以表示为

$$F(\boldsymbol{x}, \boldsymbol{w}) = w_0 + w_1 x_1 + \cdots + w_m x_m \tag{5.5}$$

其中 $\boldsymbol{w} = (w_0, \ldots, w_m)$ 是模型参数。模型的训练过程就是调整 $\boldsymbol{w}$ 使得 $F(\boldsymbol{x})$ 与真实的输出 $y$ 更加接近。多元线性回归的结果是找到与数据点最接近的平面或超平面。

前面介绍的线性回归模型只适用于输入与输出呈线性关系的情况，如果遇到类似图 5.4(h) 和图 5.4(i) 中的输入与输出呈非线性的数据点，就无法很好地拟合。这时可以采用多项式回归：

$$F(x, \boldsymbol{w}) = w_0 + w_1 x + w_2 x^2 + \ldots + w_M x^M \tag{5.6}$$

式中，$M$ 是多项式的阶数。阶数越大，模型就越复杂，从而能够拟合更加复杂的曲线。

## 5.2.2　分类

分类算法是希望找到一个函数判断输入数据所属的类别。下面用一个例子来说明。假设我们要实现一个能够识别手写数字的程序，我们首先需要收集大量的手写数字作为训练数据，图 5.10 给出了其中部分样本。当然只有这些图片是没有办法进行有监督学习的，因为没有标签。我们还需要注明每张图片代表什么数字，也就是说当我们输入一张图片时，希望它输出的是什么。这就是一个分类问题，有 0～9 十种类别。我们利用这些训练图片去学习一个模型。训练结束后当这个模型再遇到新的手写数字图片时，就能够判断这张图片是哪个数字。

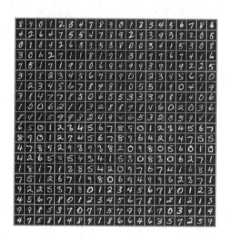

图 5.10　手写数字训练样本

分类问题中最简单的是二分类问题。二分类就是输出只有两种可能性，比如"是、否""有、无""对、错""真、假"等。现实生活中很多问题都可以转化为一个二分类问题求解，而问题中的两个类别可以统一称为"正类"和"负类"，对应的标签 $y$ 可以设为+1 和-1，或者 1 和 0。比如，根据邮件内容判断一封邮件是否属于垃圾邮件，就可以转化为一个二分类问题，即存在"是垃圾邮件"和"不是垃圾邮件"两种可能结果。再比如图 5.11 中的人脸检测问题，可以这样来实现，依次扫描一张图片中所有可能出现人脸的矩形区域，判断该区域是"人脸"还是"背景"，所以其核心也是一个二分类问题。接下来我们将介绍几种用于二分类的机器学习算法。

图 5.11　人脸检测示意图

### 1. 支持向量机

线性回归是找到一条能够尽量串起所有数据点的直线,而用于二分类的支持向量机是希望找到一条能够将正负样本隔开的直线。这样的直线可能有无数条,如图 5.12(a)所示。支持向量机算法所要找的,是与两个类别数据点中最近的点距离最远的那条直线,只要正负样本可以被隔开,这样的直线就只有一条。换言之,是要找到一条能够"撑开"正负样本的最宽的带状区域,而带状区域的中心线就是我们要找的直线,如图 5.12(b)所示。这条直线将特征空间分成了两个部分,当需要判断测试样本的类别时,只需要判断其位于直线的哪一边。

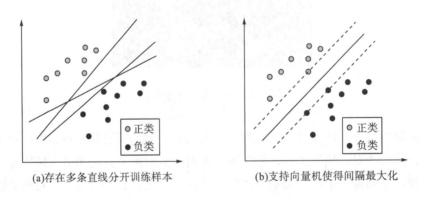

(a)存在多条直线分开训练样本　　　　(b)支持向量机使得间隔最大化

图 5.12　支持向量机示意图

位于带状区域边缘的那些数据点(图 5.12 中位于虚线上的数据点),被称为"支持向量",由这些数据点就可以直接确定分隔的直线,除支持向量以外的数据点实际上是多余的,即使去掉也不影响最后的结果。图 5.12 给出的是输入特征是二维的情况,如果输入有更高的维度,那么需要找的就是分隔正负样本的平面或超平面。另外,这里给出的只是支持向量机最简单的一种情况,即确实存在一条直线就可以将正负样本分开,这种情况被称为"线性可分的"。实际可能并不存在这样一条直线，这时需要采用更加复杂的支持向量机，本书对这种情况不予讨论。支持向量机是机器学习中非常重要的算法，具有非常广泛的应用。

## 2. 决策树

前面介绍的线性支持向量机是一种线性分类器，接下来介绍一种非线性分类器——决策树。决策树是一种常见的机器学习算法，它的思想十分朴素，依次对样本的各个属性进行判断，最后做出决策。比如在筛选一位求职者的简历时，可能会根据求职者的各种信息逐步筛查，如果求职者没有达到学历要求，直接排除；若达到，再考察其他属性，如本科阶段的平均学分绩点(grade point average，GPA)等，根据这一系列的筛查，最终决定该求职者是否进入面试环节。如果能有一个自动的算法来实施这个筛选过程，则能够减轻简历筛选的人的工作量。为实现这个目标，可以根据简历筛选过往的历史记录来训练一棵决策树。假设表 5.2 是某公司应聘人员的历史记录，其中有应聘者简历上给出的信息，包括求职者的性别、学历、是否发表论文等信息，最后一列给出该应聘者是否通过简历筛选进入面试，这一列作为有监督学习的标签。

表 5.2　某公司应聘人员情况

| 编号 | 性别 | 学历 | 发表论文 | GPA | 通知面试 |
|------|------|------|----------|------|----------|
| 1 | 男 | 博士 | 是 | 3.22 | 是 |
| 2 | 女 | 硕士 | 是 | 3.31 | 否 |
| 3 | 女 | 本科 | 否 | 3.62 | 是 |
| ⋮ | ⋮ | ⋮ | ⋮ | ⋮ | ⋮ |
| 998 | 女 | 学士 | 否 | 3.50 | 是 |
| 999 | 男 | 学士 | 是 | 3.12 | 是 |
| 1000 | 男 | 硕士 | 是 | 2.98 | 否 |

利用表 5.2 中的数据，可以训练出如图 5.13 所示的决策树。一般一棵决策树包含一个根节点、若干个内部节点和叶节点。叶节点对应于决策结果，非叶节点则对应于一个属性测试。每个节点包含的训练样本集合根据属性测试的结果被划分到子节点中，根节点包含所有训练样本。从根节点到每个叶节点的路径对应一个判定测试序列。叶节点输出的类别设定为该节点所含样本最多的类别。图 5.13 中的椭圆形代表叶节点，圆角矩形代表非叶节点。

决策树构建完成后，任何一个测试数据到来时，会沿着某条路径到达某个叶节点，从而得到对这个数据的判定。比如，某求职者是本科学历、GPA 为 3.6，那么可以根据这些信息，沿着决策树的根节点一直到叶节点，得出该求职者通过简历筛选的决定。具体来说，我们首先访问根节点测试求职者的"学历"，根据该求职者的学历为本科，我们应该走最左边那条分支，到达判断求职者 GPA 的节点，由于该求职者的 GPA 大于 3.05，所以我们走右边那个分支，到达叶节点，叶节点的输出类别为"通过"，所以这个求职者进入面试。

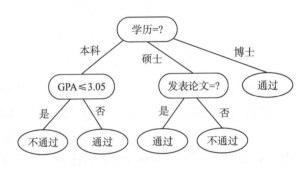

图 5.13　决策树示意图

　　每个非叶节点选取什么样的属性测试是决策树构建的关键问题，例如为何在根节点选择学历进行测试而不是性别？为什么 GPA 的分割点设定在 3.05？总的来讲，属性的选择与划分是希望经过划分后子节点中的训练数据比较纯，也就是说尽量属于同一类。事实上，有不同种类的决策树算法，比如 ID3、C4.5、CART 等，它们在选取属性测试时采用了不同的方法，其差异主要在于对于节点的纯度采用了不同的衡量方式。

　　需要说明的是，决策树同样可以用于回归算法。如果训练样本的标签不是类别，而是一个实数，那么决策树可以用叶节点内所有样本的均值作为输出，从而实现回归的任务。

　　决策树实际上是对特征空间按照垂直坐标轴的方向进行了划分，图 5.14 中为二维输入特征情况下的一个划分。其中垂直的直线表示根节点对横轴所代表特征的划分，它将整个二维特征空间划分为了两个子空间。两条水平的直线则分别是对两个子空间的划分，使得每个子空间又分别被划分为两个子空间。可以看到，每次划分尽量使划分后的子空间只包含同一类样本，也就是使叶节点的纯度更高。然而，节点只包含同一类样本的情况往往不容易做到。

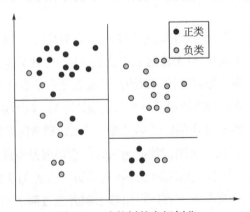

图 5.14　决策树的空间划分

读者此时可能会想到，随着决策树深度的增加，对数据空间的划分会更加精细，叶节点的纯度会随之提高，从而降低对训练数据的分类误差。随着划分的次数越来越多，极端情况下能使每个子空间只包含同一类样本，这样决策树对训练样本的分类正确率就是100%。但要注意，这样未必是我们所希望的结果，因为这可能会导致过拟合(overfitting)现象。过拟合是指模型对训练样本预测的准确率很高，但由于模型复杂度过高，对训练样本拟合得"太好"，会把训练集自身的一些特殊性，或者是某些噪声数据的性质，当作所有数据都具有的一般性质，这样反而对测试样本的预测效果不好。我们最终的目的不是希望模型能够在训练数据上表现好，而是希望模型能够在训练没有见过的测试数据上具有好的表现，这样才能真正投入到实际应用中。模型在未知数据上的表现称为模型的泛化(generalization)能力，过拟合会导致模型的泛化能力变差，所以不利于模型的实际应用。对决策树而言，增加树的深度也就增加了模型的复杂度，增加了过拟合风险。

剪枝是决策树对抗过拟合的主要手段。剪枝分为预剪枝和后剪枝两种情况。预剪枝是指在决策树的构造过程中，对每个节点在划分前先进行估计，若当前节点的划分不能带来决策树泛化性能的提升，则停止划分并将当前节点记为叶节点；后剪枝则是先从训练集生成一棵完整的决策树，然后自底向上对非叶节点进行考察，若将该节点对应的子树替换为叶节点能带来决策树泛化性能的提升，则该子树替换为叶节点。后剪枝一般能产生更好的效果，因为预剪枝可能过早地终止了决策树的构造过程，但后剪枝的训练时间开销比预剪枝要大得多。

### 3. kNN

有监督学习算法在对新的测试数据进行分类之前，就已经构造好了用于预测的模型(即分类器)，然后根据分类器，直接对测试数据进行分类。决策树、支持向量机、神经网络、随机森林、AdaBoost 等都属于这种类型的算法。然而也有例外，有的模型也可以没有训练过程，直接用训练数据来分类，比如 $k$ 最近邻(k-nearest neighbors，kNN)，这一类算法又称为"惰性学习法"，与此相对应的，其他大多数有模型训练过程的算法采用的是"急切学习法"。

kNN 算法是根据测试数据点周围的最近 $k$ 个邻居的类别标签情况，赋予测试数据点一个类别。具体的过程是：给定一个测试数据点，计算它与数据集中其他数据点的距离；找出距离最近的 $k$ 个数据点，作为该数据点的近邻数据点集合，根据这 $k$ 个近邻所属的类别，确定测试数据点的类别。

例如在图 5.15 中，空心的方框和三角形代表已标注的训练样本，正方形代表类别一，三角形代表类别二。现在要通过 kNN 算法确定黑色圆圈代表的测试样例的类别。如果选取 $k=5$，图中内层的虚线圆圈给出了 5 个最近邻的测试样本所在区域，其中类别一有 3 个，类别二有 2 个，采用投票法分类，根据多数原则，黑色圆圈的类别确定为类别一。如果选

取 $k=7$，图中外层的虚线圆圈给出了 7 个最近邻的测试样本所在区域，其中类别一有 3 个，类别二有 4 个，此时对黑色圆圈的 kNN 分类结果为类别二。当 $k=1$ 时，kNN 就变成了最近邻算法，此时测试样例的类别由距离其最近的训练样本决定。

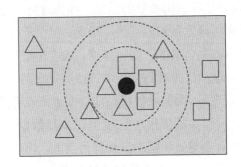

图 5.15　kNN 算法示意图

前面的例子中默认使用了欧式距离，实际应用中数据点之间的距离还可以有其他的度量方式，比如夹角余弦距离等。一般对于文本分类，采用夹角余弦距离比欧式距离更为合适。例子中确定了 $k$ 个最近邻之后，采用投票法分类，即少数服从多数的原则，近邻中哪个类别的数据点多，就判定测试数据点属于该类。除此之外，还可以采用加权投票法，对近邻的投票进行加权，距离越近权重越大。

与支持向量机和决策树类似，kNN 也对特征空间进行了划分。图 5.16 给出了不同 $k$ 值下空间的划分情况，不同颜色深浅的圆圈代表不同类别的训练样本，区域的颜色深浅代表划分后区域所属的类别。

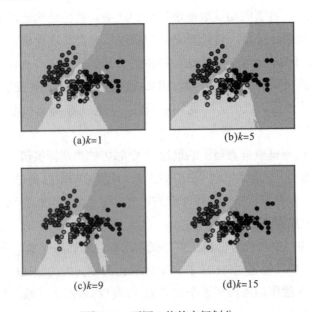

(a)$k=1$　　　　　　　　　(b)$k=5$

(c)$k=9$　　　　　　　　　(d)$k=15$

图 5.16　不同 $k$ 值的空间划分

kNN 算法容易理解和实现,虽然需要训练样本的标注,但与其他大多数有监督学习方法不同,它没有训练过程,它只对训练样本进行存储,直到接收到测试样本的那一刻,再利用训练集中的数据分类结果。这种模式显著的缺点是:由于每个测试数据到来时,都需要计算它到所有训练样本点的距离,从而造成分类时的计算量大、内存开销大、执行速度慢。

## 5.3 数据分析工具

5.1 节和 5.2 节介绍了多种数据分析的方法。在实际应用中,大多数时候我们不需要自己写程序来实现这些算法,而可以直接采用现成的数据分析工具或工具包。基于不同的应用领域,各机构和公司推出了多种数据分析工具。本节简单介绍几款常用的数据分析工具。

### 5.3.1 Excel

Excel 是微软公司为 Windows 操作系统编写的一款电子表格系统,可以画各种图表、做方差分析、回归分析等基础分析。它的专业性虽然不高,但是完全可以胜任日常工作中简单的统计分析工作。同时,它极其方便的操作方式,以及 Microsoft Office 软件包成员之一的身份,使它成为最流行的个人计算机数据处理软件。

### 5.3.2 SPSS

统计产品与服务解决方案(statistical product and service solutions,SPSS)是一款由 IBM 公司推出的用于分析运算、数据挖掘、预测分析和决策支持等一系列任务的软件产品及相关服务的总称。SPSS 可以用在经济分析、市场调研、自然科学等领域。它最大的特点是"简单易用"。虽然它对前沿理论的支持不够全面,但是囊括了绝大部分常用的统计方法。简单的操作方式、友好的操作界面,再加上强大的功能,使其在统计分析工作领域吸引了大量用户。

### 5.3.3 MATLAB

矩阵实验室(matrix laboratory,MATLAB),是一款由美国 The MathWorks 公司出品的商业数学软件。MATLAB 不仅可以用来做统计分析,还可以高效地处理其他很多的数学问题。它具有丰富的库函数(工具箱);内嵌绘图功能,可实现数据的多维度展现;同时有良好的交互设计、活跃的社区以及丰富的文档,这些都使它具有极高的易用性。

### 5.3.4  Python

Python 是由荷兰人吉多·范罗苏姆(Guido van Rossum)于 1989 年发明的一种面向对象的解释型编程语言,并于 1991 年公开发行第一个版本。之所以把 Python 列为数据分析的工具,是因为围绕它实现的各种数据分析与数据可视化的开源代码库被广泛应用。同时,Excel、SPSS 等工具虽然具有可操作的界面,但并不能结合 Hadoop、Hive 等组件有效地处理海量数据,而这些都是 Python 可以胜任的。

### 5.3.5  R

R 是专用于统计分析以及可视化的语言,是 AT&T 研发 S 语言时的产物,可以认为是 S 语言的另一种实现方式。同 Python 一样,R 也提供了极其丰富的库函数来做统计和展示。因为 R 太过强大且拥有大量的用户,为了能顺应用户的习惯、降低学习的成本,Python 在数据处理上的很多库函数都是模仿 R 的实现,以保持与其基本一致的使用方式。

## 5.4  大数据分析案例

本节将以一个完整的案例来介绍数据分析方法是如何在实际问题中使用的。这个案例来自电子科技大学大数据研究中心的一项研究成果。

长久以来,我们普遍认为,学生的行为表现与学习成绩密切相关。当遇到一个用功读书、遵守纪律的学生,我们就会很自然地认为他是个乖孩子,学习成绩一般也不会太差。特别是在传统教育和文化背景下,除了推崇勤奋努力之外,家长和教师更是从小就要求学生生活要有规律,每天几点起床、几点就寝等都是家长和教师关心的问题。

那么,生活是否规律真的和学习成绩相关吗?电子科技大学大数据研究中心科研团队 2018 年在英国皇家学会会刊发表了一篇论文《Orderliness predicts academic performance: behavioural analysis on campus lifestyle》,该论文首次揭示了校园生活的规律性和学生成绩的显著关联。

#### 1. 生活规律性的度量

从直觉上讲,有规律的生活是有利于学习的,生活有规律的学生往往学习成绩较好。但之前的研究存在这样一个问题:没有将生活的规律性和学习的勤奋程度分开考量,因为越规律的学习习惯通常学习时间也会更长,而这篇论文的特点在于单独分析了生活的规律性与学习成绩的关系。研究中,电子科技大学大数据研究中心的科研团队收集和分析了校园卡 2009~2015 年匿名记录的 18960 名大学生在没有外界干预情况下的行为数据,包括食堂吃饭、宿舍洗澡、教学楼接水和进出图书馆 4 种行为，约 3000 万条刷卡记录。研究人员将校园卡所记录的 4 种行为分成了两类，一类是学生在教学楼接水、进出图书馆，用来刻画学生的勤奋程度；另一类是学生在食堂吃饭和宿舍洗澡，用来刻画学生的生活规律性。然后，对两类行为特征与学生成绩的关系进行了分析，同时还通过这两类行为特征对学生未来的成绩进行了预测，总体研究框架如图 5.17 所示，其中学习成绩使用 GPA 度量。

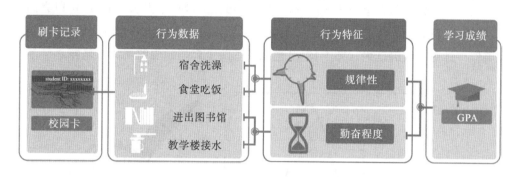

图 5.17 学生行为特征与学习成绩关联性总体研究框架

那么如何刻画规律性呢？所谓规律性包含两个层面的含义，第一是相同事件发生的时间应当接近。如果学生 A 的洗澡时间总是在[21:00，21:30]这个区间，而另一个学生 B 的洗澡时间分散在全天的各个时候，那么我们就说学生 A 在洗澡这件事上比学生 B 更有规律。第二是不同事件发生的时间顺序应当有规律。假如一个学生 A 去食堂的顺序为：早餐—午餐—晚餐—早餐—午餐—晚餐，而另一个学生 B 去食堂的顺序为：早餐—晚餐—午餐—晚餐—早餐—午餐，那么在吃饭这件事上，显然学生 A 比学生 B 更有规律。学生 B 吃饭表现出不规律可能是由于在校外吃午饭所以没有刷卡记录(所以出现"早餐—晚餐")以及没有吃早饭(所以出现"晚餐—午餐")。

研究人员采用真实熵(actual entropy)来刻画规律性，因为这种度量方式考虑到了上述两层含义。接下来阐述具体做法。首先将一天 24h 划分为 48 个区间，每个区间 30min，那么根据校园卡记录的时间，某个学生每次洗澡的时间都会落在这 48 个区间之一，该学生洗澡的时间序列就可以转化为由 1～48 所组成的时间序列。比如，某个学生连续 5 次的洗澡时间是{21:05，21:33，21:13，21:48，21:40}，那么就可以转化为序列 $\varepsilon=\{43，44，43，44，44\}$。接下来，对于任何一个序列 $\varepsilon$，可使用相应的公式计算出这个序列的真实熵(具体计算方法本书不介绍，感兴趣的读者可参阅原论文)，记为 $S_\varepsilon$。真实熵越小，表明序列的规律性越强。

假设有两个同学，他们吃早餐、午餐和晚餐的时间分别都在 7:30～8:00、11:30～12:00 和 17:30～18:00，第一个同学三餐都到食堂吃，另一个同学有时到校外吃或有时不吃早饭。那么第一个同学到食堂吃饭的序列可能为 $\varepsilon=\{16，24，36，16，24，36，16，24，36，16，24，36，16，24，36\}$，第二个同学到食堂吃饭的序列可能为 $\varepsilon=\{16，36，16，16，24，$

36，36，16，24，36，16，24，24，24，36}。前一个序列计算得到的真实熵为 0.645，后一个序列计算得到的真实熵为 1.128，说明第一个序列比第二个序列更有规律性，这也符合两个序列直观上的规律性。

图 5.18（a）和图 5.18（b）展示了学生在宿舍洗澡以及在食堂吃饭两项行为真实熵的分布。针对洗澡的行为，研究者选择了两个典型学生进行比较，一个规律性强（位于前 5%），将其命名为 $H$；另一个规律性差（位于后 5%），将其命名为 $L$。从图 5.18（c）可以看出，学生 $H$ 大多在 21:00 左右洗澡，而学生 $L$ 的洗澡时间则分布于全天各个时间段，除了凌晨。与此类似，针对吃饭的行为，图 5.18（d）也比较了两个典型学生的规律性差异。

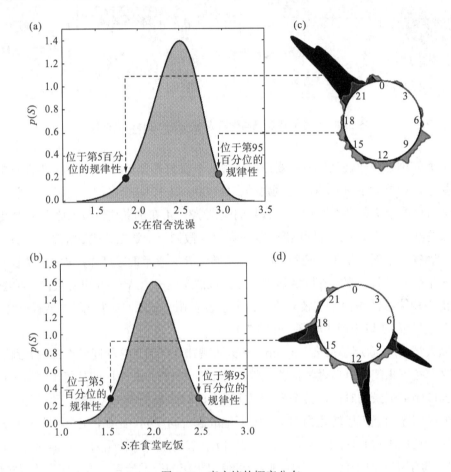

图 5.18　真实熵的概率分布

之所以选择洗澡和吃饭来刻画学生生活的规律性，主要出于以下几点考虑：①这两项都是高频率行为，因此记录数据量大；②数据的采集是在学生没有察觉下进行的，因此能够客观反映学生的生活习惯；③这两项行为与勤奋程度无关；④这两项行为较少受到上课的影响，因为任何课程安排总会留出洗澡和吃饭的时间；⑤绝大多数中国大学生都住校，从而采集的数据涵盖了大多数学生群体。

从直觉上讲，生活更规律的学生可能更加自律，因为作息有规律是个人的内在品质，这种品质不仅仅会影响到吃饭和洗澡，也会影响到学生的学习行为。研究人员接下来探究了规律的作息是否与学习成绩有联系。上述提到，规律性越强，真实熵越小，于是将规律性简单的令为 $O_\varepsilon = -S_\varepsilon$。然后对两种规律性度量以及学生的 GPA 都使用 $z$ 分数规范化，图 5.19 给出了分别以两种规范化后的生活规律性度量为横坐标，以规范化后的 GPA 为纵坐标得到的散点图。从图中可以直观地看到，两种生活规律性度量大致与 GPA 呈正相关关系。为了更加清楚地显示这种关系，使用等频分箱的方法将规律性度量分为 11 箱，每箱包含相同数量的数据点。计算每箱数据点的 GPA 均值与标准差，结果如图 5.20 所示，其中每个点代表该箱内所有点的均值，每个点上下的横线划定了标准差的大小。可以看出，作息的规律性与学习成绩呈现出明显的正相关关系。考虑到作息规律性与学习成绩并非简单的线性关系，研究者使用著名的斯皮尔曼等级相关系数来量化二者的相关强度。从图 5.20 中可以看出，无论是吃饭（$r=0.182$; $P<0.0001$）还是洗澡（$r=0.157$; $P<0.0001$）都与 GPA 呈正相关且具有统计显著性。

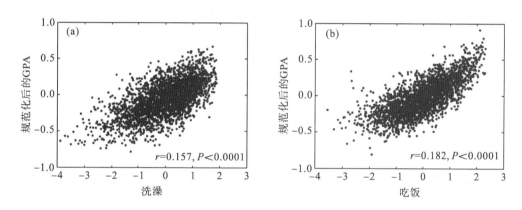

图 5.19 生活规律性与学习成绩的关系（散点图）

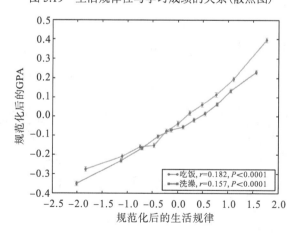

图 5.20 生活规律性与学习成绩的关系（分箱后）

### 2. 勤奋程度的度量

除了生活的规律性以外，研究人员还考察了学生勤奋程度对学习成绩的影响。由于对勤奋程度的量化比较困难，研究者通过两种行为来大致评估学生的勤奋程度，即进出图书馆以及在教学楼接水。一般来说，学生进图书馆的目的主要是借书或者自习，而进教学楼主要是上课或自习。但是由于教学楼不像图书馆有刷卡的门禁，所以就用在教学楼接水的行为来近似学生到教学楼学习的行为。研究者通过学生进出图书馆和在教学楼接水的累积次数来估计其勤奋程度，图 5.21 给出了这两种勤奋程度度量的分布，横轴是累积次数，纵轴是该累积次数的概率分布。可以看到，两种度量都具有较宽的分布，能够较好地对学生勤奋程度进行区分。

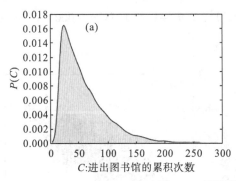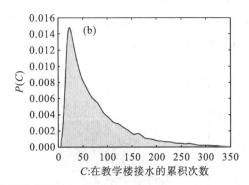

图 5.21　两种勤奋程度度量的分布

为了研究这两种勤奋程度度量指标与学生成绩的关系，与生活规律性的分析方法类似，将两种行为的累积次数与 GPA 进行 $z$ 分数规范化，分别作出散点图，如图 5.22 所示。然后使用等频分箱的方法将累积次数分为 11 箱，每箱包含相同数量的数据点。计算每箱数据点的 GPA 均值与标准差，结果如图 5.23 所示。从 GPA 分别与两种勤奋程度度量的斯皮尔曼等级相关系数可以看出，两种勤奋程度度量指标都与 GPA 呈正相关，且具有统计显著性。

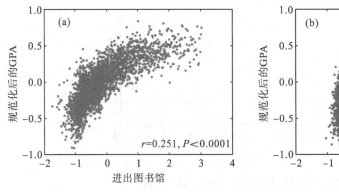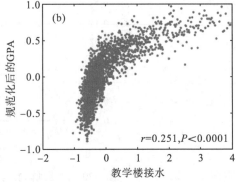

图 5.22　勤奋程度与学习成绩的关系(散点图)

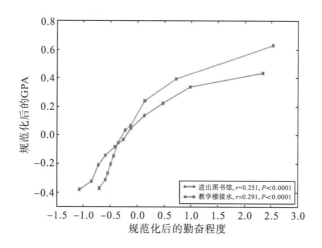

图 5.23　勤奋程度与学习成绩的关系（分箱后）

### 3. 学习成绩的预测

既然作息的规律性与学习成绩具有显著联系，那么就可以作为预测学习成绩的一种特征。勤奋程度同样与学习成绩显著相关，因此可以作为预测模型中的另一种特征。研究人员采用了名为 RankNet 的有监督学习算法来预测学生成绩的排名。RankNet 的输入是任意两个学生 $A$ 和 $B$ 的特征，输出是这两个学生成绩的排序，具体来讲，是输出 $A$ 优于 $B$ 的概率，训练是使得模型输出的排序与真实的排序尽量一致。也就是说，当真实情况是 $A$ 优于 $B$ 时，希望 RankNet 的输出为 1，而当 $B$ 优于 $A$ 时，希望 RankNet 的输出为 0。因为学生 $A$ 和 $B$ 成绩的排序无外乎 $A$ 优于 $B$ 或 $B$ 优于 $A$，所以这实际是一个二分类问题。具体数据使用是这样的，提取学生前 4 个学期中某个学期的作息规律性以及勤奋程度来训练 RankNet，用训练好的模型预测该学生下个学期的成绩排名。研究人员使用 AUC 来评估预测的准确性。AUC 是评价二分类模型的常用指标，在这个例子中，AUC 就等于模型所预测两两学生之间成绩的排序与真实情况一致的比例，所以 AUC 越高表明模型预测得越准确。

表 5.3 给出了不同学期、不同特征组合下的 AUC 值。其中 $O$、$D$ 以及 $O+D$ 分别表示仅使用规律性作为特征、仅使用勤奋度作为特征以及联合使用规律性和勤奋度作为特征。SEM 是学期（semester）的英文缩写，这里 SEM3 表示使用第 2 学期的数据所训练的 RankNet 预测第 3 学期的学生排名所得到的 AUC 值。可以看出，生活规律性和勤奋程度都能有效地预测学生的学业表现，而通过 $O+D$ 一行还可以看出，在有勤奋程度作为特征的情况下，引入生活规律性这个特征可以显著提升预测的准确性。

表 5.3  GPA 预测的 AUC 值

| 特征 | SEMs | | | |
| --- | --- | --- | --- | --- |
| | SEM2 | SEM3 | SEM4 | SEM5 |
| O | 0.618 | 0.617 | 0.611 | 0.597 |
| D | 0.630 | 0.655 | 0.663 | 0.668 |
| O+D | 0.668 | 0.681 | 0.685 | 0.683 |

### 4. 不同度量指标间的相关性

研究人员还考察了两类不同类型度量(生活规律性和勤奋程度)之间的相关性。图 5.24(a)和图 5.24(b)给出了以洗澡的规律性为纵坐标,两种勤奋程度为横坐标搭配得到的散点图。图 5.24(c)和图 5.24(d)展示了以吃饭的规律性为纵坐标,两种勤奋程度为横坐标搭配得到的散点图。由图中可以看出,生活规律性与勤奋程度之间没有显著的相关性。也就是说,生活规律性对学习成绩的促进有其独立的效果。

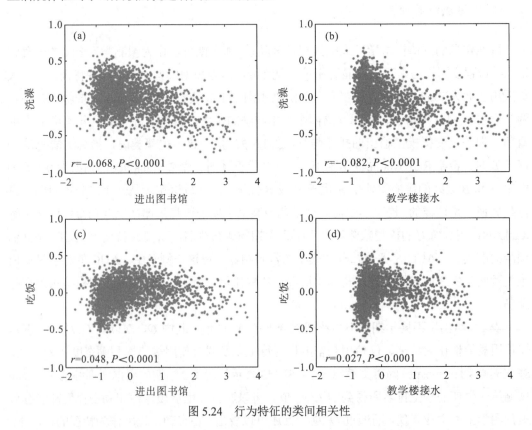

图 5.24  行为特征的类间相关性

相反,两种规律性度量和两种勤奋程度度量之间内部却有着显著的正相关关系,如图 5.25 所示。其中图 5.25(a)是吃饭与洗澡两种规律性度量形成的散点图,图 5.25(b)是进出图书馆与进入教学楼接水两种勤奋程度度量形成的散点图, 图 5.25(c)和图

5.25（d）是图 5.25（a）和图 5.25（b）两图分箱之后的结果。这种显著的正相关关系显示了这 4 种度量作为生活规律与勤奋程度度量指标的健壮性。

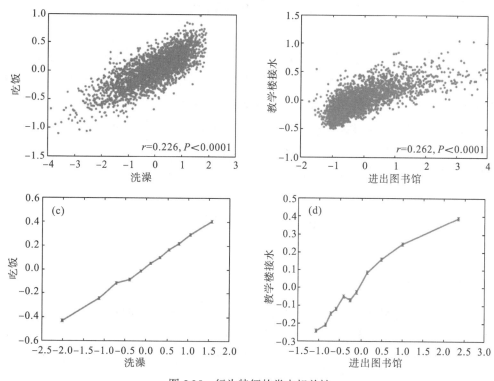

图 5.25　行为特征的类内相关性

图 5.26 给出了这 4 个度量指标两两间的相关性。洗澡、吃饭、进出图书馆、教学楼接水四种指标分别用单词 Shower、Meal、Library、Water 表示。由图中可以看到，同种类型的度量指标之间呈现显著正相关，而不同类型的度量指标之间的斯皮尔曼等级相关系数几乎为 0。

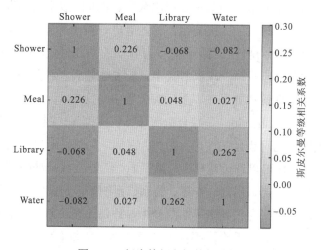

图 5.26　行为特征之间的相关性

# 第6章 大数据可视化

通过大数据分析，人们可以从数据中获得很多重要的信息。如果要将数据的分析结果用一种通俗易懂、简单明了的形式呈现在用户面前，就需要进行大数据可视化操作。数据可视化是指以饼状图等各种图形的方式展示数据，旨在借助于图形化手段，清晰有效地传达与沟通信息。为了有效地表达和传递信息，美学形式与功能需要齐头并进。数据可视化通过直观地传达关键特征，可实现对稀疏而又复杂数据集的深入洞察。本章将介绍可视化基础知识、常用的可视化图表以及科学计算可视化的一些技术。

## 6.1 可视化基础

### 6.1.1 可视化概念

数据是人们通过观察、实验或计算得出的结果，是各种信息的数值化表示，反映事物的属性及相互关系。通过数据分析发现规律，了解事情的发生及影响，寻求事物的本质与真相，从而解决各种问题。如水资源分布、股票波动、社会舆情、北极冰山融化、全球气候变化、森林火灾情况等。

数据存在于人们生活的每一个角落，通过数据挖掘与分析，可揭示数据蕴含的信息。可视化技术是探索和理解数据的有效途径之一，帮助人们更容易发现和理解数据中蕴藏的信息。

计算机呈现数据的形式有多种，如数字、文本、图形与图像等。所谓"一图胜千言"，人类对各种图形图像视觉元素的理解和处理比数字、文本的效率要高很多，这是人类长期进化的结果。想一想远古时代的人类先祖，如遇老虎、狮子等猛兽的时候不能快速识别、理解并高效地做出反应，会是什么后果；想一想我们的幼儿时代，尽管不识字但能够观看各种少儿节目(影视图像)；再想一想我们认字，基本也是从"看图识字"开始。因此，人类对图形图像的识别、理解和处理效率要远高于数字与文字。

数据可视化(data visualization)是综合运用计算机图形学、图像、人机交互等技术，将采集或模拟的数据映射为可识别的图形、图像、视频，并允许用户对数据进行交互分析的理论、方法和技术。具体可以通过建模、二维平面、三维立体、动画等方式对数据进行可视化呈现，显示数据的分类、属性、变量、关系、系统等，帮助人们识别、理解数据本身及相互联系。数据可视化概念仍处于不断演变中，外延还在不断扩大。目前，数据可视化在政府部门、事业单位、企业及个人得到了广泛应用，取得有大量成果。

### 6.1.2　视觉感知

20 世纪初,奥地利及德国心理学家创建了格式塔(德文 Gestalt 音译,意指"完形")心理学理论,研究人类视觉组织结构中整体与局部(组成部分)的关系。其基本思想是:整体不等于部分之和,意识不等于感觉元素之和;提出了简单、邻近、相似、闭合、连续、共同命运等原则,对于可视化设计具有重要的指导意义,在诸多视觉设计领域,如艺术设计、虚拟现实和游戏的场景与界面设计、网页设计、广告设计、版面设计等方面得到了广泛应用。

#### 1. 简单原则

简单原则(simplicity)是格式塔理论最基本的原则。人们感知事物时,趋向于将其理解为一个整体,而不是各个组成部分,即所谓"先见森林,后见树木"(图 6.1)。人们会将视觉感知的复杂事物识别归类为较为简单的、对称的、规则的或有序的熟悉结构,消除内部的复杂性,有利于对事物归类、理解并形成简单的概念。

常见的构图形式有三角形构图、均衡构图、对称构图、圆形构图、X 形构图等,其目的就是在复杂的信息环境中让观察者能简单直接地看明白;反之,若需要观察者费心思去仔细观察和思索,这样的设计就不易让观察者理解,不是好的设计。

图 6.1　简单原则示意构图

#### 2. 邻近原则

人们会把距离较近的视觉元素(各种图形)归为一个组(整体),即邻近原则(proximity)(图 6.2)。

视觉设计中应采用邻近原则分组信息、规划布局和组织内容。相关项的排列位置应较近,用"留白"隔开无关项(距离更远),以便形成视觉分组。

邻近原则有较大的感知权重(视觉中所占的比重)。由图 6.2 可知,邻近原则遮蔽了相似性原则(形状和颜色相似)。

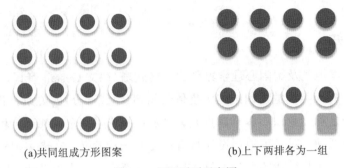

(a)共同组成方形图案                  (b)上下两排各为一组

图 6.2    邻近原则示意图

### 3. 相似原则

人们习惯把相似的事物归为一组，即相似原则（similarity）（图 6.3）。相似指颜色、形状、大小、方向等属性相似。

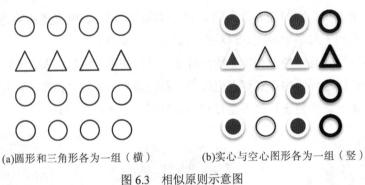

(a)圆形和三角形各为一组（横）        (b)实心与空心图形各为一组（竖）

图 6.3    相似原则示意图

在相似属性中，颜色比形状的感知权重大，遮蔽了形状属性。在视觉设计时应该注意把同级别的视觉元素在大小、风格、颜色上保持一致，有利于观察者对于信息的理解。

### 4. 闭合原则

人们会将没有完全闭合的不完整物体看成一个完整物体，即闭合原则（closure）（图 6.4）。

(a)正方形未闭合              (b)IBM三个字母由未闭合的横条构成

图 6.4    闭合原则示意图

5. 连续原则

人们会沿着物体轮廓将不连续的线条视为连续的一个整体,而不是残缺的线条或形状,即连续原则(continuity)。如图 6.5 所示,狗和熊猫的轮廓线不连续,但视觉能沿轮廓线走向通过插补形成一个整体。

图 6.5　连续原则

连续原则与闭合原则有些类似,但闭合原则强调完整性,连续原则强调的是线条走向,可视化设计时通常将两者结合使用。

6. 共同命运原则

人们习惯把向同一方向同时运动的物体归为一组,即共同命运原则(common fate)。例如,有一群点同时向下运动,另一群点同时向上运动,视觉将它们分为两类:向上运动为一类,向下运动为另一类。注意物体同时、同向、同速移动时,共同命运原则效果更好。否则,可能会归入不同的类。

## 6.1.3　视觉编码

视觉编码(visual encoding)也称可视化编码,就是将数据用视觉元素(颜色、数字、图形、符号等)表示并按某种方式呈现出来,包括视觉元素及呈现方式两层含义。视觉元素称为标记,通常是一些几何图形元素,如点、线、圆、长条、柱形等;标记呈现方式称为视觉通道,包括标记位置、大小、方向、颜色(色调、饱和度、亮度)、纹理、动画等。不同的编码方式有不同的效果,基本原则是容易理解,不妨碍人们对数据的理解。

下面,以描述 A、B、C、D 四类数据在二维平面的分布为例,说明数据视图的绘制。数据视图即是将数据以图表形式表现出来。

图 6.6 为气泡图,用圆圈表示数据,圆圈在坐标系的位置、大小、颜色及填充(实

心、空心、图案)作为视觉通道绘制数据视图。不同颜色及填充方式表示数据类别(4类)，不同大小的圆圈表示该类别数据集的大小，圆圈在 X-Y 坐标系的位置表示该类别的数据分布。

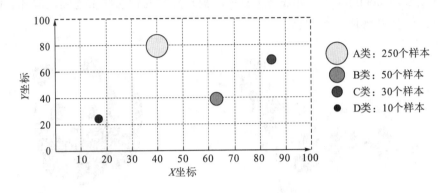

图 6.6　气泡图

制作数据视图时需注意下面两点。

(1)标记说明。对视图中的标记如点、线、圆、长条、柱形等需要作出说明。图 6.6 各种圆圈图例说明，它们可放在图表旁边，也可放置在图表中；另外，圆圈大小也应反映其所代表数值的大小比例。

(2)数值标注。需对数据数值大小、单位等信息进行标注。如图 6.6 所示，需对 X-Y 坐标进行说明且标注刻度值，否则人们看不懂坐标轴的意思及数值大小。坐标轴刻度应该等间隔标注，以免误导读者。

### 6.1.4　可视化的功能

从应用的角度来看，可视化有多个目标：有效呈现重要特征、揭示客观规律、辅助理解事物概念和过程、对模拟和测量进行质量监控、提高科研开发效率、促进沟通交流和合作等。从宏观的角度看，可视化的功能包括：①信息记录。将信息成像或采用草图记载是将浩瀚烟云的信息记录成文，并世代传播的有效方式。②信息推理和分析。数据分析的任务通常包括定位、识别、区分、分类、聚类、分布、排列、比较、内外连接比较、关联和关系等。将信息以可视化的方式呈现给用户，可引导用户从可视化结果分析和推理出有效信息，提升信息认知的效率。③信息传播与协同。视觉感知是人类最主要的信息通道，它囊括了人从外界获取的 70% 以上的信息，俗称"百闻不如一见""一图胜千言"。将复杂信息传播与发布给公众的最有效途径是将数据可视化，达到信息共享与论证、信息协作与修正、重要信息过滤等目的。

霍乱地图是数据可视化历史上一个用于信息推理和分析的典型案例。1854 年 8 月底伦敦布拉德街附近居民区爆发了一场霍乱，10 天内有 500 多人死于该病。英国医生约翰·斯诺(John Snow)调查病例发生的地址和取水的关系后绘制了一张街区地图(图 6.7)。该图标记了水井的位置，每个地址的病例用条码显示，条码清晰显示出 73 个病例集中分布在布拉德街的水井附近，他据此找到了霍乱爆发的根源是一个被污染的水泵。人们拆除布拉德街区水井的摇把后不久，霍乱就停息了。

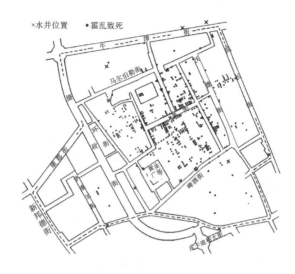

图 6.7  霍乱分布与水井分布地图

1857 年"提灯女神"南丁格尔设计的"极区图"，又称玫瑰图(图 6.8)，是数据可视化历史上用于信息推理和分析的又一个经典之作，它以图形的方式直观地呈现了英国在克里米亚战争中牺牲的战士数量和死亡原因，有力地说明了改善军队医院的医疗条件对于减少战争伤亡的重要性。

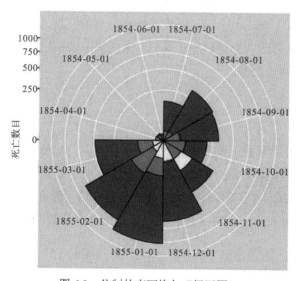

图 6.8  仿制的南丁格尔"极区图"

### 6.1.5　可视化发展历程

人类很早就引入了可视化技术辅助分析问题。可视化发展史与人类现代文明的启蒙以及测量、绘画和科技的发展一脉相承。在地图科学与工程制图统计图表中，可视化理念与技术已经应用和发展了数百年。

#### 1. 图表萌芽

早在 17 世纪之前，可视化就已萌芽。可视化的萌芽出自几何图表和地图生成，目的是展示一些重要信息。16 世纪，荷兰出现了一个伟大的地图学家墨卡托，1568 年他制成著名航海地图"世界平面图"，可使航海者用直线(即等角航线)导航，并且第一次将世界完整地表现在地图上，1630 年以后普遍被采用，对世界性航海、贸易、探险等有重要作用，至今仍为最常用的海图投影。

#### 2. 物理测量数据可视化

17 世纪最重要的科学进展是物理基本量(时间、距离、空间)的测量理论与设备的完善。它们被广泛用于航空、测绘、制图、浏览和国土勘探等。同时，制图学理论与实践随着分析几何、测量误差、概率论、人口统计和政治版图的发展而迅速成长，其后还产生了基于真实物理测量数据的可视化方法。

#### 3. 图形符号

在 18 世纪，绘图家发明了新的图形化形式(等值线、轮廓线)和其他物理信息的概念图(地理、经济、医学)。随着统计理论、实验数据分析的发展，抽象图和函数图被广泛发明。18 世纪是统计图形学的繁荣时期，其奠基人威廉·普莱费尔(William Playfair)发明了折线图、柱状图、饼状图等。

#### 4. 可视化应用

进入 19 世纪，人类掌握了整套统计数据可视化工具，包括柱状图、饼图、直方图、折线图、时间线、轮廓线等。这一时期，社会、国家人口、经济的统计数据及其可视表达被放在地图上，并开始在政府规划和运营中发挥作用；这一时期，图表被用于表达数学证明，函数线图被用于辅助计算，各类可视化显示被用于表达数据的趋势和分布。

5．信息可视化

20 世纪早期和中期主要为信息可视化时期。1967 年，法国人雅克·贝尔坦（Jacques Bertin）出版了《图形符号学》一书，确定了构成图形的基本要素，奠定了信息可视化的理论基石。随着个人计算机的普及，人们开始使用计算机编程来生成可视化图表。

6．科学可视化

20 世纪 80 年代，科学家们认为可视化有助于统一不同领域相关问题并具有促进科学突破和工程实现的能力。1990 年，电气和电子工程师协会（Institute of Electrical and Electronics Engineers，IEEE）举办了首届 IEEE 可视化高峰论坛，汇集来自物理、化学、计算、生物医学、图形学、图像处理等交叉学科领域研究人员组织的学术群体，科学可视化应运而生。

## 6.1.6　数据可视化分类

数据可视化的处理对象是数据。依照所处理的数据对象，数据可视化包含科学可视化与信息可视化两个分支。广义上，科学可视化面向科学和工程领域数据，如含空间坐标和几何信息的三维空间测量数据、计算模拟数据和医学影像数据等，重点探索如何以几何、拓扑和形状特征来呈现数据中蕴含的规律。信息可视化的处理对象则是非结构化、非几何的抽象数据，如金融交易、社交网络和文本数据，其核心挑战是针对大尺度高维复杂数据如何减少视觉混淆对有用信息的干扰。由于数据分析的重要性，将可视化与分析结合，就形成了一个新的学科：可视分析学。

1．科学可视化

科学可视化是可视化领域发展最早、最成熟的一个学科，其应用领域包括自然科学，如物理、化学、大气科学、航空航天、医学、生物学等学科，以及对这些学科中数据和模型的解释、操作与处理，如含有空间坐标和几何信息的三维空间测量数据、计算模拟数据、医学影像数据等，旨在寻找其中的模式、特点、关系以及异常情况。科学可视化重点探索如何以几何、拓扑和形状特征来呈现实测或仿真数据中蕴含的规律。科学可视化又分为标量场可视化、向量场可视化和张量场可视化（图 6.9）。

2．信息可视化

信息可视化处理的对象是抽象的、非结构化的数据集合（如文本、图表、层次结构、地图、软件、复杂系统等）。与科学可视化相比，信息可视化更关注抽象、高维的数据。

传统的信息可视化起源于统计图形学，与信息图形、视觉设计等现代技术相关，其表现形式通常在二维空间，因此关键问题是在有限的展示空间中直观传达抽象信息。在数据爆炸时代，信息可视化面临需要在海量、动态变化的信息空间中辅助人类理解、挖掘信息，从中检测预期的特征，并发现未预期知识的巨大挑战。信息可视化分为时空数据可视化、层次与网络结构数据可视化、文本与跨媒体数据可视化和多维数据可视化(图 6.10)。

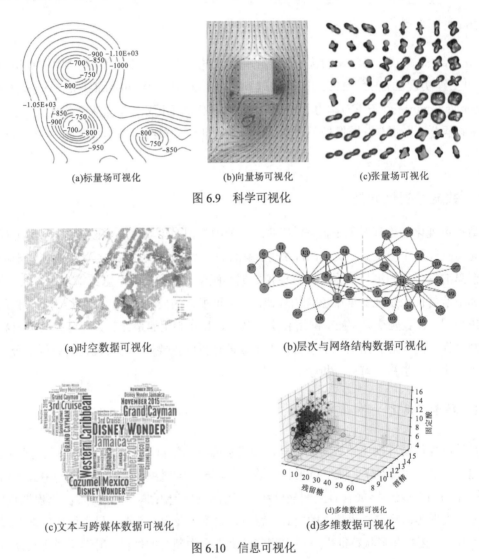

(a)标量场可视化                (b)向量场可视化                (c)张量场可视化

图 6.9　科学可视化

(a)时空数据可视化                        (b)层次与网络结构数据可视化

(c)文本与跨媒体数据可视化                (d)多维数据可视化

图 6.10　信息可视化

## 3．可视分析学

可视分析学被定义为一门以可视交互界面为基础的分析推理科学。它综合图形学、数据挖掘和人机交互等技术，以可视交互界面为通道，将人的感知和认知能力以可视的方式融入数据处理过程，形成人脑智能和机器智能优势互补和相互提升，建立螺旋式信息交流与知识提炼途径，完成有效的分析推理和决策。可视分析学可看成将可视化、人的因素和数据分析集成在内的一种新思路。

## 6.2　可视化图表

图表的作用是帮助人们更好地看懂数据。选择什么图表，取决于有什么数据，用图表想表现什么。本节介绍一些基本的常用图表类型，作为最基础的可视化元素综合应用于各类大型可视化系统中。

### 6.2.1　散点图

散点图也称 *X-Y* 图，它将数据用"点"的形式展示在坐标系中，以表示两个变量之间的关系及关系类型如直线、曲线等(图 6.11)。变量之间的关系是通过数据点的位置表示的，因此数值轴不必总是从 0 开始。

散点图常用于表示聚集(类别)数据，一般用圆圈或圆点表示数据；若有多个类别数据，则选择不同的标记形状(包括颜色、填充等)以示区分，如方形、三角形、菱形或其他形状。

散点图也可以表示连续变量(离散的实验数据点)，通过数据点的疏密程度及变化趋势反映变量之间的关系。用于统计回归分析时，观察因变量随自变量的变化趋势，选择合适的拟合函数对数据点进行拟合，得到一条有误差的拟合曲线。

如果散点图上数据点分布比较杂乱，没有什么规律可循，表明变量之间不存在确定关系，不适合用散点图表示。数据点越多，散点图效果越好，越能证明变量之间存在散点图所揭示的关系。

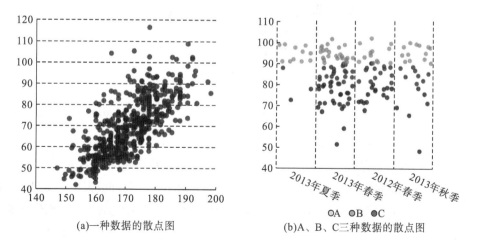

(a)一种数据的散点图　　　　(b)A、B、C三种数据的散点图

图 6.11　散点图

　　数据的正相关是指一个变量随另一个变量的增加而增加,负相关是指一个变量随另一个变量的增加而减少,不相关是指两个变量之间不存在确定的关系。

　　散点图适用于以下几种情况。

　　(1)数据点比较多(数据点云、数据集群)。

　　(2)数据点的分布能够反映变化的某种趋势(有确定关系),这种关系又不是很精确。

　　(3)若将多个类别的数据集群绘制在一幅散点图上,能反映数据类别的分布情况(形状、位置等)。

　　散点图上还可以标注附加信息,如类别中心、平均值线、拟合曲线等,以帮助人们更好地理解。另外,散点图可以向高维扩展成为散点图矩阵,即矩阵的每个元素都是一个散点图,尤其适合于展示多维数据之间的两两关系。

## 6.2.2　气泡图

　　气泡图是散点图的一种变体,如图6.6、图6.12所示。气泡图表示三个变量的关系,它在散点图上增加了一个数据展示维度——气泡大小,用于描述不同类别数据集的分布及关系。气泡大小是基于面积的,而非半径或直径,否则气泡大小增加太快,导致视觉错误。

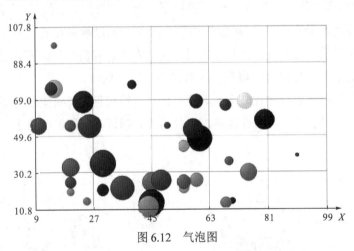

图 6.12　气泡图

　　通过给气泡填充颜色(包括透明度、图案、纹理等),表示数据的类别。这样,气泡图就可以展示四个维度($X$、$Y$、气泡大小、气泡颜色)的数据。

　　注意,气泡太多会导致阅读困难。此时,可增加一些交互行为(程序控制),例如隐藏一些信息,当鼠标指向或点击时才呈现出来,或者可以整体放大、局部放大、窗口切块、数据重组与过滤等。散点图是为展示数据点的分布,因此可展示大规模的数据集,而气泡图是为展示数据类别的分布,而非每个数据点的分布,为防止互遮挡,需控制气泡数量。

　　气泡图经常与地图结合使用,展示带有地域属性的数据。

### 6.2.3　折线图

折线图用于展示一个变量随另一个变量(常为时间)变化的趋势,可清晰地反映出数据的递增、递减、增减快慢、增减周期、峰值等变化特点(图 6.13)。通常,横轴 $X$ 表示时间轴且间隔相同,纵轴 $Y$ 表示数据在不同时刻的数值大小。

可以把多个系列(组别)的数据点描绘于一个折线图中,以线形、颜色等加以区分,如图 6.13(a)所示。但是,不建议把过多的分组数据绘制在一张图中,使线条数过多、彼此重叠而不利于人们看清楚。

对于某些类型的数据如不同职位人员的薪水(等级),数值变化不是平滑过渡的,而是呈现跳变状态,表现在折线图上出现台阶(平台段),成为阶梯折线图(简称阶梯图),如图 6.13(b)所示。

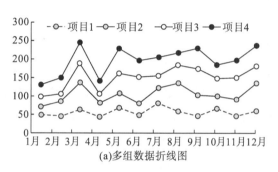

(a)多组数据折线图

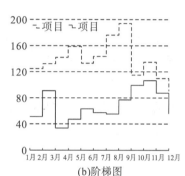

(b)阶梯图

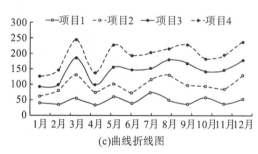

(c)曲线折线图

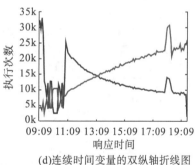

(d)连续时间变量的双纵轴折线图

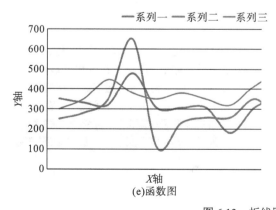

(e)函数图

(f)跑步运动轨迹图(二维空间变量)

图 6.13　折线图

为了表示美观，可以把直线换成曲线光滑过渡，如图 6.13(c)所示。

折线图的自变量(横轴)也可以是连续变量，如图 6.13(d)所示，数据点的采集时间间隔可以较密集，还可把另一个密切相关变量也标于图中(纵轴)，即两个图叠加为一个图。

折线图也常用于表示数学函数图形，如图 6.13(e)所示。另外，自变量维数可扩展到二维或三维空间，图 6.13(f)为折线图与地图结合，将跑步运动轨迹用二维折线图标于地图中，形成运动轨迹图。

若横轴是没有连续意义的类别数据如产品外观、性能、价格等，它们之间没有"连续"含义，则不适合用折线图表示，而应该采用柱状图、雷达图等表示。

## 6.2.4 柱(条)形图

柱(条)形图由一系列纵向或水平长条(或线段)组成，如图 6.14 所示。一个轴表示数据的组别(类别)，另一个轴(柱高或长)表示数值大小，每根柱(条)可用不同的颜色、图案、纹理等填充，以区分和美化不同组别的数据。

柱(条)形图适用于描述多种类型的数据。以随时间变化的数据为例，可分为延续时间数据和离散时间数据，离散时间数据产生于某个时间点或时段，如计算机等级考试成绩，考试结束则事情就结束了，分数数据不再发生变化；而股票走势图为延续时间数据，一天中只要没有停止交易，交易数据(价格、交易量等)随时都在发生变化。

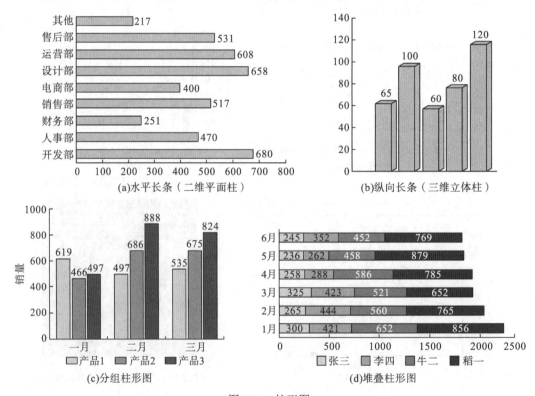

图 6.14 柱形图

　　注意，如果数据都是正数，数值轴应从 0 开始，便于人们比较各柱子的高度或长度。如果数值轴从 1 开始，则高度 4 柱子(绘制高度 3)不再是高度 2 柱子(绘制高度 1)的 2 倍视觉高度，会误导人们产生错误认识。

　　可把多个组别的数据绘制于一张图中成为分组柱形图。图 6.14(c)所示，三种产品在每个月的销量数据。同一组的数据应该用相同的颜色和图案填充，以免产生视觉错误。

　　柱形图可以堆叠成为堆叠柱形图。如果数据存在子类别且子类别之和有意义，则可用堆叠柱形图表示。如图 6.14(d)所示，每根柱子内部的分段高度表示子类别的数值大小，柱子总高度表示各子类别数值之和。本例，柱子内部分段高度为每月支付给每个员工的奖金，柱子总高度表示每月支付的奖金总额。

## 6.2.5　直方图

　　直方图属于柱形图，用于表示离散数据的次数分布。横轴表示数据组别，纵轴表示次数(个数)。绘制直方图时，横轴按数值范围等分为一系列相邻的分段或分级，纵轴计算每个分段内的数据个数，或分段数据数占总数据数的百分比。

　　例如，计算机数字图像处理常用颜色直方图统计一幅图像中像素值(颜色值)的分布情况，即每种颜色的像素数占总像素数的百分比。如图 6.15 所示，横轴为颜色值(分段)，纵轴为像素个数。每幅数字图像是一个矩形点阵，每个点称为一个像素。对于彩色图像(RGB 模式)，每个像素由红(R)、绿(G)、蓝(B)三种颜色(三基色)叠加而成，每种颜色取值为 0 ～ 255(整数)，颜色数值大小表示该颜色的分量多少；不同分量的 R、G、B 叠加组成不同的颜色，一共可以组成 256×256×256 = 16777216 种颜色。

(a)彩色图像

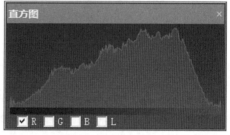
(b)红色直方图

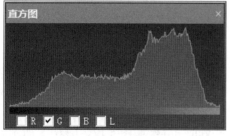
(c)绿色直方图

(d)蓝色直方图

图 6.15　颜色直方图

### 6.2.6　饼图

饼图用圆饼及分块表示各个组成部分与整体的比例关系(图6.16)，使人们能够快速了解各部分数据的占比情况。

饼图可以扩展为复合饼图，如图6.16(d)、(e)所示。把多个饼图绘制在一起，便于同类数据的比较。

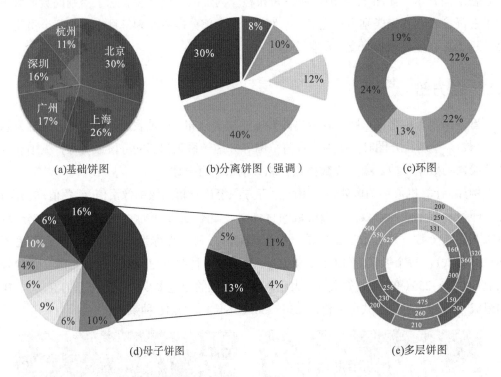

图 6.16　饼图

饼图数据常以百分比标注，当然也可以用具体数量标注；可以把数据标注在分块的内部或者相应的圆弧外，便于人们一眼就可以看到。

使用饼图的注意事项如下。

(1)各区块数值之和必须等于总体数值。

(2)不超过9个分块。否则，区块太小，视觉上大小差不多，占比对比失去意义。

(3)没有0和负数的数据分块。

### 6.2.7　雷达图

雷达图也称极坐标图、星图、蜘蛛网图、Kiviat图等，如图6.17、图6.18所示。

雷达图适用于表示三维以上数据(多个变量)的关系，每一维用一个轴表示，轴的方位与角度没有信息(无关)，数据点和数值标注在轴上，也可不标注，将同一个分组的数据点用直线(称为雷达链)连接成一个多边形。雷达图尤其适合于对多个属性(变量)构成的系统作出整体性评价。

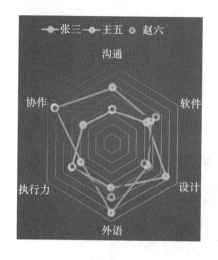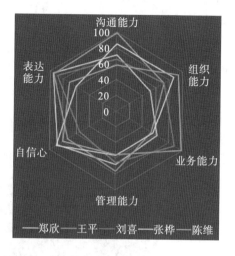

图 6.17　雷达图

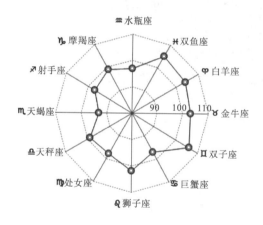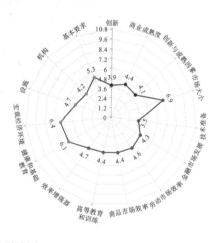

图 6.18　单链多维雷达图

## 6.2.8　等值线图

把数值相等的数据点用线连接起来即为等值线图，它描述数据的连续分布及变化情况(图 6.19)。

等值线是空间等值数据在平面上的投影，如平面地图的等高线、等温线、等水位线、等压线等。三维空间数据分布比较复杂，如果在二维图形上绘制等值线，则判读有一定困难(图 6.20)，如果在三维图形上绘制等值线，则更易于判读(图 6.21)。

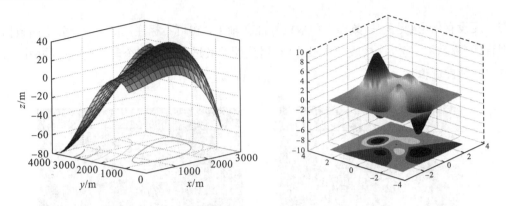

图 6.19　等值线图

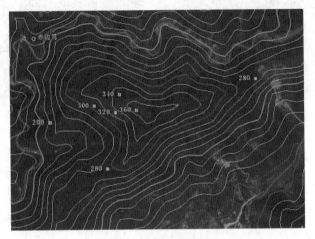

图 6.20　等高线地形图

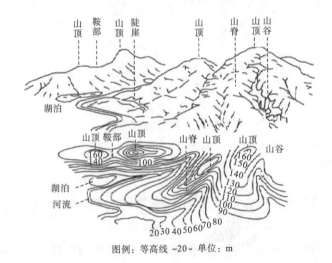

图例：等高线 ~20~ 单位：m

图 6.21　等值线图的判读：等值线间距（疏密）、走向、弯曲情况等

### 6.2.9　热力图

热力图使用显著颜色及其过渡色(彩虹色)表达数值大小及变化情况，如图 6.22 所示。

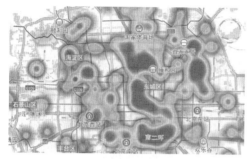

(a)北京城区人流密度（红到绿递减）

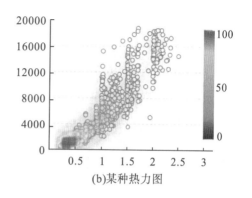

(b)某种热力图

图 6.22　热力图

热力图常用于展示地理区域的人流、车流密度等，也用于天气预报中展示温度、云层分布等。

这里介绍一下视线热力图。利用眼动仪获取观察者视线在特定区域停留的时间长短，可绘制视线热力图，如图 6.23 所示。

(a)受试者在观看画面

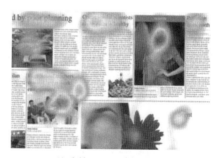

(b)观看某网页的视线热力图

图 6.23　视线热力图

观察者通常对观看内容的描述是模糊不清的，造成用户研究工程师的困惑。现在，随着脑电研究的商业化，用户研究工程师的理想逐渐变成了现实：客观真实地了解用户的所看、所想。用户研究工程师根据视线热力图评估和改进产品外观设计、网页视觉设计、广告视觉设计、虚拟现实与游戏场景设计等。

### 6.2.10　维恩图

维恩图也称文氏图、Venn 图等，用封闭图形展示数据集合之间的关系，如图 6.24 所示。

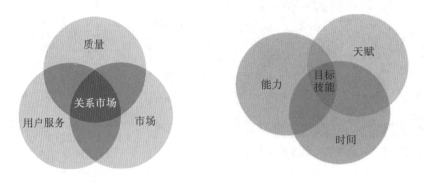

图 6.24　维恩图

每个图形(通常用圆或椭圆)表示一个集合(类别)，图形的重叠部分表示集合的交集，图形的组合表示并集，位于图形之外的数据不属于该集合。

### 6.2.11　盒须图

盒须图又称盒图、盒式图、箱形图等，形状类似于"胡须"而得名，可简单展示一组或多组数据的分布情况，包括最大值、最小值、中位数、上四分位数和下四分位数 5 个统计量，如图 6.25(a)所示。

中位数又称中值，是一组数据按大小排序后处于中间位置的数。设排序后数据为：$x_1, x_2, \cdots, x_n$。

当 $n$ 为奇数时，中位数：

$$x_{(n+1)/2}$$

当 $n$ 为偶数时，中位数：

$$m = \frac{x_{n/2} + x_{n/2+1}}{2}$$

可知，数据中有一半的数据比中位数大，有一半的数据比中位数小。中位数不同于均值，中位数反映的是位于中间位置的数，均值反映的是所有数的平均值。

四分位数也称四分位点，把所有数据从小到大排序后按数据个数四等分，处于上、中、下三个分割点位置的数分别称为上四分位数、中位数(中值)、下四分位数。

"四分位间距 IQR(interquartile range)，是上四分位数与下四分位数的差值。低于下四分位数-1.5IQR 的数和高于上四分位数+1.5IQR 的数称为异常值。非异常值中的最大数为最大值，非异常值中的最小数为最小值。"

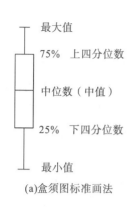

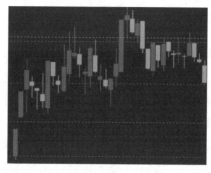

(a)盒须图标准画法　　　　　　　　　　　　　(b)K线图例

图 6.25　盒须图

　　绘制盒须图需注意，数据不一定在最小值与最大值区间、上下四分位数区间均匀分布。因此，中位数线不一定位于这两个区间的中点；同理，上下四分位线也不一定位于最大值与最小值区间连线的 1/4 和 3/4 处。

　　K 线图可视为盒须图的一种变体，又称蜡烛图、日本线、阴阳线、棒线等。股市及期货市场的 K 线图画法包含四个数据，即开盘价、最高价、最低价、收盘价，反映了市场价格行情的走势[图 6.25(b)]。

## 6.2.12　多图协调

　　可以把以上各类图表进行组合，以表达更丰富、更准确的信息，如图 6.26 所示。

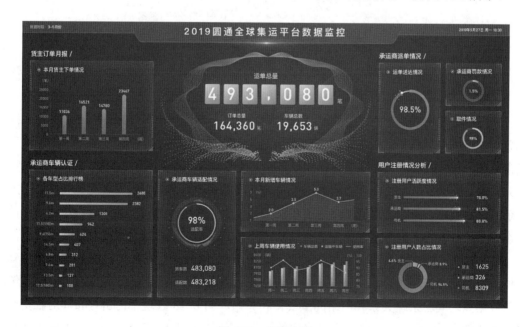

图 6.26　多图协调

### 6.2.13　标签云图

　　文本是人类信息交流的主要传媒之一，文本信息在人们日常生活中几乎无处不在，如新闻、邮件、微博、书籍等。面向海量涌现的电子文档和类文本信息，利用传统的阅读方式解读电子文本的方式已经变得越来越低效。利用可视化和交互的方式生动地展现大量文本信息中隐含的内容和关系，是提升理解速度、挖掘潜在语义的必要途径之一。

　　文本可视化是指对文本信息进行分析，提取其中的特征信息，并将这些信息以易于感知的图形或图像方式展示。文本可视化的常用方法：标签云（tag cloud）、单词树（word tree)等。其中，标签云是最直观、最常见的对文本关键字进行可视化的方法。标签云一般使用字体的大小和颜色对关键词的重要性进行编码，频率出现越高的关键词字体越大，颜色也越显著。图 6.27 是某店铺热销品标签云图。

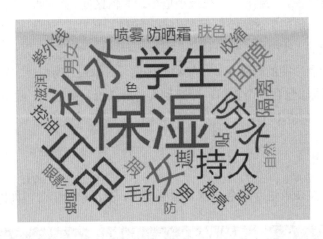

图 6.27　标签云图

### 6.2.14　力引导图

　　"世界是普遍联系的"，层次和网络数据表达的是事物间错综复杂的关系。层次和网络数据的可视化从拓扑上讲主要指树和网络的绘制方法。层次数据表达事物之间的从属和包含关系，典型的层次数据有企业的组织架构、生物物种遗传和变异关系、决策的逻辑层次关系等。层次数据反映个体之间或语义上的从属关系，网络数据则表现更加自由、更加复杂的关系网络，例如计算机网络中的路由关系、社交网络里的朋友关系、协作网络中的合作关系。主流网络数据可视化方法有结点链接法、相邻矩阵和混合型三种。网络数据的结点链接法主要有力引导布局和多维尺度标记布局两种。力引导布局的核心思想是采用弹簧模型模拟动态布局的过程，使得最终布局总节点之间不互相遮挡，比较美观，同时能够反映数据点之间的亲疏关系和网络的重要拓扑关系。图 6.28 表现了力引导布局对社交网络描述的效果，用户可以清楚识别网络中的核心人物(Ben、Jeff、Chris、Fernand 和 Alan)，她们各有自己的小团体，小团体之间通过她们相互关联。

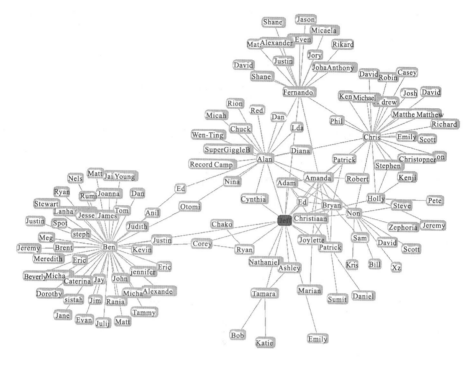

图 6.28　力引导图

# 6.3　科学计算可视化

科学计算可视化(visualization in scientific computing，VISC)也称为科学可视化(scientific visualization，SV)，它将科学计算过程及结果数据转换为图形及图像，以直观、形象的方式表达数据，揭示数据中所蕴含的信息，使相关人员能有效地观察模拟和计算过程并交互控制。因此，它是一个综合运用计算机图形学、图像处理、计算机视觉、人机交互、计算机辅助设计等技术的跨学科研究与应用领域，广泛应用于医学、地质勘探、气象预报、分子模型构造、计算流体力学等，并处于不断发展中，它的内涵和外延正在不断扩大。

科学可视化的对象是物理空间数据，无论是看得见还是看不见的数据，它们在物理空间都有一个对应位置(坐标)，如机器零件的温度分布场、应力分布场等。为了发现其中的规律，人们将它们可视化映射到一维、二维或三维空间上进行直观展示，有利于揭示数据中蕴含的自然规律并加以利用。

## 6.3.1　可视化流程

可视化是一个过程，可用可视化流水线概略描述，如图 6.29 所示。

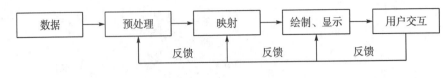

图 6.29　科学可视化流程

　　科学计算的数据来源多种多样，通过科学模拟或实验可得到反映研究目标或对象的数据。数据的属性包括来源、维数、组织形式、时间特性、数据量。时间特性表示数据是否随时间变化（时变数据）。三维数据点用网格描述其相邻关系，组织形式分为有网格数据和无网格数据，网格描述的是数据点之间的邻接关系。

　　1. 数据

　　数据分为数值数据、几何数据和图像数据。数值数据有标量、矢量、张量等形式，如压力、温度、速度、质量等。几何数据描述对象的形状，如点、线、面、体等坐标数据，通常可用计算机建模软件生成。图像数据是位图（点阵）形式的数据，如医学图像、遥感图像、卫星图像、航拍图像等。

　　2. 预处理

　　预处理是指对数据进行处理，为下一步映射做准备。预处理算法与处理的数据对象有关，如归一化、滤波、平滑、重划网格、坐标变换、图像分割、边缘检测等。对庞大的数据场只提取少量的重要信息以减少数据量，通过几何变换对数据点坐标进行变换，通过拓扑变换调整网格点的连接关系，将数据转换为标准格式等。预处理包括对大数据的高效管理，涉及计算机文件系统、数据库系统等技术，特别是用于大数据管理的非结构化数据库系统。

　　3. 映射

　　将数值数据表示为有一定含义和空间关系的几何数据，实现数值数据向几何数据转换。映射是整个可视化系统的核心，为下一步绘制和显示做准备。可利用计算机建模软件把不同类型的数据用相应的图元（图形元素）表示并建立模型，如点、线构成表面模型或者点、线、面构成三维实体模型。不同类型的数据适用的映射方式不同，包括点数据可视化、标量场可视化、矢量场可视化、张量场可视化和其他可视化技术，不同领域的可视化映射技术也处在不断发展中。

　　4. 绘制与显示

　　通过运用形状、颜色、动画等视觉元素，将大数据中蕴含的有用信息呈现给观察者，实现几何数据到图像数据的转换。利用计算机图形学理论和方法设计丰富的绘制算法，体绘制技术就是其中的关键技术之一。显示模块将绘制的图像数据按要求输出，图形用户接口（graphical user interface，GUI）采用图形方式显示计算机操作界面，技术的发展为显示提供了技术保障，涉及消隐、光照、渲染等计算机图形学技术。

### 5. 用户交互

可视化系统应提供用户交互功能，将交互信息反馈到前面的相关环节，实现对计算过程和结果的控制。通过人机交互技术，用户可以交互改变视角、绘制参数等，以更有效的方式理解和分析大数据中的重要信息，淡化或隐藏非重要的信息。

## 6.3.2　一维可视化

一维可视化是对一维空间数据的可视化，数据的变化规律可用一元函数描述。如温度、压力等参数沿一个坐标轴方向（一维变量）的分布情况。

一维空间数据可视化通常用曲线图形式呈现数据分布规律（图 6.30）。用不同的颜色或线型区分不同规律的曲线，展示在同一个图中以便于比较。

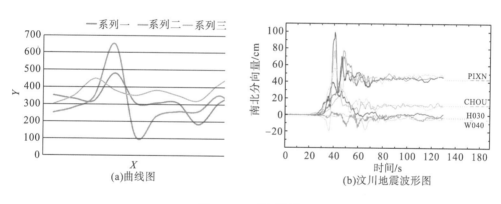

图 6.30　一维可视化

## 6.3.3　二维可视化

二维可视化是对二维空间数据的可视化，数据的变化规律可用二元函数描述。如温度、压力等参数沿两个坐标轴方向（二维变量）的分布情况。二维空间数据可视化的基本方法有颜色映射、等值线图、高度图等。

### 1. 颜色映射

将不同的二维数据区块映射为不同的颜色，表示不同的数值大小，即在数值与颜色之间建立映射关系；颜色变化反映数据场中数据大小的变化情况。如图 6.31(a) 表示某个区域的温度分布情况。

图 6.31（b）为医学 X 光片。由于 X 光对空气、结缔组织、肌肉组织的穿透性较强，故在照片上映射为深色；对骨骼的穿透性较弱，在照片上映射为浅色。

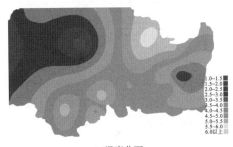

（a）温度分面                                   （b）灰度X光片（大腿骨析）

图 6.31　颜色映射

### 2. 等值线图

等值线图是二维空间数据可视化的基本方法。

### 3. 高度图

高度图是将二维空间数据（X-Y）的数值大小用第三维（Z 轴高度）表示并绘制的图，即把二元函数（X-Y）的函数值用 Z 轴高度表示并绘制的三维图形，高度越高表示数值越大，如图 6.32 所示。

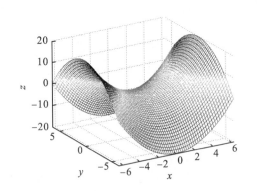
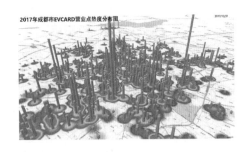

图 6.32　高度图

## 6.3.4　三维可视化

三维可视化也称体可视化，研究如何表示、处理和绘制三维体数据，是一种从体数据中提取重要信息并以图形图像呈现和交互的技术，能够让人们直观地看到体数据的内部结构及其变化规律。

体数据由体素组成。体素(voxel)也称体元，即体积的基本组成元素，它是三维空间内的点或一小块区域(可以有颜色等属性)，是三维空间分割的最小单位；像素是二维空间内的点，是二维空间分割的最小单位。同像素一样，体素本身不含空间位置坐标数据。体数据可用三维以上内存数组存储，也可存储为*.csv 磁盘文件(纯文本文件)。体数据也可切片存储，每片数据存为位图图像文件，利用图像压缩算法减小数据量大小。

体数据来源主要有两类：①通过采样设备获取数据，如计算机断层扫描图像(computed tomography，CT)、核磁共振图像(magnetic resonance imaging，MRI)等。②通过计算模型获得数据，如三维有限元分析数据集。

体数据场可以表示多种空间数据集，如各种温度场、应力场、速度场、位移场、压力场、密度场等，如图 6.33 所示。

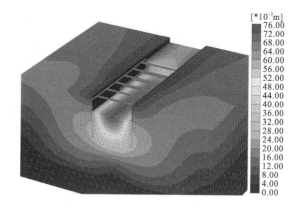

(a)机械零件三维有限元网络划分　　　　　　(b)隧道基坑有限元力学与变形分析

图 6.33　体可视化

以基坑有限元分析为例，隧道施工根据不同的岩土层采用不同的施工方法，施工过程中的变形、稳定性是施工控制的关键指标。因此，对隧道开挖过程的动态控制显得尤为重要。对隧道开挖的各个施工步骤进行三维有限元分析十分重要，可以评估隧道开挖在各个施工阶段的变化特征，对施工方案、支护方案等做出进一步优化设计；可以很好地评估隧道开挖对周边环境的影响、隧道衬砌的变形和内力发展等。

### 1．间接体绘制

绘制也称为渲染，体绘制也可称为 3D 渲染，它是将 3D 对象在平面上(平面显示器)以位图(点阵图像)方式绘制出来，也就是确定二维图像每个像素的颜色值。现在，计算机的显卡一般具有较强的 3D 渲染能力，可以加速绘制操作。

体绘制包括面绘制和直接体绘制，它们是体数据可视化的重要技术，让人能够直观清楚地观察、理解三维空间场分布及其内部结构。

面绘制是从三维数据场中抽取二维特征数据并展示，故也称为间接体绘制。面绘制常用断面绘制和等值面绘制，它们都不能完整地显示对象(体数据)的整个结构及内部结构，只能显示对象在某个面上的结构，需要人们凭想象重建对象的完整结构。因此，不适于可视化复杂和未知结构的对象，而适于可视化已知结构的对象，如反映人体内部组织结构的MRI、CT 图像。

断面绘制是将三维体数据沿任意方向切片，对截面进行绘制；截面可以是平面、曲面，如图 6.34 所示的医学 CT 设备及其图像。

等值面是指空间的一个曲面，在该曲面上函数值 $f(x, y, z) = C$ (定值)。等值面技术应用较广，如各种等势面、等位面、等压面、等温面等。等值面技术包括等值面抽取和绘制，除生成等值面几何表示外，还包括光照模型、等值面互遮挡等。

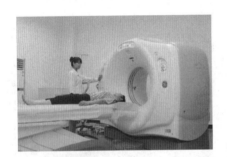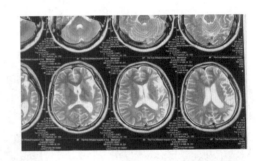

图 6.34　医学 CT 设备及图像(切片法)

面绘制技术基于这样的事实：三维体数据中令人感兴趣的、有价值的东西常常只包含在原始数据的一小部分中。通过恰当地抽取这些特征数据并用一组截面来表示它们，可以大大节省计算时间和内存空间。相比体绘制而言，面绘制技术更简单、计算量小很多。因此，对计算机硬件要求较低，图形图像的生成与变换速度快，广泛用于科学及工程计算数据。

2. 直接体绘制

三维数据场中的对象并非仅由曲面表示的三维表面模型，而是以体素为模型基本单元，对象不仅有表面属性而且内部也是体三维实体的模型。有些三维数据场并不能用面来描述如云、烟、火、雾、水等，不适合用面绘制技术表示。直接体绘制将整个三维数据场映射到屏幕上，涉及整个数据集，故速度比面绘制慢，但可视化效果好、不丢失任何信息。直接体绘制能展示三维数据场内部结构，这是它得到广泛应用的重要原因。随着硬件和并行计算技术的发展，可以对三维体数据进行并行处理，显卡的 3D 绘制性能也越来越强大。

 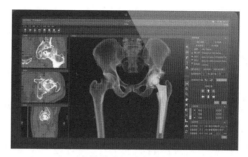

(a)台风"梅花"三维实时云图　　　　　　　(b)术前关节置换智能规划

图 6.35　体绘制

直接体绘制也简称体绘制,采用三维实体模型而非表面模型,用光照模型计算光线穿过体数据场后的光照强度(与体素发生关系如折射、散射、反射等)并绘制出来(图 6.35)。光照模型是体绘制的基础。当光线穿过云层与光线射到木桌面时,产生的光学现象不同,光照模型即光线遇到体素时光照强度的数学模型,它能计算体数据点的光照强度。

体绘制是一种直接由三维数据场的光照模型计算结果产生屏幕上二维图像的技术。依据绘制顺序,主要有光线投射算法、错切变形算法、抛雪球算法等。其中,光线投射算法最为重要和通用。

光线投射算法是基于图像序列的直接体绘制算法。其基本原理是:图像的每一个像素沿设定的视点方向发出一条射线,射线穿越整个图像序列(理解为三维数据场的切片),沿这条射线选若干个等距采样点,该采样点的颜色值(包括透明度)可用其八邻域(距离最近)体素颜色计算出来(如线性插值法);然后,采用由后向前或由前向后方式,将该射线上各个采样点的颜色值进行组合,最终得到该像素的颜色值并绘制出来(图 6.36)。

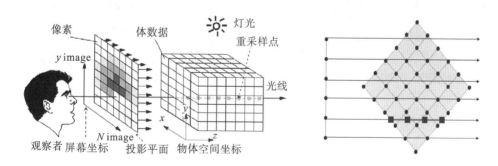

图 6.36　光线投射算法原理示意图

光线投射算法的特点:①图像质量较高。考虑了所有体素对图像的贡献,尽可能多地使用了原始信息,故能产生较为真实的图像。②走样。由于采样点的不精确(等距采样是盲目的),会产生一定程度的走样即丢失一些细节信息。③速度较慢、内存耗费较大。每条光线要求大量的采样点,一幅图像有很多的像素,故计算量很大,需要配置较高的硬件并采用加速算法。

### 6.3.5　流场可视化

流场可视化是科学可视化领域的一个重要分支，在流体研究中发挥着重要作用。

运用计算机图形学和图像处理技术，将流场数据转换为二维或三维图形、图像或动画进行呈现，详细分析其模式和相互关系，是计算流体力学研究与工程实践中不可缺少的手段，在天气预报、航空和航海动力学、流体力学、医学医疗等众多领域都有广泛应用。常见的流场可视化方法有直接法、纹理法等，它们使用基本的图形元素，如等高线、标志、场线、等直面、纹理等反映流场形态，组合并构建虚拟风洞系统，辅之交互分析手段为相关领域专家提供有力工具(图6.37和图6.38)。

图6.37　风洞实验数值模拟

(a)汽车风洞实验　　　　　　　　　(b)"歼十"战机风洞实验

图6.38　风洞实验

### 6.3.6　大规模数据可视化

科学技术发展迅猛，计算处理的数据量越来越大，如来源于超级计算机、卫星、宇宙飞船、CT扫描仪、核磁共振仪、地质勘探等的数据，使科学计算数据的可视化及计算过程交互日益成为迫切需要。

高性能科学计算通常产生大规模科学数据，包含高精度和高分辨的体数据、时变数据、多维度(多变量)数据。一个数据集可包含十至上百TB(1TB = 1024GB)的数据。如何从这些庞大复杂的数据中快速有效地提取有用信息，成为高性能科学计算的一个技术难点。在众多方案中，科学可视化通过一系列复杂的算法将数据绘制成高精度、高分辨率的图片，同时提供可视化的交互工具，有效利用人类视觉系统，允许科学家实时改变数据处理和绘制算法的参数，对数据进行观察和定性或定量分析。这种可视化分析，有效结合了研究人员的专业知识，能从大数据集中快速验证科学猜想并获得新的科学发现，证明是一种解决大规模数据分析的有效方法，实践中得到了广泛应用。

图 6.39 展示了对一组大规模燃烧模拟数据的多变量体数据绘制结果。该科学模拟用于研究燃烧过程中多个元素之间的化学反应模型，有近 10 亿个规则网络节点，每个节点包含温度和燃烧反应元素等多个变量，整个模拟用了 350 万个 CPU 小时，即在 1 万个 CPU 上连续运行 15 天。图中展现了化学反应元素 OH 和 $HO_2$ 在某个时间点的空间分布。从可视化结果中，研究人员能够清楚地看到 OH 非常不规则的三维等值面，并推断出该等值面受局部气流和元素混合的强烈影响。该方法基于多 GPU 分布式加速绘制，能实时绘制大规模燃烧数据，允许交互式改变视角、绘制参数和绘制变量组合，能实时观察数据。

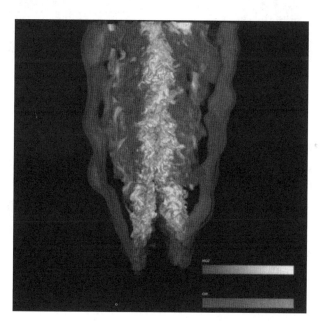

图 6.39　大规模燃烧模拟数据的多变量体数据绘制结果

图片来源：俞宏峰.大规模科学可视化[J]. 中国计算机学会通讯，2012，8(9)：29-36.

　　科学计算可视化通常有三种形式：①事后处理，即将计算结果数据保存起来，然后将存储的数据映射为可视图形图像。②实时处理，即一边计算、一边将数据进行可视化，这样可以展示计算过程，通常需将可视化模块嵌入科学计算系统之中并共享数据。对于海量数据，通过数据抽样、数据过滤等算法处理，克服数据存储与传输的困难或者低效。③交互控制，即用户在计算处理过程中通过人机交互方式控制计算参数、驾驭计算和仿真过程。

不仅要求高速计算、处理和显示,而且需提供方便的交互方式和界面。虚拟现实(virtual reality,VR)系统的物理仿真为科学计算可视化的最高境界,属于交互修改层次。

传统科学数据可视化基本上采用事后处理方式,随着计算机软硬件的迅猛发展,数据的存储速度远远跟不上计算速度,使得数据 I/O 速度拖累了实时处理的能力。

另外,计算规模越来越巨大,如 2018 年中国超级计算机天河三号 E(称"E 级超算")浮点计算能力达到每秒百亿亿次(图 6.40),生成的数据量非常庞大,存储系统不能把所有数据都记录下来。对此,有两种解决办法:①只保存部分重要数据,这样会丢失一些信息。②将可视化与科学计算集成。将计算过程按时间分片,并将每个时间片的计算结果进行可视化,避免数据传输与存储,生成高精度、高分辨率的可视化结果。

图 6.40　中国天河三号 E 级超级计算机(原型机)

### 6.3.7　真实感渲染技术

渲染,指基于光学物理定律计算场景中物体可见表面上任一点进入人眼(视点)的亮度和颜色,它分为局部光照和全局光照两种方式。渲染主要有两种发展方向,一种是追求真实的、照片级图像质量的真实感渲染;另一种是追求特殊艺术效果(如卡通、铅笔画、水墨画等)的非真实感渲染。真实感渲染技术发展迅速且备受关注,在数字娱乐、虚拟现实、工业设计、实时仿真、广告等领域都有广泛的应用。

#### 1. 局部光照和全局光照

局部光照也称直接照明,只计算光源发出的光直接照射在物体表面(假定表面不透明且反射均匀)的光照效果[图 6.41(a)]。由于局部光照不考虑周围环境光照的影响,光照不到的地方是黑暗的,阴影边缘也比较"硬",难以真实反映自然光照。

全局光照也称间接光照,可得到照片级图像质量[图 6.41(b)]。由于全局光照考虑了光线与物体、物体与物体之间的相互光照影响,故可模拟各种自然光照现象,如漫反射、镜面反射、折射、颜色渗透(物体颜色映射到邻近物体表面)等,还可以生成柔和的阴影。

(a)局部光照算法效果　　　　　　　　　　(b)全局光照算法效果（颜色渗透现象）

图 6.41　局部光照和全局光照效果图

## 2. 光线追踪

光线追踪(ray tracing)技术俗称光追，是一种计算机三维图形渲染算法，其基本出发点是追踪光线，模拟真实光路和成像过程。相比其他渲染算法，能提供更真实的光影效果(真实感渲染)。普遍认为是计算机图形学的核心及相关领域的发展方向，缺点是计算量巨大。随着近年硬件技术的不断发展，基于 GPU、并行处理等实时光线追踪算法纷纷出现。

人们之所以能够看见各种物体是因为光线照射到物体上，部分光线经过反射或折射进入人眼。光线传播路线为：光源➡物体➡(物体➡……➡物体)➡人眼(视点)。物体表面有两种反射方式，即镜面反射(表面完全光滑)和漫反射(表面粗糙)，故光线在场景中物体之间的传播有四种方式：镜面➡镜面、漫射面➡镜面、漫射面➡漫射面、镜面➡漫射面。

光源发出的光线有很多条，仅少数光线经场景中物体表面之间的反射后进入人眼。如果从光源开始追踪每一条光线，计算量十分巨大。因此，光线追踪算法通常采用反向追踪光线，如图 6.42 所示。图像(成像平面)被离散为若干个网格(网格即像素)，目标是确定像素颜色值。对于图像上每个像素，从视点(相机)到网格中心引一条射线，判断其是否与物体相交。如果相交，则计算交点处像素颜色值；如果不相交，则当前像素为场景背景色。

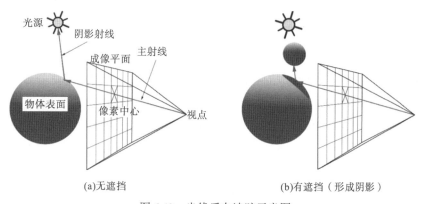

(a)无遮挡　　　　　　　　　　　　　(b)有遮挡（形成阴影）

图 6.42　光线反向追踪示意图

反向追踪算法仅追踪景物之间的镜面反射和规则透射光线,没考虑经过漫反射后的光线传递且物体表面属性单一,因而仅能模拟理想表面的光能传递,如图 6.43 所示。也就是说,不能模拟光线从镜面到漫射面、漫射面到漫射面的传递。

图 6.43　光线追踪算法效果例

对于 4KB 画面,每一帧图像分辨率为 4096×2160,要计算 8847360 个像素的光亮度,每个像素需要进行光线追踪,计算量十分巨大。由于独立跟踪每条光线,分别计算各个像素,有时会产生较严重的走样,而对于物体之间多重漫反射、颜色渗透、柔和阴影的模拟也无能为力。因此,在传统光线追踪基础上衍生出了多种改进算法。其中,分布式光线追踪和双向光线追踪算法较为知名。

将蒙特卡洛方法(Monte Carlo method)用到光线跟踪领域,将经典光线跟踪方法扩展为分布式光线跟踪算法,又称随机光线追踪,有效避免了传统光线追踪算法由于点采样引起的图形走样现象,能够真实模拟如金属光泽、软阴影、景深、运动模糊等效果。

传统光线追踪算法与视点密切相关,如果视点变化则需要重新进行光线跟踪计算,因此只适合静态渲染(离线渲染),而不适合动态渲染(实时渲染)。

鉴于光线追踪算法的时空复杂度很高,大量时间被耗费在求交测试和可见性判断上。因此,提出了一些加速算法,如层次包围体、均匀格点、四/八叉树、空间二分树等,好的数据结构可加速算法 10~100 倍。

### 3. 光能辐射度

辐射度算法是基于热能辐射原理在封闭环境中求物体表面光能分布的一种全局光照技术,特别适用于由漫反射面组成的封闭环境。为简化计算,辐射度算法假设光照数值在整个面片上恒定(不甚光滑、完全或理想漫射曲面),物体对光照在各个反射方向上有等量均匀的反射光线,这与视点位置无关。为获得高精度的图像,须把物体的表面分解为小面片(平面或曲面),且各个面片的辐射度值和漫反射系数均为常数,然后把这些小面片组合起来得到最终图像。

根据每个面片的辐射度方程,利用辐射度算法可求得每个面片的辐射度分布;再根据复杂度与光亮度的关系，即可选择视点与视线方向绘制整个场景，如图 6.44 所示。

图 6.44　辐射度算法渲染效果图

由于辐射度求解与视点位置无关，当视点和视线变化时不用重新计算各个面片的辐射度值，只需重新绘制场景即可。因此，该方法特别适合虚拟现实中的互动式场景漫游。

辐射度算法的主要步骤如下。

(1)将场景各物体表面剖分为一个个简单形状的小面片，如三角形、矩形等。面片形状和数量影响形式因子的计算精度和算法的时间效率。尽量避免将面片剖分为狭长条，且使面片分布较为均匀。

(2)计算两个面片之间的形式因子，即一个面片发出的光有多少比例被另一个面片接收。对有 $n$ 个面片的场景，有 $C_n^2 = n(n-1)/2$ 个形式因子。计算形式因子的算法有半立方体、半球面分割、单平面投影、蒙特卡洛积分等。

(3)求解辐射度方程。近年来，有限元法求解引起了人们的关注，其核心思想是将复杂的函数用若干简单基函数的线性组合来逼近，内存耗费远小于传统算法，有利于模拟复杂场景。

整个系统计算量的 90% 花费在形式因子的计算上，算法非常慢且很难计算镜面反射。将光线追踪和辐射度算法组合得到两步算法：第一步用辐射度计算场景中漫射和镜面的光能分布；第二步用光线追踪算法绘制场景，以发挥各自优势，但对于复杂场景计算量很大。

### 4. 光子映射

正向光线追踪是最自然的光能传递。1993～1994 年光子映射(photon mapping)被提出了，它的两步算法为：第一步通过正向光线跟踪构建光子图；第二步通过光子图信息来渲染整个场景。核心思想是从光源开始追踪光线传递，记录每条光线的传递过程，最后按逆向光线追踪进行渲染。由于每一条光线与场景的相交都有记录，因而避免了逆向光线追踪中的重复计算问题，主要步骤可分为如下四步。

(1)从光源向场景发射大量光线，光线方向与光源种类有关，光线数目与光源亮度有关。

（2）光子与物体表面碰撞后有三种情况：反射、透射、吸收。具体是哪种情况，可以随机选取。对于反射，可用物体表面双向反射分布函数计算（不记录）。若与漫射表面碰撞，则记录碰撞点位置、光子能量、入射角等信息。

（3）记录光线在场景中的传递过程，用空间二分平衡树结构保存，这种存储结构可提高渲染的时空效率。

（4）光子图与视点无关，场景任意视点都可用光子图。对每个像素追踪一条穿过场景的光线，计算与表面碰撞点的辐射度，最后用蒙特卡洛光线追踪算法进行渲染得到图像。

光子映射是模拟全局光照最快的算法之一，能有效地模拟一些特殊的光学现象和效果，如焦散、颜色渗透、软阴影、烟火、云层、散射、夜空、运动模糊等。示例图如图 6.45 所示。

图 6.45　光子映射算法效果图

综上，光线追踪比较适合有大量光照的室外场景，光能辐射较适合室内场景，光子映射常用于焦散、散射、烟火、云雾等渲染。大型开发引擎如 Unity、Unreal 等集成了几种算法，使用哪种算法视具体场景确定。

## 6.3.8　体感互动技术

体感互动技术简称体感技术，目前主要应用于基于光学感测的体感系统，它由 3D 摄像头、体感系统软件和应用软件组成。通过体感设备和识别算法，人们可以直接以手势、肢体动作、表情等与软件系统进行交互，取代用键盘和鼠标的操作方式，这是最为自然的人机交互方式，是计算机系统的人工智能接口。体感技术在数字娱乐、媒体广告、医疗、教育培训、工业设计与控制、科学计算等众多领域都有着十分广泛的应用前景。

2014 年微软发布了第二代 Kinect for Windows，特性包括：1080P 高清视频、更宽阔视野、骨骼追踪改进、新的主动式红外检测、改进麦克风（零点平衡）、识别 6 人、每个人 25 个骨骼关节点、拇指追踪、手指末端追踪、打开和收缩的手势[图 6.46（a）]。

2018 年英特尔推出 RealSense 深度摄像头 D415 和 D435，英特尔表示这是"机器人导航和物体识别等应用的首选解决方案"。D400 系列摄像机捕捉的最远距离可达到 10m，户外阳光下也可使用，支持 1280×720 分辨率深度画面，普通视频传输达 90Fps(帧/秒)，支持手部关节跟踪和手势控制、人脸识别、3D 扫描、语音控制等[图 6.47]。英特尔在官网中提供了软件开发工具包(software development kit，SDK)下载，可供开发相关应用。

(a)微软Kinect 2.0　　　　　　　　　　(b)3D试衣（Kinect）

图 6.46　深度摄像头

(a)英特尔RealSense D400系列　　　　(b)手势控制游戏（RealSense）

图 6.47　体感技术应用场景

## 6.3.9　增强现实技术

增强现实(augmented reality，AR)技术是将真实世界和虚拟世界巧妙融合的新技术，广泛应用于尖端武器、飞行器研发、数据可视化、虚拟训练、娱乐与艺术、医疗研究与训练、精密仪器制造与维修、军机导航、工程设计、机器人远程控制等领域(图 6.48、图 6.49)。

(a)AR教育　　　　　　　　　　　　(b)AR制造

图 6.48　AR 技术应用场景

AR 技术运用多媒体、三维建模、实时跟踪及注册、智能交互、传感等多种技术手段，将计算机生成的文字、图像、三维模型、音乐、视频等虚拟信息应用到真实世界，两种信息互为补充，从而实现对真实世界的"增强"。

(a)微软 HoloLENS                                     (b)爱普生 BT300

图 6.49   AR 眼镜

## 6.3.10   可视化设备

目前，市面上有多种可视化设备，下面对几种典型设备做一个简介。

### 1. 头盔显示器

头盔显示器戴在观察者的头上，通过两个特殊设计的显示屏向观察者双眼分别显示两幅图像（同一幅图像的不同显示方式），使人类大脑能够将这两幅图像融合为一幅立体图像，典型产品如图 6.50 所示。常用于各类虚拟现实系统，具有沉浸式、交互式特点（通过手柄交互），能让用户获得逼真的临场感。

图 6.50   HTC VIVE Pro Eye 专业版套装

### 2. 数据手套

数据手套是一种通过软件编程，在虚拟环境中可以实现抓握、拾取、手臂位置姿态、捕捉功能，尤其是用户可以感知虚拟场景交互时产生的反馈力，增加了虚拟现实交互的沉浸感（图 6.51）。利用本身的多模式特性，可以成为一种控制场景漫游和操作的硬件工具。

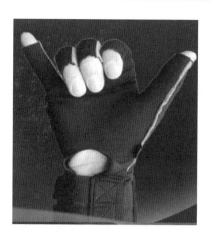

图 6.51　数据手套

数据手套为虚拟现实提供了一种更为接近人类感知习惯的交互工具,不仅更加符合人类对细微虚拟现实场景中的操作习惯,同时也更好地适应了人类较敏感的手部神经,达到更好的体验感和交互性,是一种非常接近真实自然的三维交互手段。

数据手套支持 C++、C#、Java、Python 等程序设计语言,适用于大多 3D 虚拟现实软件或者仿真开发平台如 Unity3D、UE4、Multigen VEGA、Virtools、HTC 等。

3. 裸眼立体显示设备

裸眼立体显示设备是基于人眼立体视觉机制的新一代立体显示设备,它利用多通道立体显示技术,不需借助助视设备如 3D 眼镜、头盔显示器等即可获得有完整深度信息的图像。由显示终端、播放软件、制作软件、应用技术四部分组成,是集光学、摄影、计算机、自动控制、软件、3D 动画等现代高科技于一体的立体显示系统。

图 6.52 是英国工业显微镜公司(Vision Engineering)推出的全球专利产品全高清裸眼3D 变倍观察系统 DRV-Z1,通过独特技术摆脱了头戴式设备、眼镜等辅助设备,通过两条独立光路为用户提供真实的景深感知,真正裸眼看到三维全高清(分辨率)图像,实现更佳的观测效果。

图 6.52　裸眼 3D 变倍观察系统 DRV-Z1

4. 图形处理器

图形处理器(graphic processing unit，GPU)也称显示核心、视觉处理器、显示芯片，俗称显卡。图形处理器是一种专门进行图形和图像运算的微处理器。将一些图形和图像计算功能固化在芯片内，如绘制三角形、图像及视频流解压以及高级纹理、材质、光照计算等，使绘制和显示速度大大提升。

随着超大规模集成电路(very large scale integration，VLSI)技术的飞速发展，显卡功能越来越强，许多专业图形显卡有很强的 3D 计算能力，主要生产厂商为治天(ATI)和英伟达(NVIDIA)。图 6.53 为 2018 年 11 月 NVIDIA 发布的专业图形显卡 Quadro RTX 8000，其技术指标为：显存容量 48GB、CUDA 核心数 4608 个、显存带宽 672GB/s、功耗 295W。

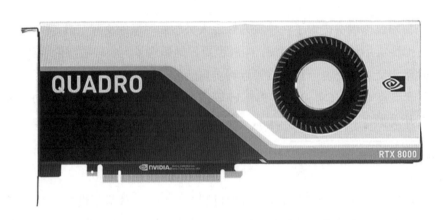

图 6.53　NVIDIA Quadro RTX 8000 专业图形显卡

# 6.4　大数据可视化工具

传统的数据可视化工具仅仅是将数据加以组合，通过不同的展现方式提供给用户，用于发现数据之间的关联信息。随着云计算和大数据时代的来临，数据可视化产品已经不再满足于对数据简单地展现，而是必须满足互联网的大数据需求，快速地收集、筛选、分析、归纳、展现决策者所需要的信息，并根据新增的数据进行实时更新。

## 6.4.1　入门级可视化工具

入门级的意思是指该工具是可视化工作者必须掌握的技能，不代表难度小、门槛低。

1. Microsoft Excel

Microsoft Excel 是 Microsoft Office 的组件之一，是微软办公套装软件的一个重要组

成部分，它可以进行各种数据的处理、统计分析、数据可视化显示及辅助决策操作，广泛
应用于管理、统计、财经、金融等领域。Excel 可以创建专业的数据透视表和基本的统计
图表。

### 2. Google Spreadsheets

Google Spreadsheets 是基于 Web 的应用程序，它允许使用者创建、更新和修改表格
并在线实时分享数据。Google Spreadsheets 是 Microsoft Excel 的云版本，增加了动态、
交互式图表，支持的操作类型更丰富。

## 6.4.2  信息图表工具

信息图表是信息、数据、知识等的视觉化表达，它利用人脑对于图形信息相较文字信
息更容易理解的特点，更高效、直观、清晰的传递信息，在计算机科学、数学以及统计学
领域有着广泛的应用。目前，很多网站都提供在线的可视化工具，为用户提供在线的数据
可视化操作。

### 1. Tableau

Tableau 是一款功能非常强大的可视化数据分析软件，它定位于数据可视化的商务智
能展现工具，可以用来实现交互、可视化的分析和仪表盘分析应用。Tableau 实现了数据
运算与美观图表的完美结合，非常适合于企业和部门进行日常数据报表和数据可视化分析
工作。Tableau 属于交互式可视化工具，以软件的形式呈现，用户可以打开软件并导入数
据，利用拖拽等交互式手段，直接生成可视化报表等。

### 2. Google Charts

Google Charts 是一个免费的开源 JavaScript 库，可以用来为统计数据自动生成图表。
该工具使用非常简单，不需要安装任何软件，可以通过浏览器在线查看统计图表。Google
Charts 包含大量图表类型，内置了动画和交互控制。

### 3. Flot

Flot 是一个很好的线图和条形图创建工具，是开源的 JavaScript 库，操作简单，支持
多种浏览器。

### 4. D3

D3（Data-Driven Documents）是一个用于网页作图、生成互动图形的 JavaScript 函数库，
提供了一个 D3 对象，所有方法都通过这个对象调用。D3 能够提供大量线性图和条形图
之外的复杂图表样式，例如 Voronoi 图、树形图、圆形集群和单词云等。

## 5．Vega-Lite

Vega-Lite 能创建出复杂的图表及应用。Vega-Lite 支持五种交互操作，已支持条形图、散点图、河流图、折线图、地图等多种可视化图表。Vega-Lite 和 ECharts 都属于配置式可视化工具。配置式可视化工具一般适用于稍加复杂的应用场景，适合对编程有简单了解的用户，数据较为简单，数据结构清晰，并且可视化任务不太复杂，交互任务一般的场景。配置式工具经常能结合其他更高级的可视化工具来完成更复杂的任务。

## 6．ECharts

ECharts 是商业级数据图表 Enterprise Charts 的缩写，它是百度公司旗下的一款开源可视化图表工具。ECharts 是一个纯 JavaScript 的图表库，可以流畅地运行在 PC 和移动设备上，兼容当前绝大部分浏览器，提供直观、生动、可交互、可高度个性化定制的数据可视化图表。ECharts 最令人心动的是它丰富的图表类型，以及极低的上手难度。ECharts 提供了多种不同的可视化图表类型和主键，可以帮助使用者解决一些简单的可视化需求。只要有一点 JavaScript 经验，用户就可以照着 ECharts 案例对简单的数据进行可视化分析。ECharts 也内置了多种可视化主键，如 dataZoom、时间轴、视觉映射、图例等。目前，Echarts 也支持对三维数据的可视化。

## 7．Processing

Processing 属于编程式可视化工具，在数据可视化领域有着广泛的应用。编程式可视化工具的特点是，用户可以使用一些较为底层的代码库自由地组织可视化元素，并在可视化元素上添加复杂的交互，使用者需要具有一定编程基础。Processing 是一个开源的编程语言和编程环境，支持 Windows、Mac OS、Linux 等操作系统。Processing 语言简单易上手，并配套了开发工具，可制作信息可视化图形、科学可视化图形和统计图形等，它继承了 OpenGL，可以利用硬件对图形进行加速。

## 8．R

R 是属于 GNU 系统的一个自由、免费、源代码开放的软件，是一个用于统计计算和统计制图的优秀工具。R 也属于编程式可视化工具。严格来说，R 是一种数据分析语言，与 Matlab、GNU Octave 并列。然而 ggplot2 的出现让 R 成功跻身于可视化工具的行列，作为 R 中强大的作图软件包，ggplot2 的优点在其自成一派的数据可视化理念。它将数据、数据相关绘图、数据无关绘图分离，并采用图层式的开发逻辑，且不拘泥于规则，各种图形要素可以自由组合。

### 6.4.3 地图工具

地图工具在数据可视化中较为常见,它在展现数据基于空间或地理分布上有很强的表现力,可以直观地展现各分析指标的分布、区域等特征。当指标数据要表达的主题跟地域有关联时,就可以选择以地图作为大背景,从而帮助用户更加直观地了解整体的数据情况,同时也可以根据地理位置快速定位到某一地区来查看详细数据。常用的地图工具有:Google Fusion Tables、Modest Maps、Poly Maps、OpenLayers 和 Leaflet。

### 6.4.4 时间线工具

时间线也称时间轴,是表现数据在时间维度演变的有效方式,它通过互联网技术,依时间顺序,把一方面或多方面的事件串联起来,形成相对完整的记录体系,再运用图文的形式呈现给用户。时间线可以运用于不同领域,其最大的作用就是把过去的事物系统化、完整化、精确化。时间线里集成了多种功能,包括家族树、百科系统、家庭日志、家庭相册等。可通过高级查询精确到某一点或某个人,浏览故事、图片。还可以创建地区时间轴、景点时间轴,对应时间点录入发生的故事,然后形成其特有的历史时间轴。图 6.54 为 FIFA 世界杯冠军时间线图。

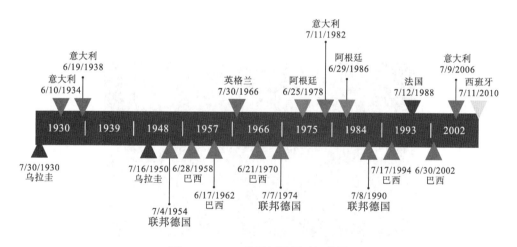

图 6.54 FIFA 世界杯冠军时间线图

#### 1. Timeline Maker

Timeline Maker 是一款好用的时间线制作软件,可以把一件事的起点和当前状态有机地结合在一起,可以制作一些纪念日、公司事件发展规划等。Timeline Maker Pro 提供了可视化的编辑界面,并且支持自动构建需要的时间线。

2．time.graphics

time. graphics 是一个可以绘制时间线的在线工具网站，该网站操作简便，功能强大，制作的图表美观。

# 6.5　大数据可视化案例

## 6.5.1　永恒洋流

美国航空航天局戈达德宇航中心（NASA Goddard Space Flight Center）的科学家利用美国航空航天局喷气推进实验室（NASA/JPL）的全球大洋和海冰高分辨率计算模型"环流和地球气候评估二期（ECCO2）"，制作了名为"永恒洋流（perpetual ocean）"的动画（图6.55）。出人意料的是，它们看起来很像荷兰后印象派画家凡·高在 1889 年创作的名画《星空》。"永恒洋流"动画显示了 2005 年 6 月至 2007 年 12 月间，全世界海洋表层洋流的流动情况，洋流并不仅仅是以直线或曲线模式运动，而是形成漩涡成为复杂的螺旋形状。ECCO2 试图对大洋和海冰建立准确模型，分析海洋涡流等在海洋中传递热量、盐分和碳的系统。ECCO2 模型模拟了各个深度的洋流，但动画中只显示了表层洋流。动画中海洋底下的明暗图案表示着海面下的水深情况，动画中将水深差别扩大了 40 倍，陆地地形差别扩大了 20 倍。

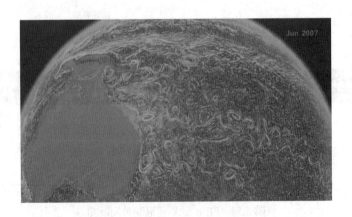

图 6.55　"永恒洋流"动画截图

## 6.5.2　宋词缱绻，何处画人间

新华网数据新闻联合浙江大学可视化小组研究团队，以《全宋词》为样本，挖掘描绘出两宋 319 年间，那些闪光词句背后众多优秀词人眼中的大千世界（http://www. xinhuanet. com/video/sjxw/2018-09/07/c_129948936. htm）。研究团队分析词作近 21000 首、词人近 1330

家、词牌近 1300 个，挖掘数据纬度涵盖词作者、词作所属词牌名、意象及其所承载的情绪。这些数据是根据词人、曲调、图像和背后的情感收集的。作品最终呈现的内容包含了描述词人生平轨迹的时空图、描述意象及其对应情绪表达的关系图，以及可视化诗词韵律的"点划线图"等。

在作品的宋代词人游历线路图中，密密麻麻的小圆点描绘在宋代的版图上，每一个圆点代表一座城市，圆点的大小则代表着词人到达过的次数。在游历线路图右边的搜索栏里，作品按照时间顺序将词人分类，人们可以任意选择某一时期的几位词人来探寻他的足迹。

宋代词人游历线路图下有一个时间线图（图 6.56），它按 960～1279 年的顺序排列。时间线图最下端灰色长条上的黑点，对应宋朝发生的重大历史事件，如"庆历新政""王安石变法""澶渊之盟"等。时间线图中间部分每一条线代表了一位词人，旁边的图例说明了中间部分颜色和线条所代表的含义，简洁明了。同时，时间线图和上面的宋代词人游历线路图的地图是有联系的，鼠标放在一条线段（一个词人）上，地图则会对应显示其一生的足迹，鼠标旁悬浮一个文本框介绍其生平。

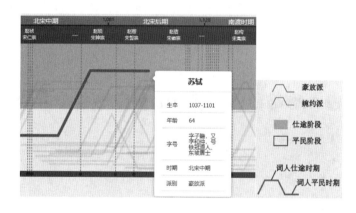

图 6.56　宋代词人游历线路图下的时间线图

作品中的宋代著名词人常用意象及其表达情绪统计则通过词云图（图 6.57）和力引导图（图 6.58）等展示。草木皆有情，词即人生——情绪的意象。宋词的绝妙之处在于其运用意象、借物抒怀的高超水准。作品利用词云图和力引导图表现出不同词人的相似或不同情绪。通过用不同的颜色代表不同情绪，以环形占比来直观展示每个意象表达的情绪次数占比。不仅如此，在讲宋词中的印象时，作品还结合宋朝当时的历史环境背景，向我们介绍为何"宋词总有或浓或淡的迷茫和愁情"以及为何"宋词惯常使用的意象中少有典故，多用花鸟草木、楼宇船舶等平淡景象"。

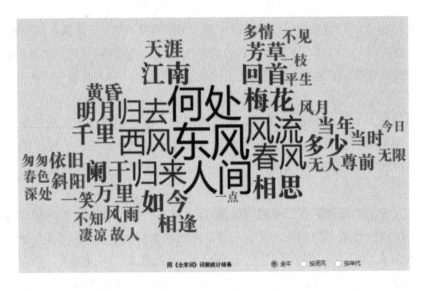

图 6.57    《全宋词》词频统计图

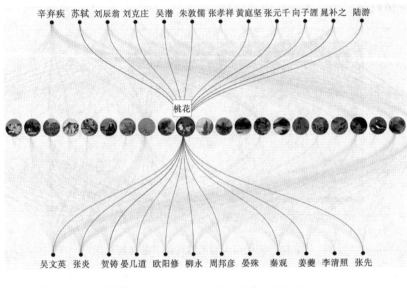

图 6.58    宋代著名词人常用意象及其表达情绪统计力引导图

# 第 7 章　大数据安全与隐私保护

全球产生的数据信息量呈爆炸式增长，面对这样庞大的数据量，如何保障其安全以及如何解决由此带来的隐私泄露问题是极具挑战性的任务。

随着数据存储和分析使用的安全性和隐私保护要求越来越高，传统的数据保护方法已无法满足要求，数字化生活使得人们的个人信息更容易落入他人之手。因此，大数据的安全与隐私保护是一个重大挑战。

本章将为读者分析各行业、领域的大数据安全需求，归纳在保障大数据安全和将大数据用于安全领域的具体案例，帮助读者防范大数据时代中的隐私泄露问题。

## 7.1　大数据安全挑战与需求

各行各业受益于大数据技术的兴起与发展，从中获得了巨大价值，面临的大数据安全挑战也越来越大，分析大数据在各领域中的安全特征，有助于应对大数据安全挑战和满足用户的大数据安全需求。

### 7.1.1　大数据泄露事件

根据权威调查研究机构的调查表明，随着数据泄露可能性的不断增加，可能会对企业数据安全方面造成极大的威胁。在数据泄露事件中，泄露事件数量和安全公司收入的增长之间也存在着相当高比例的关联性。本节将为读者揭示近年来发生的大数据泄露事件，体现保障大数据安全的重要性。

#### 1. Weebly

Weebly 是一家位于美国的网络托管服务和网站建设厂商，2016 年 2 月，在其所遭受的一次黑客攻击事件中使得超过 4350 万个用户的账户数据泄露，其中包括用户姓名、电子邮件地址、用户口令和 IP 地址。该事件影响了用户的数据安全和与之相关的网站。

### 2．Verizon Enterprise Services

2016 年 3 月，Verizon Enterprise Services 宣布其成为数据泄露的受害者，该事件影响到自己超过 100 万企业客户。这次事件让黑客收集到 150 万企业客户的信息，包括基本联系信息。Verizon 表示，客户专有网络信息或者其他数据被黑客访问。并表示，已经在企业客户端发现漏洞并进行了修复。这次事件凸显了人们对电信运营商的担忧，因为他们拥有庞大的客户信息量，是非常吸引黑客去攻击的目标。

### 3．美国卫生及公共服务部

2016 年 4 月，美国华盛顿儿童支持执法办公室(隶属美国卫生及公共服务部)的一台笔记本电脑和一个包含个人信息的硬盘被盗，盗窃者可能是从一位前雇员那里拿到了钥匙。这些设备中包含多达 500 万人的个人信息，有社会保障号、出生日期、地址和电话号码。美国卫生及公共服务部当时因为没有坦诚公布该事件以及风险可能波及的人群而受到了大量抨击。在该事件发生一年前，美国人事管理办公室有超过 2100 万联邦雇员和承包商的信息遭到泄露。

### 4．Myspace

2016 年 5 月，Myspace 宣布发生的数据泄露事件影响到 3.6 亿个用户账户。在宣布该事件的博客文章中，Myspace 表示其发现在 2013 年 6 月 11 日之前创建的账户电子邮箱地址、用户名以及口令信息被公布在一个黑客论坛上。Myspace 在 2013 年更新了自己的平台，包括加强账户安全。

### 5．Oracle Micros

2016 年 8 月 Oracle 的计算机系统遭遇黑客入侵。黑客直接侵入该公司的 Micros Systems 信用卡支付系统(Oracle Micros Systems 是全球顶尖的三大 POS 系统之一)，给 Oracle 数百个计算机系统带来影响。Oracle 方面证实，已经检测并删除了一些 Micros Systems 中的恶意代码，并称它的企业网络、云和其他服务没有受到影响。Oracle 当时表示，已经对传统的 Micros 系统实施了额外的安全措施，以防止类似事件再次发生。Oracle 还要求所有 Micro 客户更改他们的 Micros 账户口令。

### 6．雅虎

2016 年 9 月雅虎宣布发现 2014 年底的一次数据泄露影响到超过 5 亿个用户账户。该事件导致部分用户账户信息泄露，未经授权的第三方盗取了包括姓名、电子邮件地址、电话号码、出生日期、散列密码在内的数据。雅虎表示，可能还包括一些加密和未加密的安全问题和答案。雅虎当时称，还没有找到攻击者是如何进入系统的，但正在与执法机构合作解决此事。雅虎的这次数据泄露事件被认为是历史上最大规模的数据泄露，这也给威瑞森电信原计划以 48 亿美元收购雅虎的事情打上了一个问号。

可见，在当今大数据时代，对于企业用户和个人用户而言，数据隐私和安全保护都势在必行。同时对于数据服务提供商来说，如何保证用户数据的安全性，也是非常值得关注的一个问题。

## 7.1.2　大数据时代的安全挑战

### 1. 隐私保护

大量事实表明，大数据未被妥善处理会对用户的隐私构成极大的威胁。根据需要保护的内容不同，隐私保护可以进一步细分为位置隐私保护、标识符匿名保护、连接关系匿名保护等。大数据时代，人们面临的威胁并不仅限于个人隐私泄露，还在于基于大数据对人们状态和行为的预测。例如谷歌公司的大数据产品对用户的习惯和爱好进行分析，帮助广告商评估广告活动效率及未来的市场规模。而社交网络分析研究也表明，可以通过其中的群组特性发现用户的属性。例如通过分析用户的推特信息，可以发现用户的政治倾向、消费习惯以及喜好的球队等。

一般认为经过匿名处理后的信息由于不包含用户的标识符，就不会泄露用户的私密信息，因此可以公开发布。但事实上，仅通过匿名处理并不能够达到隐私保护的目的。例如，美国在线曾公布了匿名处理后的 3 个月内的部分搜索历史数据。虽然个人相关的标识信息被精心处理过，但通过其中的某些记录项还是可以准确定位到具体的个人。《纽约时报》随即公布了其识别出的一位编号为 4417749 的用户是一位 62 岁的寡居妇人、家里养了 3 条狗、患有某种疾病等。另一个相似的例子是，著名的 DVD 租赁商奈飞(Netflix)公司曾公布了约 50 万个用户的租赁信息，悬赏 100 万美元征集算法，以提高电影推荐系统的准确度。但当上述信息与其他数据源结合时，部分用户还是被识别了出来。研究者发现，奈飞公司中的用户有很大概率对非排行榜前 100 名、前 500 名、前 1000 名的影片进行过评分，而根据对非排行榜影片的评分结果进行去匿名化(de-anonymization)攻击的效果更好。

目前用户数据的收集、发布、存储、管理与使用等均缺乏规范，更缺乏监管，主要依靠企业的自律。用户无法确定个人隐私信息的用途。而在商业化场景中，用户有权决定自己的信息被如何利用，实现用户可控的隐私保护。例如用户可以决定自己的信息何时以何种方式披露，何时被销毁。

2. 大数据可信性

关于大数据的一个普遍观点是，数据自己可以说明一切，数据自身就是事实。但实际情况是，如果不仔细甄别，数据也会欺骗人，就像人们有时会被自己的双眼欺骗一样。

大数据可信性的威胁之一是伪造或刻意制造数据，而错误的数据往往会得出错误的结论。若数据应用场景明确，就可能有人刻意制造数据，营造某种假象，诱导分析者得出对其有利的结论。由于虚假信息往往隐藏于大量信息中，使得人们无法鉴别真伪，从而做出错误判断。例如，一些点评网站上的虚假评论混杂在真实评论中，使得用户无法分辨，可能误导用户选择某些劣质商品或服务。由于当前网络社区中虚假信息的产生和传播变得越来越容易，其所产生的影响不可低估。用信息安全技术手段鉴别所有数据来源的真实性是不可能的。

大数据可信性的威胁之二是数据在传播中的逐步失真。主要原因在于人工干预的数据采集过程可能引入误差，由于失误导致数据失真与偏差，最终影响数据分析结果的准确性。此外，数据失真还有数据版本变更的因素。在数据传播过程中，现实情况发生了变化，早期采集的数据已经不能反映真实情况。例如，餐馆电话号码已经变更，但早期的信息已经被其他搜索引擎或应用收录，所以用户可能看到矛盾的信息而影响判断。

因此，大数据的使用者应该有能力基于数据来源的真实性、数据传播途径、数据加工处理过程等，了解各项数据的可信度，防止分析得出无意义或者错误的结果。

密码学中的数字签名、消息鉴别码等技术可以用于验证数据的完整性，但用于验证大数据的真实性时面临很大困难，主要原因在于数据粒度的差异。例如，数据的发源方可以对整个信息签名，但是当信息分解成若干组成部分时，该签名无法验证每个部分的完整性。而数据的发源方无法事先预知哪些部分被利用、如何被利用，难以事先为其生成验证对象。

3. 大数据访问控制

访问控制是实现数据受控共享的有效手段。由于大数据可能被用于多种不同场景，其访问控制需求十分突出。

大数据访问控制的特点与难点如下。

(1)难以预设角色，实现角色划分。由于大数据应用范围广泛，它通常要为来自不同组织或部门、不同身份与目的的用户所访问，实施访问控制是基本需求。然而，在大数据的场景下，有大量的用户需要实施权限管理，且用户具体的权限要求未知。面对未知的大量数据和用户，预先设置角色十分困难。

(2)难以预知每个角色的实际权限。由于大数据场景中包含海量数据，安全管理员可能缺乏足够的专业知识，无法准确地为用户指定其所可以访问的数据范围。而且从效率角度讲，定义用户所有授权规则也不是理想的方式。以医疗领域应用为例，医生为了完成其工作可能需要访问大量信息，但对于数据能否访问应该由医生来决定，不应该由管理员对每个医生做特别的配置。但同时又应能提供对医生访问行为的检测与控制，限制医生对病患数据的过度访问。

（3）不同类型的大数据中可能存在多样化的访问控制需求。例如，在 Web2.0 个人用户数据中，存在基于历史记录的访问控制需求；在地理地图数据中，存在基于尺度以及数据精度的访问控制需求；在流数据处理中，存在数据时间区间的访问控制需求等。如何统一地描述与表达访问控制需求也是一个具有挑战性的问题。

## 7.1.3　各行业的大数据安全需求

### 1．电信行业

大数据时代，各种新型移动智能设备带来了海量数据的增长，运营商面临着前所未有的数据膨胀和多样化。为了深度分析和有效应用这些数据，运营商需要记录用户的属性、通信消费数据、行走轨迹、手机信令、上网信息等。为了在市场竞争中站稳脚跟，适应新形势下的挑战，运营商期望利用已掌握的数据精准洞察客户需求，提升智能化服务能力，通过数据挖掘和分析及时提供新业务。

但是，在海量数据产生、存储和分析的过程中，运营商不得不面临数据机密性、数据融合、用户隐私等一系列问题。运营商在收集杂乱数据时，需要确保数据的完整性和数据来源的真实性。在对数据进行分析时，运营商需要利用企业平台、系统和工具对数据进行科学建模，以归纳分析数据的价值。在对外合作时，运营商需要防止企业核心数据泄露，建立多平台下数据安全融合机制以及完善数据对外开放访问的机制。

随着手机号实名制的推广，手机号与用户个人信息的关联程度越来越高。在一定程度下，手机号可以看作是个人标识。为了减少并防止个人信息的泄露，运营商有必要采用数据脱敏技术对真实数据进行脱敏处理，降低客户个人隐私泄露的风险。

因此，在电信行业中，大数据的安全需要确保核心数据的机密性、数据的完整性、数据来源的真实性，需要进行用户的利益与隐私保护。

### 2．金融行业

大数据技术改变着银行的运行方式。大数据技术帮助银行理解和洞察市场和客户需求，形成了一些新颖的业务类型，例如高频金融交易、小额信贷、精准营销等。通过对海量数据的深度分析以及金融业务与社交媒体、电子商务的紧密融合，金融业有望在大数据技术下构建更为全面的数字运营全景视图。

金融信息系统对数据机密性、网络稳定性的要求更高，需要高速处理数据、提供冗余备份和高可靠性、可用性。在金融企业中，需要有效区分恶意攻击与正常活动，只有这样才能确保在金融信息系统受到攻击后的快速响应与恢复。除此之外，为了应对复杂的应用，金融信息系统还需具备非常好的管理功能和灵活性。金融信息系统不仅需要在数据安全方面加快技术研发，还需要考虑由于金融领域业务链较长、自身系统复杂度较高、对数据利用不当等造成的金融行业大数据的安全风险。

因此，在金融行业中，大数据的安全需要研发安全的访问控制机制、身份认证技术、网络安全技术、数据管理和应用技术，利用大数据安全技术加强金融机构的内部控制，提高金融监管和服务水平，防范和化解金融风险。

### 3. 医疗行业

医疗离不开数据，大数据技术为医疗行业提供了强有力保障。医疗数据化、远程就诊、电子病历会产生大量数据。通过对数据的深度分析与归纳，可以实现临床诊断、远程医疗、药品研发等。例如，可以通过数据分析因生活方式和行为引发的疾病等。

医疗数据具有规模大、增长快、结构多样化和价值密度多维、可信度高等特点。除此之外，医疗数据还包含大量的公民隐私信息，例如健康数据。大多数医疗数据拥有者并不愿意将数据直接提供给其他单位或个人进行研究和使用。

对医疗数据的关注点由计算领域转移到存储领域，数据存储的安全关系医院业务的连续性。医疗行业中的数据也存在跨平台跨系统的存储，当数据外包存储在多平台下，如何解决数据融合问题是关键。

建立医疗行业大数据安全体系，需要推进医疗行业网络可信体系建设，强化健康医疗数据数字身份管理，建设全国统一标识的医疗卫生人员和医疗卫生机构可信医学数字身份、电子实名认证、数据访问控制信息系统，建立服务管理溯源机制，诊疗数据安全运行、多方协助参与的健康医疗管理新模式。

因此，在医疗行业中，大数据的安全需要安全可靠的数据存储方案、完善的数据备份和管理、安全有效的认证与访问控制信息系统、诊疗数据的真实与完整性保护、完善的数据与用户隐私保护。

### 4. 互联网行业

互联网是产生海量数据的行业。众多互联网企业认可并重视对大数据进行整理、分析和挖掘，使之能够为企业创造更多价值。因此，各大互联网企业纷纷加大研发投入，开始了自己的大数据应用，推出基于大数据的精准营销服务解决方案。

在应用大数据时，最为关注的是数据安全和隐私保护问题。随着电子商务和移动互联网的普及，互联网企业站点受到恶意攻击的情况更为隐蔽。基于大数据技术，攻击者容易通过有效的资源，对目标系统进行精确的收集，并主动挖掘被攻击对象的授信系统和应用程序漏洞，通过多种攻击途径窃取机密信息或破坏关键系统。由于用户隐私和商业机密涉及的技术领域繁多且复杂，很难界定因个人隐私和商业机密的传播而产生的损失。

因此，在互联网行业中，大数据的安全需要对数据进行有效的安全存储和智能挖掘分析，严格执行大数据安全监管和审批管理，制订针对用户隐私保护的安全标准与行业规范，从而在海量数据中合理发现和发掘商业价值。

### 5．政府组织

毋庸置疑，大数据分析能够帮助国家构建安全的网络环境。美国国防部已经在积极部署大数据行动，利用海量数据挖掘高价值情报，提高快速响应能力，从而实现决策自动化，提高从复杂数据中提取知识和观点的能力，维护国家安全。大数据分析不仅需要强大的数据分析能力，更需要确保数据的安全性。

因此，政府组织需要对大数据隐私保护进行安全监管，对网络安全态势进行感知，制定大数据安全标准、安全管理机制规范等。

## 7.2 大数据隐私保护

随着人们安全意识的增加，隐私泄露、隐私保护的概念经常被谈到，那么什么是隐私呢？比如，住在成都市金牛区的张某经常在网上购买电子产品，那张某的姓名、购买偏好和住址是不是隐私呢？如果某购物网站将部分用户的购物偏好数据公开，数据显示成都市金牛区的用户更偏爱买电子产品，那么是否可以认为张某的隐私被泄露了？要清楚什么是隐私保护，我们先要讨论一下究竟什么是隐私。

对于隐私这个词，科学研究上普遍接受的定义是"单个用户的某一些属性"，只要符合这一定义都可以被看作是隐私。在提到隐私时，强调的重点其实是"单个用户"。也就是说，一群用户的某一类属性，可以不被认为是隐私。针对张某这个"单个用户"，购买偏好和住址就是隐私。表明住在成都市金牛区的张某爱买电子产品，这显然就是泄露了"单个用户"张某的隐私。但是如果公开数据中提到金牛区的用户偏爱购买电子产品，则无法推测出住在金牛区的张某爱买电子产品。所以这种情况不算隐私泄露，因为数据并不唯一指向张某爱买电子产品。

因此，从隐私保护的角度来说，隐私是针对"单个用户"的概念，公开群体用户的信息不算是隐私泄露，但是如果能从数据中准确推测出个体的信息，那么就被认为是隐私泄露。

### 7.2.1 大数据生命周期的隐私保护模型

如何在不泄露"单个用户"隐私的前提下，提高大数据的利用率，挖掘大数据的价值，是目前大数据研究领域的关键问题。实施大数据环境下的隐私保护，需要在大数据整个生命周期的不同阶段考虑"单个用户"的隐私保护。本节将围绕如图 7.1 所示的大数据安全与隐私保护生命周期模型展开。

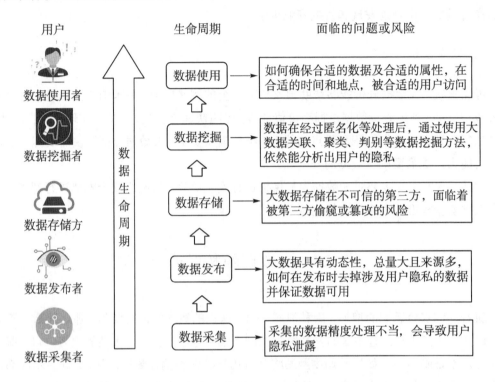

图 7.1　大数据安全与隐私保护生命周期模型

### 1. 数据采集

大数据的来源众多、数据类型多样、数据量增长速度快，大数据采集的可信性是一个重要关注点。其面临的安全威胁之一是数据被伪造或刻意制造，如电商交易的虚假评论、互联网应用中的数据伪造或粉饰，有可能诱导人们在分析数据时得出错误结论，影响用户的决策判断力。因此，如何对采集到的大数据进行评估、去伪存真，提高识别虚假数据源的技术能力，确保数据来源安全可信，是大数据采集安全面临的一个重要挑战。

### 2. 数据发布

与传统针对隐私保护进行的数据发布手段相比，大数据发布面临的风险是大数据的发布是动态的，且针对同一用户的数据来源众多，总量巨大。大数据发布需要解决的问题是如何在保证数据可用的情况下，高效、可靠地去掉可能泄露用户隐私的数据。

### 3. 数据存储

在大数据时代，数据存储方一般为云存储平台，大数据的存储者和拥有者是分离的，云存储服务商并不能保证是完全可信的，数据面临被不可信的第三方偷窥或者篡改的风险。数据进行加密是解决该问题的传统思路，但是，大数据的查询、统计、分析和计算等操作也需要在云端进行，这为传统的数据加密技术带来了新的挑战。

### 4. 数据挖掘

由于大数据来源具有多样性和动态性等特点，经过匿名化等处理后的数据，通过使用大数据关联分析、聚类、分类等数据挖掘方法，依然可以分析出用户的隐私。针对数据挖掘的隐私保护技术，就是在尽可能提高大数据可用性的前提下，研究更加合适的数据隐藏技术，以防范利用数据挖掘方法引发的用户隐私泄露。

隐私保护数据挖掘，即在保护用户隐私前提下的数据挖掘，主要的关注点有两个：一是对原始数据集进行必要的修改，使得数据接收者不能侵犯他人隐私；二是保护产生模式，限制对大数据中敏感数据的挖掘。

### 5. 数据使用

在大数据环境下，如何确保合适的数据及属性能够在合适的时间和地点，被合适的用户访问和利用，是大数据访问和使用阶段面临的主要风险。大数据访问控制技术主要用于决定哪些用户可以以何种权限访问哪些大数据资源，从而确保合适的数据及合适的属性在合适的时间和地点，被合适的用户访问，其主要目标是解决大数据使用过程中的隐私保护问题。

## 7.2.2　大数据隐私保护技术

如今人们在挖掘大数据中蕴藏的巨大商业价值的同时也面临隐私数据的保护问题。隐私数据又称敏感数据，个人信息与个人行为，比如位置信息、消费行为、网络访问行为等都属于隐私数据。大数据的发布具有动态性，针对同一用户的隐私数据来源众多且总量巨大。因此如何在数据发布时，保证用户数据可用的情况下，高效、可靠地去掉可能泄露用户隐私的数据是需要重点解决的问题，也是数据脱敏必须解决的难题。在限制隐私数据泄露风险在一定范围内的同时，最大化挖掘数据的潜在价值，是数据脱敏的最终目标。

下面介绍几种在数据脱敏领域常用的技术：$k$-匿名($k$-anonymity)、$l$-多样化($l$-diversity)、$t$-保密($t$-closeness)和差分隐私(differential privacy)。这些方法先从直观的角度去衡量一个公开数据的隐私性，再使用密码学、统计学等工具保证数据的隐私性。

## 1．*k*-anonymity

*k*-anonymity 是在 1998 年由拉坦娅·斯威尼(Latanya Sweeney)和 Pierangela Samarati 提出的一种数据匿名化方法。*k*-anonymity 要求对于任意一行记录，其所属的相等集内记录数量不小于 *k*，即至少有 *k*-1 条记录半标识列属性值与该条记录相同。这种特性使得攻击者无法确定与特定用户相关的记录，从而保护了用户的隐私。作为一个衡量隐私数据泄露风险的指标，*k*-anonymity 可用于衡量个人标识泄露的风险，理论上来说，对于 *k*-anonymity 数据集的任意记录，攻击者只有 1/*k* 的概率将该记录与具体用户关联。

表 7.1　隐私保护实例表

| 姓名 | 性别 | 年龄 | 邮编 | 购买偏好 |
|---|---|---|---|---|
| 张一 | 男 | 24 | 610039 | 电子产品 |
| 王二 | 男 | 23 | 611731 | 户外用品 |
| 杨三 | 女 | 26 | 610031 | 护肤品 |
| 李四 | 女 | 27 | 610035 | 厨具 |
| 刘五 | 男 | 36 | 610042 | 电子产品 |
| 陈六 | 男 | 36 | 610041 | 电子产品 |
| 赵七 | 女 | 34 | 610024 | 图书 |
| 韩八 | 女 | 33 | 610017 | 户外用品 |

以表 7.1 所示数据为例，表格中的公开属性分为以下三类。

(1)标识符(explicit identifiers)。标识符一般是个体的唯一标识，如姓名、身份证号码等。

(2)准标识符集(quasi-identifier attribute set)。准标识符类似于邮编、年龄、生日、性别等，它不是唯一的，但是能帮助研究人员关联相关数据的标识。

(3)敏感数据(sensitive attributes)，即用户不希望被人知道的数据，如购买偏好、年龄、薪水等，但是这些数据是研究人员最关心的。

简单来说，*k*-anonymity 的目的是保证公开的数据中包含的个人信息至少 *k*-1 条不能通过其他的个人信息确定出来。也就是公开数据中的任意准标识信息，相同的组合都需要出现至少 *k* 次。

假设对表 7.1 中的数据进行了 2-anonymity 保护。如果攻击者想确认张一的购买偏好(敏感信息)，通过查询他的年龄、邮编和性别，攻击者会发现数据里至少有两个人有相同的年龄、邮编和性别。这样攻击者就无法区分这两条数据到底哪条是张一的，从而也就保证了张一的隐私不会被泄露。

表 7.2 就是 2-anonymity 过的信息。

表 7.2　满足 2-anonymity 的数据实例

| 姓名 | 性别 | 年龄 | 邮编 | 购买偏好 |
|---|---|---|---|---|
| * | 男 | (20, 30] | 61003* | 电子产品 |
| * | 男 | (20, 30] | 61173* | 户外用品 |
| * | 女 | (20, 30] | 61003* | 护肤品 |
| * | 女 | (20, 30] | 61003* | 厨具 |
| * | 男 | (30, 40] | 61004* | 电子产品 |
| * | 男 | (30, 40] | 61004* | 电子产品 |
| * | 女 | (30, 40] | 61002* | 图书 |
| * | 女 | (30, 40] | 61001* | 户外用品 |

　　k-anonymity 能保证三点：①攻击者无法知道某个人是否在公开的数据中；②给定一个人，攻击者无法确认他是否有某项敏感属性；③攻击者无法确认某条数据对应的是哪个人(这条假设攻击者除了准标识符信息之外对其他数据一无所知。举个例子，如果所有用户的偏好都是购买电子产品，那么 k-anonymity 也无法保证隐私没有泄露)。

　　k-anonymity 可用于降低个人标识信息泄露的风险，但是无法降低属性信息泄露的风险。对于 k-anonymity 的数据集，攻击者可能通过一致性攻击与背景知识攻击两种方式攻击用户的属性信息。

　　(1)一致性攻击(homogeneity attack)。在图 7.2 中，第 5、6 条记录的敏感数据是一致的，这时 k-anonymity 就失效了。观察者只要知道陈六的性别或年龄或邮编信息，就可以确定他的购买偏好(敏感信息)。因为这个敏感属性缺乏多样性，所以尽管是经过 2-anonimity 处理后的数据，攻击者依然能够获得陈六的敏感信息。

| 姓名 | 性别 | 年龄 | 邮编 |
|---|---|---|---|
| 陈六 | 男 | 36 | 610041 |

| 姓名 | 性别 | 年龄 | 邮编 | 购买偏好 |
|---|---|---|---|---|
| * | 男 | (20, 30] | 61003* | 电子产品 |
| * | 男 | (20, 30] | 61173* | 户外用品 |
| * | 女 | (20, 30] | 61003* | 护肤品 |
| * | 女 | (20, 30] | 61003* | 厨具 |
| * | 男 | (30, 40] | 61004* | 电子产品 |
| * | 男 | (30, 40] | 61004* | 电子产品 |
| * | 女 | (30, 40] | 61002* | 图书 |
| * | 女 | (30, 40] | 61001* | 户外用品 |

图 7.2　2-anonymity 处理后的一致性攻击

（2）背景知识攻击（background knowledge attack）。在图7.3中，如果攻击者知道杨三的信息，并且知道她不喜欢购买厨具，攻击者仍可以确认杨三的购买偏好是护肤品。

| 姓名 | 性别 | 年龄 | 邮编 |
|------|------|------|------|
| 杨三 | 女 | 26 | 610031 |

| 姓名 | 性别 | 年龄 | 邮编 | 购买偏好 |
|------|------|------|------|----------|
| * | 男 | (20, 30] | 61003* | 电子产品 |
| * | 男 | (20, 30] | 61173* | 户外用品 |
| * | 女 | (20, 30] | 61003* | 护肤品 |
| * | 女 | (20, 30] | 61003* | 厨具 |
| * | 男 | (30, 40] | 61004* | 电子产品 |
| * | 男 | (30, 40] | 61004* | 电子产品 |
| * | 女 | (30, 40] | 61002* | 图书 |
| * | 女 | (30, 40] | 61001* | 户外用品 |

图7.3　2-anonymity处理后的背景知识攻击

## 2．l-diversity

l-diversity是在k-anonymity的基础上提出的，外加了一个条件就是保证每一个等价类的敏感属性至少有 l 个不同的值。l-diversity使得攻击者最多以 $1/l$ 的概率确认某个个体的敏感信息。

在公开的数据中，对于那些准标识符相同的数据，敏感属性必须具有多样性，才能保证用户的隐私不能通过背景知识攻击等方法推测出来。

l-diversity保证了相同类型数据中至少有 l 种内容不同的敏感属性。

例如在图7.4中，有8条性别、年龄和邮编都相同的数据，其中6条的购买偏好是电子产品，其他两条的购买偏好分别是图书和户外用品。那么在这个例子中，公开的数据就满足3-diversity的属性。

除了以上例子中简单l-diversity的定义外，还有很多其他版本的l-diversity，引入其他统计方法。

l-diversity也有其局限性。敏感属性的性质决定即使保证了一定概率的多样性也很容易泄露隐私。例如，疾病检测报告中，敏感属性是"阳性"（出现概率是1%）和"阴性"（出现概率是99%）。阴性人群并不在乎被人知道其检测结果为阴性，但阳性人群可能很敏感。因此，两种取值的敏感性不同，造成的结果也不同。

图 7.4　满足 3-diversity 的数据实例

（1）$l$-diversity 可能是没有意义的。比如上述疾病检测数据的例子中仅含有两种不同的值，保证 2-diversity 是没有意义的。

（2）$l$-diversity 可能很难实现。例如，想在 10000 条数据中保证 2-diversity，那么可能最多需要 $10000 \times 0.01 = 100$ 个相同的类型。这时可能通过之前介绍的 $k$-anonymity 的方法很难达到。

（3）偏斜性攻击（skewness attack）。假如保证在数据中出现"阳性"和"阴性"的概率是相同的，虽然这样保证了多样性，但是泄露隐私的可能性会变大。因为 $l$-diversity 并没有考虑敏感属性的总体分布。

（4）$l$-diversity 没有考虑敏感属性的语义。在图 7.5 所示的例子中，通过陈六的信息从公开数据中关联到了两条信息，通过这两条信息能得出两个结论：①陈六的工资相对较低；②陈六喜欢买电子产品。

| 姓名 | 年龄 | 邮编 |
| --- | --- | --- |
| 陈六 | 36 | 610041 |

| 姓名 | 年龄 | 邮编 | 工资 | 购买偏好 |
| --- | --- | --- | --- | --- |
| * | (20, 30] | 61003* | 10K | 电子产品 |
| * | (20, 30] | 61173* | 10K | 户外用品 |
| * | (20, 30] | 61003* | 9K | 护肤品 |
| * | (20, 30] | 61003* | 9K | 厨具 |
| * | (30, 40] | 61004* | 3K | 电子产品 |
| * | (30, 40] | 61004* | 4K | 电子产品 |
| * | (30, 40] | 61002* | 15K | 图书 |
| * | (30, 40] | 61001* | 15K | 户外用品 |

图 7.5　$l$-diversity 敏感属性的语义问题

### 3．t-closeness

t-closeness 匿名策略以搬土距离（earth mover distance，EMD）衡量敏感属性值之间的距离，并要求等价组内敏感属性值的分布特性与整个数据集中敏感属性值的分布特性之间的差异尽可能大。在 l-diversity 基础上，考虑了敏感属性的分布问题，要求所有等价类中敏感属性值的分布尽量接近该属性的全局分布。

t-closeness 是为了保证在相同的准标识类型组中，敏感信息的分布情况与整个数据的敏感信息分布情况接近（close），不超过阈值 t。

如果图 7.5 中的数据保证了 t-closeness 属性，那么通过陈六的信息查询出来的结果中，工资的分布就和整体的分布类似，进而很难推断出陈六工资的高低。

如果保证了 k-anonymity、l-diversity 和 t-closeness，隐私就不会泄露了吗？答案并不是这样。

在图 7.6 所示的例子中，我们保证了 2-anonymity、2-diversity 和 t-closeness（分布近似），工资和购买偏好是敏感属性。攻击者可以通过陈六的个人信息，找到四条数据。若同时知道陈六有很多书，这样就能很容易在四条数据中找到陈六的那一条，从而造成隐私泄露。所以无论经过哪些属性保护，隐私泄露还是很难避免。

| 姓名 | 年龄 | 邮编 |
|------|------|------|
| 陈六 | 36 | 610041 |

| 姓名 | 年龄 | 邮编 | 工资 | 购买偏好 |
|------|------|------|------|----------|
| * | (20, 30] | 6100** | 8K | 电子产品 |
| * | (20, 30] | 6117** | 10K | 户外用品 |
| * | (20, 30] | 6100** | 9K | 护肤品 |
| * | (20, 30] | 6100** | 11K | 厨具 |
| * | (30, 40] | 6100** | 13K | 电子产品 |
| * | (30, 40] | 6100** | 6K | 图书 |
| * | (30, 40] | 6100** | 5K | 电子产品 |
| * | (30, 40] | 6100** | 12K | 户外用品 |

图 7.6　满足 2-anonymity、3-diversity 和 t-closeness 数据的安全问题

### 4．差分隐私

差分隐私的概念是在 2009 年由微软研究院的辛提亚·沃克（Cynthia Dwork）提出。苹

果公司在 2016 年 6 月举行的全球开发者大会上首次提出了差分隐私技术。苹果公司声称它能通过数据计算出用户群体的行为模式，但是却无法获得每个用户个体的数据。

要了解差分隐私首先要了解差分攻击。例如，某电商网站发布了用户购物偏好的数据，数据中显示了 1000 个人的购物偏好，其中有 10 个人偏爱购买户外用品，其他 990 个人偏爱购买电子产品。如果攻击者知道其中 999 个人的购物偏好，就可以知道剩下的那个人的购物偏好。这样通过比较公开数据和既有的知识推测出个人隐私，就称为差分攻击。

差分隐私就是为了防止差分攻击。简单来说，差分隐私是用一种方法使得查询 1000 个信息和查询其中 999 个信息得到的结果是相对一致的，那么攻击者就无法通过比较(差分)数据的不同找出剩下那个人的信息。这种方法就是加入随机性，如果查询 1000 个记录和 999 个记录，输出同样值的概率一样，攻击者就无法进行差分攻击。进一步说，对于差别只有一条记录的两个数据集 $D$ 和 $D'$ (neighboring datasets)，查询它们获得结果相同的概率非常接近。注意，这里并不能保证概率相同，如果一样，数据就需要完全的随机化，那样公开数据也就没有意义。所以，需要概率尽可能接近，保证在隐私和可用性之间找到一个平衡。

因此，差分隐私保护可以保证，在数据集中添加或删除一条数据不会影响到查询结果，因此即使在最坏情况下，攻击者已知除一条记录之外的所有敏感数据，仍可以保证这一条记录的敏感信息不会被泄露。

图 7.7 中的 $D_1$ 和 $D_2$ 是相邻数据库，它们只有一条记录不一致，在攻击者查询"20～30 岁有多少人偏好购买电子产品"时，通过这两个数据库得到的查询结果是 100 的概率分别为 99% 和 98%，它们的比值小于某个数。如果对于任意的查询，都能满足这样的条件，就可以说这种随机方法是满足 $\varepsilon$-差分隐私的。

| $D_1$ | | |
|---|---|---|
| 姓名 | 年龄 | 购买偏好 |
| $X_1$ | 23 | 电子产品 |
| $X_2$ | 24 | 户外用品 |
| … | … | … |
| $X_n$ | 27 | 厨具 |

| $D_2$ | | |
|---|---|---|
| 姓名 | 年龄 | 购买偏好 |
| $X_1$ | 23 | 电子产品 |
| $X_2$ | 32 | 户外用品 |
| … | … | … |
| $X_n$ | 27 | 厨具 |

图 7.7　相邻数据库 $D_1$ 和 $D_2$

## 7.3　基于大数据的安全技术

大数据安全应该包括两个层面的含义：一是保障大数据安全，即保障大数据计算过程、数据处理和存储过程中的安全；二是大数据用于安全，即利用大数据技术提升信息系统的安全性，解决信息系统的安全问题。

本节将介绍几种基于大数据的安全技术，给出大数据用于安全的具体案例，让读者认识到大数据技术对安全的影响与贡献。

### 7.3.1　基于大数据的认证技术

身份认证是保障信息系统以及互联网应用安全的重要机制。通过对身份识别，使操作者对系统的访问有条件地受到控制。一般而言，用户通过所知的秘密，如口令来认证自己的身份。但是该技术面临的问题是，口令一旦被利用或骗取，对系统的访问不再受到控制。为了加强认证的安全性，防止因为口令丢失而造成的威胁，一些系统会采用多因子认证技术。但该技术需要用户不仅要记住口令，还要随身携带 USBKey。如果该硬件丢失或者忘记口令，就无法完成认证。为了减轻用户负担，基于生物特征的认证技术逐渐得到普及。然而，该技术需要设备具有生物特征识别功能，因此限制了该技术的广泛应用。

大数据在面临自身安全问题的同时，也给信息安全的发展带来了新的机遇。大数据技术将驱动信息安全行业发生重大转变，为安全分析提供新的可能性。对于海量数据的分析有助于更好地刻画网络异常行为，制订更好的预防攻击、防止信息泄露的策略。除此之外，还可以在用户身份认证和授权、身份管理等方面发挥巨大作用。基于大数据的认证技术就是收集用户行为数据，并对这些数据进行分析，获得用户的行为特征，通过鉴别用户行为来确定其身份。以下介绍两个利用大数据分析解决安全认证的技术案例。

1.　基于数据科学的口令行为分析

口令是现代信息社会的一道重要安全防线。人们日常的网络生活、数字化生活离不开口令。我们的资产、数字信息无不受着口令的保护。从20世纪60年代规范大型机分时操作系统的时间片使用，到90年代互联网进入普通老百姓生活后人们对互联网服务的依赖，口令一直是进行访问控制、保护信息安全的最主要手段之一。随着云计算、物联网、大数据等新型计算技术的快速发展，人类的信息化进程愈发体现了口令的重要性。但是，由于人类记忆的局限性，用户对口令的设置、存储都存在极大的安全隐患。一般而言，普通人群只能记忆长度有限的口令。如何生成一个易于记忆却又让攻击者难以破解的口令，是普通用户关注的问题。用户选择的口令一般具有高度可预测性，比如用户的口令与其姓名、生日、爱好、日常生活相关，这意味着口令是从一个有限的空间中选取，容易受到字典猜测攻击。

为了加强口令的安全性，系统管理员应该为系统选择合适的口令生成策略，不同服务类型的系统会有不同的选择。对于电子商务网站而言，可用性是重要的属性，它们更加看重用户体验，因此它们倾向于使用更宽松的口令生成策略。而对于安全至上的网站，例如保存敏感文件的网站或者存储课程分数的教务处网站，更倾向于对用户口令进行严格的约束。因此，对于系统管理员而言，必须重视用户口令分布，测量口令分布的强度，并据此调整口令生成策略，提高系统口令的安全性和可用性。

北京大学汪定团队通过分析 2009～2012 年的 1.06 亿个真实网络口令，他们发现与英文互联网用户相比，中文互联网用户在密码设置上很有特点。中文互联网用户喜欢用数字作为口令，尤其是手机号和生日，英文互联网用户更喜欢用纯字母作为密码。研究还发现，16.99% 的中文互联网用户热衷在口令中插入 6 个日期数字。如果一个中文互联网用户使用一长串数字作为口令，那么很有可能是手机号码。研究发现，一些基于英文字母的“强”口令可能在中文环境中很弱。比如“brysjhhrhl”，大部分中文互联网用户能猜出这是“白日依山尽，黄河入海流”的缩写。这就让从英文互联网用户视角解决口令安全问题的思路出现偏差。汪定团队采用科学的方法，用严密的逻辑和理论体系对口令集进行分析，发现用户口令行为对口令设置的影响，从而更好地辅助网站设置口令保护策略。

### 2. 难以模仿的行为特征

通过大数据对用户固有的行为特征进行分析，并刻画出用户的特征行为。对于该用户行为，攻击者很难模拟。因此，基于这种新技术的认证更加安全。利用大数据技术收集的用户行为和设备行为的数据可以是用户使用系统的时间、经常采用的设备的物理位置、用户的操作习惯等。通过对这些数据的分析，为用户勾画一个行为特征轮廓。而攻击者对用户行为的模拟与真正用户的行为特征轮廓存在较大偏差，因此无法通过认证。

此外，相比传统的认证技术，基于大数据分析的认证技术减轻了用户负担。因为，对用户行为和设备行为特征数据的采集、存储和分析都由认证系统完成。基于大数据的认证技术还可以让用户在多个信息系统中采用相同的行为特征进行身份认证，更好地支持各系统认证机制的统一，从而避免不同的认证方式为用户带来的各种不便。

## 7.3.2　基于大数据的威胁发现技术

2013 年 2 月，IBM 推出了一项名为“IBM 大数据安全智能”的新型安全工具，这一工具可以利用大数据来侦测企业内部的安全威胁，甚至还可以扫描电子邮件和社交网络，标识出明显心存不满的员工，以提醒企业注意，预防其泄露企业机密。

此工具可以扫描分析数十年以来的电子邮件、金融交易、网络流量，然后通过模式匹配来检测其中可能存在的安全威胁及欺诈。平台可以对员工邮件进行情绪分析，以帮助企业管理者判断哪些员工有可能泄露数据。该工具会比较员工跟同事讨论工作与在社交网络上讨论工作时的不同表现，从而识别出哪些员工对公司心存积怨，因而具有更高的泄露公司信息倾向。

例如，某位员工在电子邮件中跟领导汇报工作时，表达的是积极向上的言论，可是工具扫描其在社交网络的言论时却发现，他跟别人谈起工作时总是抱怨，情绪负面。再结合其他因素一起考虑，这位员工可能就会被标示为潜在的危险人物，可能会被进行更多的调查。通过对词语进行模式解析，该工具可以识别出某条信息是正面、负面还是中性的。

2014 年，全球有接近 8 万家公司被黑客攻击，其中有 2122 家公司公开确认信息被窃取，全球 500 强企业大面积沦陷，银行、信用卡公司、医院、零售业、保险业、电商、娱乐行业的巨头们纷纷中招，索尼、Target 等企业被黑客攻击后给企业带来了灭顶之灾，让企业蒙受了巨大的财产和品牌损失。

当前企业面临的安全威胁形式、数量和攻击手段等都发生了巨大变化，能够绕过传统安全设备的威胁越来越多，这些未知威胁(尤其是 APT 攻击、定向攻击等)已经成为拥有高价值信息资产的企业和敏感机密数据的政府机构最主要的安全威胁。

2015 年 5 月，奇虎 360 发布了全球首个基于大数据的未知威胁感知系统。作为数据驱动安全的一个典型系统，奇虎 360 这款威胁感知系统可基于多维度海量互联网数据，进行自动化挖掘与云端关联分析，提前洞悉各种安全威胁，并向客户推送定制的威胁情报。同时该系统能够对未知威胁的恶意行为实现早期的快速发现，并可对受害目标及攻击源头进行精准定位，最终达到对入侵途径及攻击者背景的预判与溯源。

相比于传统技术方案，基于大数据的威胁发现技术具有以下优点。

## 1. 分析内容的范围更广

传统的威胁检测主要针对各类安全事件。基于传统威胁检测技术的安全防护产品还停留在"兵来将挡，水来土掩"的签名防护思路，例如企业部署的防火墙和各种网关等。一个企业的信息资产则包括数据、软件、实物、人员、服务等。传统威胁检测技术具有局限性，并不能覆盖这五类信息资产，因此所能发现的威胁也是有限的。而将大数据分析技术用于威胁发现，可以更全面地发现针对这些信息资产的多样化攻击。例如通过分析企业员工的即时通信数据、电子邮件数据等可以及时发现人员资产是否面临被其他企业"挖墙脚"的攻击威胁。再比如通过对企业客户部订单数据的分析，能够发现一些异常的操作行为，进而判断是否危害公司利益。可以看出，分析内容范围的扩大使得基于大数据的威胁发现更加全面。

## 2. 分析内容的时间序列周期更长

内存关联性是较多传统威胁发现技术的特点，也就是说针对实时收集数据进行分析以发现攻击。分析的时间序列由于受限于内存较小而普遍较短，无法应对持续性和潜伏性攻击。而引入大数据分析技术后，威胁分析时间序列可以横跨若干年的数据，因此威胁发现能力更强，可以有效应对定向威胁类攻击。

### 3．对攻击威胁的预警和预测

传统的威胁分析通常是由经验丰富的专业人员根据企业需求和实际情况展开，然而这种威胁分析的结果很大程度上依赖于个人经验，分析所发现的威胁也是已知的。并且传统的安全防护技术或工具大多是在攻击发生后对攻击行为进行分析和归类，并做出响应。而基于大数据的威胁分析，可进行预警和预判。它能够发现未知威胁，并预警潜在的安全威胁，并对未发生的异常行为进行预测。

虽然基于大数据的威胁发现技术具有上述优势，但是分析结果的准确程度是现在面临的主要问题和挑战。因为大数据的收集很难做到全面，而数据片面性又会导致分析的结果有偏差。而且为了分析企业信息资产面临的威胁，要对一些企业内部和外部数据同时进行收集，这在某种程度上也是一个大问题。另外，大数据分析能力的不足也会影响威胁分析的准确性。例如，纽约投资银行每秒会有 5000 次网络事件，每天会从中捕捉 25TB 数据。如果没有足够的分析能力，要从如此庞大的数据中准确地发现极少数预示潜在攻击的事件，进而分析出威胁是几乎不可能完成的任务。

## 7.3.3　基于大数据的数据真实性分析

目前，基于大数据的数据真实性分析被广泛认为是最为有效的方法。许多企业已经开始了这方面的研究工作，例如雅虎和彩讯科技等公司利用大数据分析技术实现了垃圾邮件的过滤；Yelp 等社交点评网站利用维择科技公司提供的基于大数据分析的恶意账户识别技术来识别虚假评论；各微博类社交媒体利用大数据分析来鉴别各类垃圾信息、虚假身份以及虚假评论等。

数据真实性分析可以认为是对数据进行清洗和预处理操作，是数据融合的基础。基于大数据的数据真实性分析技术能够提高鉴别垃圾信息的能力。针对大数据的海量特征，利用大数据分析技术，通过构建数据的特征库，建立特征分类模型，可以获得更高的识别准确率。例如，对于各类点评网站的虚假评论，可以通过收集评论者的大量位置信息、评论内容、评论时间等进行分析，鉴别其评论的可靠性。如果某评论者恶意评了某品牌的多个同类型产品，则其评论的真实性就值得怀疑。因此，要解决如何保证海量数据的可信度这一难题，一方面要考虑数据来源的真实性，另一方面需要从数据传播途径、数据处理过程等方面开展多维研究，这也将是未来的一个研究热点。

# 7.4　大数据安全与隐私保护案例

对于阻止疾病的传播与用户的隐私保护形成了自然的挑战(图 7.8)，疫情防控与隐私保护谁更重要？2020 年新型冠状病毒肺炎疫情的肆意流行，让我们意识到大数据隐私保护技术的重要性。

图 7.8  阻止疾病传播与用户隐私保护示意图

毋庸置疑，位置数据对于预防和阻止疾病的传播有着非常重要的作用。而位置数据的搜集对现有伦理、隐私和数据保护框架构成了挑战。在新冠肺炎疫情大传播下，全球利用大型科技公司持有的位置数据来跟踪受病毒感染的个人，根据先前的信息向可能接近已知病例的个人发送警报。世界各国政府都在考虑是否，以及如何使用移动定位数据来帮助控制病毒。例如以色列政府通过了紧急条例来解决使用手机定位数据的危机；欧洲委员会要求移动运营商提供匿名和汇总的移动位置数据；韩国已经创建了一份公开的地图，记录了检测结果为阳性的个人的位置数据。

公共卫生机构和流行病学家一直对分析设备的位置数据跟踪疾病很感兴趣。一般来说，设备的移动可以有效地反映人员的移动。然而，它的使用伴随着一系列的道德和隐私问题。让我们来看看苹果与谷歌的"健康码"是怎么追踪疫情又保护隐私的？

苹果与谷歌共同开发了一套接触者追踪(contact tracing)技术(图 7.9)。它在一定程度上起到了流行病学追溯和感染风险警报的功能，这个技术也被称为美国版的"健康码"。接触者追踪的工作原理为"三码合一，匿名追踪"。设备之间通过低功耗蓝牙信标(beacon)的方式，同时作为发送者和接收者，交换并保存彼此的信息。例如，当甲确诊之后，甲的设备信息上传到云端的一个确诊者资料库，所有的用户都会每天从这个云端资料库下载信息并在本地查验。如果乙曾经收到过相同的信息，则可以认为乙是甲的接触者。当然，如果直接使用设备唯一识别信息，会有较大的隐私风险。所以出于隐私保护的目的，苹果和谷歌设计了一个"三码合一"的机制。我们把这三码分别简称为 A 码、B 码、C 码。

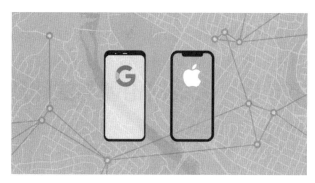

图 7.9　苹果谷歌追踪技术示意图

首先，每台用户的手机都会生成一个固定不变的 A 码，不会上传。通过 A 码，手机可以每天生成一个 B 码，平时不会上传。既然要实现接触追踪，所以手机需要每隔一段时间(例如 15 分钟)对外广播一次。此时广播出来的是用 B 码生成的 C 码，平时只有 C 码会被上传。苹果和安卓设备可以互相广播和接收。

A 码被称为追踪密钥(tracing key)，在手机上首次启动接触者追踪时生成的长度为 32 字节的随机数，设备唯一，不会变化。A 码不会被上传，只保存在手机上，也没有识别作用，只是作为下一步计算 B 码和 C 码时的输入。当首次在自己的苹果或者安卓手机上使用其他政府、公司或机构基于苹果与谷歌方案开发的接触追踪软件时，手机就会自动生成随机、唯一的 A 码。该码和手机的序列号、MAC 地址都没有关系，而且不会上传，所以几乎不存在隐私风险。

B 码被称为每日追踪密钥(daily tracing key)，是从 A 码使用的函数派生而来的，长度为 16 字节。每 24 小时更新一次。一般情况下，B 码也不会上传。它平时的主要作用是作为输入而生成 C 码。只在确诊时，B 码才会派上用场。如果用户健康且没有接触风险，B 码也是永远保存在手机上的。

C 码被称为滚动近距离标识符(rolling proximity identifier)，是对 B 码进一步进行加密生成的消息认证码，长度为 16 字节，通过低功耗蓝牙每 15 分钟对周围的所有设备广播一次，安装了接触者追踪软件的手机可以接收并保存这个码。为了保护隐私避免追踪，从蓝牙 4.2 版本开始设备的蓝牙 MAC 地址可以随机变化。顺应了这一点，接触者追踪软件会在每次蓝牙 MAC 地址改变的时候，生成一个新的 C 码。除了广播出去之外，手机还会保存在过去一段时间内生成的所有 C 码，用于追踪接触者时进行校验。

那如何追踪接触者呢？我们假设甲确诊了，比如追溯期是 14 天内，就用过去 14 天甲手机里的 B 码作为"诊断码"，上传到云端。所有用户的手机每天都会从服务器下载一次所有的确诊患者的诊断码，然后在本地采用和计算 C 码一样的加密算法算一遍。我们假设过去 14 天里甲和乙曾有一段时间共处一室，那么乙的手机里肯定保存了来自甲的 C 码。如果乙的手机经过计算，得到的 C 码出现在自己保存的过去 14 天的记录里，就完成了接触者的追踪和验证。

# 第8章　大数据伦理与法律法规

"伦理"一词在汉语大词典的解释是指人与人相处的各种道德准则。一般是指一系列指导行为的观念，是从概念角度上对道德现象的哲学思考。它不仅包含着人与人、人与社会和人与自然之间关系处理中的行为规范，而且蕴涵着依照一定原则来规范行为的道理。"科技伦理"是指科学技术创新与运用活动中的道德标准和行为准则，是一种观念与概念上的道德哲学思考。它规定了科学技术共同体应遵守的价值观、行为规范和社会责任范畴。"大数据伦理问题"属于科技伦理的范畴，指的是由于大数据技术的产生和使用而引发的社会问题，是集体和人与人之间关系的行为准则问题。

与大数据同行，伦理之问必不可少：大数据技术蕴涵着怎样的文明指引和道德意义？它带来了哪些重要的伦理挑战？电子科技大学周涛教授说：大数据时代，或者我们说未来的数据时代，带来最大冲击和挑战的不是数据的安全和隐私，而是数据可能带来的伦理问题。本章将分别从个人隐私引发的伦理问题、数据鸿沟问题、数据时效性问题、数据权归属问题、大数据与数据分析的真实可靠性问题以及大数据相关法规等方面介绍大数据伦理与法规。

## 8.1　个人隐私引发的伦理问题

大数据伦理问题带给个人的首先是个人隐私方面的冲突，在大数据面前，个人还有多少隐私空间？根据谷歌的年度透明度报告，世界各国政府仅在 2012 年对其系统中的个人数据提出了 42000 多次请求。谷歌的报告还表明，美国政府要求信息最积极，其次是印度和法国。

智能手机是当今泄露用户数据的重要途径。想一下，最近一个月你去过哪些地方，你经常在哪里住宿，你用了什么软件购买了什么物品并寄给了谁，你早餐、午餐、晚餐分别吃了什么，你的睡眠情况怎么样，你的运动情况怎么样，你的银行账单明细，你给谁打电话、发短信最多，你用微信和谁联系最多，你的聊天内容，你最近浏览了哪些网页，你看了什么电影、听了什么歌、喜欢什么样的风格等，所有的这些，你的手机比你自己还清楚。如果这些信息被泄露出去，并被不怀好意的人利用，会有什么后果呢？

以网络购物为例，如果你购买的商品经常处于价格的中低端，或者对购物券很感兴趣，那是否会认为你对价格特别敏感，那你和对价格不敏感的人搜索同样一个关键词，结果会不会截然不同呢？再如，你想在你喜欢的某品牌下选购一双老爹鞋，碰巧你浏览的网页给你推荐了其他品牌的老爹鞋，那么你点击这个广告的可能性是不是很大？同时你点击进去之后消费的可能性是不是也很大？为什么你浏览的网页给你推荐了很多碰巧你喜欢的广告？大数据就是能制造这种"碰巧"的工具。

要使用一个 App，好的，请你在注册的时候同意该 App 的用户协议，或者用户隐私声明，或者同意 App 取得你的授权。这些协议一般都很长且很难懂，大多数用户都不会仔细阅读其内容而直接勾选，甚至用户不同意就用不了这个 App，所以用户只能点击同意。用户并不知道协议里面已经写了：你的所有数据都可以被开发这个 App 的公司获取、使用、共享给别人，而这些授权，就是用户授权公司获取用户头像、昵称、地理信息，甚至一些敏感信息，比如好友关系、电话簿、短信等。甚至有些 App 不经用户同意就默认勾选，比如 2018 年支付宝年度账单就因默认勾选"芝麻服务协议"而引起热议。

大数据时代下的隐私与传统隐私的最大区别在于隐私的数据化，即隐私主要以"个人数据"的形式出现。进入大数据时代，就进入了一张巨大且隐形的监控网中，我们时刻被暴露在大数据网的监视之下，个人数据随时随地可被收集，并留下一条永远存在的"数据足迹"。

这些直接被采集的数据，已经涉及个人的很多隐私，此外，针对这些数据的二次使用，还可能给个体带来更多的隐私权侵犯。

## 8.1.1　个性化定制与推荐

电视台播放不同电视剧时，插入不同档次车辆的广告；同种产品在不同杂志上用不同的广告词，这都是对不同受众群用不同的心理战术。

传统的纸媒让我们对资讯无法选择只能被动接受。可喜的是近些年出现的 App 让我们对资讯有了选择权。例如，根据用户喜欢的内容或者用户曾经关注的信息，今日头条或者腾讯新闻中的推荐等会不断地推荐更多相关类似的内容。如同在京东或者天猫上，你若购买了一个物品，它就会不断地推荐更多相似的物品给你。网站能够根据你所浏览的兴趣爱好和不同的关注点，给你推荐几十条你可能感兴趣的信息，目的是将广告营销、内容营销置入其中。也许你会发现，你在某 App 上搜了一款产品后，打开其他 App 时就会收到与该产品相关的产品推荐。

对于商家，了解各渠道的核心用户画像后，投广告就能投其所好，从而达到营销目的。

用户画像是根据用户特征、业务场景和用户行为等信息，构建一个标签化的用户模型。简而言之，用户画像就是将典型用户信息标签化。用户画像的核心是为用户打标签，将用户的每个具体信息抽象成标签，利用这些标签将用户形象具体化，从而为用户提供有针对性的服务。在金融领域，构建用户画像很重要。比如金融公司会借助用户画像，采取垂直或精准营销的方式来了解客户、挖掘潜在客户、找到目标客户以及转化用户。

用户画像包含的内容并不完全固定，不同企业对于用户画像有着不同的理解和需求。根据行业和产品的不同，所关注的特征也有侧重，但主要还是体现在基本特征、社会特征、偏好特征、行为特征等方面(图 8.1)。

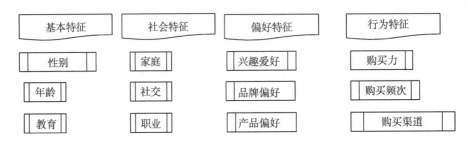

图 8.1　用户特征

比如针对图 8.2 中这位用户，通过其网购消费记录，分析出该用户的画像为女性、爱看美剧等。是不是可以分析出此人的作息规律、生活健康、小资和爱尝试新鲜事物。如果平台在本区域推荐一家中高档私家菜馆给这位用户，她去消费的概率是不是比较大呢？这样一整套立体的、指标性的数据，也许用户自己都没有发现，却深藏着商业价值。

图 8.2　用户画像

今日头条正是凭借算法优势在内容分发领域伴随分歧和质疑异军突起的。今日头条凭借优秀的推荐算法，以及从图文到视频的全品类产品矩阵，满足大众的信息获取和部分休闲娱乐需求。更高客户黏性和更好的广告投放效果，使得今日头条信息流广告平均点击率显著高于行业平均水平(1%)，广告收入快速成长至百亿元量级。其使用基于个性化推荐引擎技术，根据每个用户的兴趣、位置等多个维度进行个性化推荐，推荐内容不仅包括新闻，还包括音乐、电影、游戏、购物等资讯。

以今日头条文章推荐机制为例。通过机器分析提取的文章关键词就是这篇文章的内容标签(一篇文章可能有多个标签)。你在关注某篇文章时，该文章的内容标签就是你的关注点；你看得越多，你的用户标签就越清晰。接着内容投递启动，通过智能算法推荐，将内容标签跟用户标签相匹配，把文章推送给对应的人，实现内容的精准分发。今日头条以算法提升内容分发的准确度和用户黏性，实现用户信息获取从主动搜索到被动个性化推荐的转变。

打开微信朋友圈，映入眼帘的全是熟悉的人的动态，全是我们想看的内容(包括朋友圈广告、微商等)。在微信朋友圈的营销中，更容易理解社交分发的本质：优先地在我和你之间建立一种可信任的强关系，在这个连接的基础上，通过特定窗口进行内容宣传。

不得不说，这种个性化广告和定制化服务方便了个人，但你是否意识到这些服务都基于对个人信息的挖掘和分析。如果"个性化"和"定制化"的服务成为常态而不为我们所知，我们是否要问一问，我们所见到的世界是真实的世界还是商家想让我们看到的世界？我们是不是处在一个自己参与打造的"信息茧房"(图 8.3)中？我们的世界是不是时时刻刻被监视着？有"人"在试图读懂我们自己都不一定明白的"内心"？

图 8.3　信息茧房

## 8.1.2　基于大数据的人的心理和性格分析

大数据营销日趋成熟，将大数据应用变现已经有很多经典案例，这些案例也非常确凿地说明大数据营销已经成为产品营销领域非常重要的渠道之一。

政治选举和产品营销本质上没有什么区别。2016 年 11 月的美国总统选举，原本在几乎所有民意调查中都不被看好的共和党总统候选人唐纳德·特朗普后来居上，在选举人团选票方面以较大优势胜出，而成为美国第四十五任总统。这是为什么呢？经过分析，造成希拉里·克林顿败选的原因有很多。下面以 https://phys.org/news/2016-12-big-trump-scorned.html、https://www.sohu.com/a/125458818_116235 等网页内容为参考，为读者剖析基于大数据的人的心理和性格分析，以及大数据影响选举的原因。

早在 2013 年，还在剑桥大学心理测量学中心读博士的现剑桥分析数据科学家亚历山大·科根(Aleksandr Kogan)公布了一项突破性的研究，即开发了一种心理分析模型，该模型可以把心理学上的"五大性格特质"和社交网络上的点赞记录结合起来判断出一个人的性别、性取向、政治倾向等特质，还包括智力程度、宗教信仰，以及烟酒的使用情况等，它甚至能判断出这个人的父母是否离异。一旦这个模型和成千上万的个人数据整合，预测结果就可以准确到"令人发指"的程度，可以完全推测出一个人的需求、恐惧和行事方式。

亚历山大·科根后来加入了剑桥分析(Cambridge Analytica，CA)公司，他曾经在演讲中说："特朗普发的几乎所有推特都有数据支持。"并且特朗普竞选中的所有行为都是经过 CA 公司精心计算的。

2016 年美国大选后，剑桥分析公司的首席执行官亚历山大·尼克斯(Alexander Nix)这样对外界宣称："很高兴，我们革命性的数据驱动沟通方式在特朗普非凡的胜利中发挥了不可或缺的作用。"

剑桥分析公司有三大法宝：OCEAN 模型、大数据分析、定向广告。首先，它们从各种渠道购买个人数据，比如土地登记信息、汽车数据、购物数据、优惠券、积分卡、俱乐部会员，了解他们读什么杂志、去哪个教堂做礼拜。再把这些购买来的数据与选民名册以及大数据(包括脸书点赞)整合，放进模型，原来零乱不相干的数据，一下子变成了完整又具体的现实生活中的大活人，他们有担忧、需求、兴趣、爱好，还附带手机号码、信用卡类型、电子邮箱和家庭住址。剑桥分析公司变得"比你自己更懂你"；剑桥分析公司甚至说，他们可以为 2.2 亿美国成年人画像。

特朗普竞选团队通过剑桥分析公司，使用大数据分析，采用支持决策，把大数据变成有效的、能够支持决策的小数据，成功地改变了美国各州共和党/民主党获胜比例的变化幅度，将并不看好的特朗普推向了总统位置。

### 8.1.3  优步的"荣耀之旅"

优步(Uber)曾在官网上发布了一篇名为"荣耀之旅(rides of glory，ROG)"的博客。文中写道："We know we're not the only ones in your life and we know that you sometimes look for love elsewhere"(我们知道我们不是你生命中的唯一，我们也知道有时候你在其他地方寻找爱情)。优步以此证明，它可以通过数据分析了解客户的爱情生活。优步专门筛选出美国 6 个城市晚上 10 点到凌晨 4 点的用车服务,利用数据分析发现这些客户会在 4～6 小时之后，在距离上一次下车地点约 160m 以内的地方再次约车。根据这些数据分析，优步判断出人们约会的时间和地点，并将这些地点在纽约、旧金山、波士顿以及其他美国城市的地图上进行标注，得出人们通过优步去约会的高频区(图 8.4)。数据分析显示，波士顿的约会频率位于美国之首；而纽约人则显得比较保守，约会频率仅仅为波士顿的 1/5。在时间节点上，约会的高频时间段是在周五和周六晚上，4 月 20 日美国退税后则是人们约会的高峰期。优步是针对城市进行的分析，没有针对个人，但显然其技术可以定位到具体的个人。

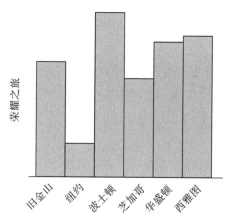

图 8.4　美国大城市约会发生率的对比(图片来源于 Uber)

优步的这个报告显然很快遭到很多用户、媒体的抗议,例如,《纽约时报》发表了题为"We Can't Trust Uber"(我们不能信任优步)的报道。后来优步迅速将该博客删除,但已被网络记录在案。

涉及用户隐私数据的分析一直为大家诟病(其实很多企业都在做这方面的分析,只是不分享而已),人们不希望自己的隐私数据被人利用来榨取价值,更不愿意这些数据再落到不法商贩手中。

例如,订外卖的数据,如果获取到某个用户连续的订外卖的数据,其实就可以分析出他家的人口数、家庭住址、饮食习惯,甚至推测出他是否患有某些慢性疾病。有些外卖小票上还会有电话号码,可以轻松形成精准营销闭环。

大数据时代,最了解你的人不是你的亲人和朋友,而是互联网巨头们。你的工作地址、家庭地址、手机号、银行卡号,你的行动轨迹、消费记录、购物偏好、人脉关系,你的社会关系、身高、所喜好的颜色或事物,甚至你的思维或想法等都可以通过数据分析出来。

## 8.1.4　个人的生物特征隐私问题

### 1.生物识别技术与生物特征

现在的生物识别技术正在飞速发展。生物识别技术,是通过计算机与光学、声学、生物传感器和生物统计学原理等高科技手段密切结合,利用人体固有的生理特性(如指纹、脸型、虹膜等)和行为特征(如笔迹、声音、步态等)来进行个人身份鉴定。生物识别主要包括指纹识别、手掌几何学识别、声音识别、视网膜识别、面部识别、虹膜识别、签名识别、基因识别、静脉识别、步态识别、人物识别等。

随着人类基因组计划的开展,人们对基因的结构和功能的认识不断深化,并将其应用到个人身份识别中。因为在全世界 70 多亿人中,同时出生或姓名一致、长相酷似、声音相同的人可能存在,指纹也有可能消失,只有基因才是代表个体遗传特性的、永不改变的指征。据报道，采用智能卡的形式，储存个人基因信息的基因身份证已经在我国四川、湖北和香港出现。

制作这种基因身份证，首先是取得有关的基因并进行化验，选取特征位点(DNA 指纹)，然后载入中心的电脑储存库内，就可制作出基因身份证。如果人们愿意加上个人病历并进行基因化验也可以。发出基因身份证后，医生及有关的医疗机构等，可利用智能卡阅读器阅读有关人的病历。

个人生物信息正在慢慢被使用，例如火车站、机场、手机解锁通过人脸识别验证身份，签证、门锁、支付宝、微信等使用指纹。

### 2. 人脸识别技术的伦理问题

以现在热门的人脸识别技术为例。从图 8.5 可以看出全球人脸识别设备市场正在飞速增长。

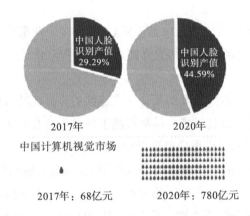

图 8.5　人脸识别市场研究报告(全球人脸识别设备市场研究报告)

人脸识别简单来说，就是抽取人脸图像特征，然后将抽取到的特征跟数据库信息进行比对识别。

人脸识别 100%准确吗？2018 年张学友的演唱会屡上热搜，因为在其 12 场演唱会现场，警方通过安检通道的人脸识别系统陆续抓获了 60 多名逃犯。北京协和医院、北医三院等 24 家医院采用了人脸识别技术来整治和打击号贩子。2019 年 10 月，上海的一些小学生在课外实验中，拿着打印出来的父母照片，成功"破解"丰巢快递柜的人脸识别系统，通过验证并收了父母的快递。随后，丰巢取消了快递柜的人脸识别取件功能。显然，这样的"刷脸"不堪一击。丰巢的人脸识别系统可能缺失了活体检测系统，或者算法落后，导致系统能被照片等数字图像欺骗。在金融支付等应用场景，有活体检测嵌套在人脸检测与人脸识别验证中，用来判断是否为用户本人，即使用"活体检测"把关。

检测是否活体的方式很多，精准度也各有不同。比如，通过指令，要求用户配合完成眨眼、摇头等动作，使用人脸关键点定位和人脸追踪等技术，验证用户是否为真实活体操作；通过立体型活体检测(主要判断人脸的 3D 性，防御手机、电脑等显示屏和打印照片的 2D 攻击)、亚表面检测(利用亚表面散射性不同判断人脸皮肤、防御类人脸或非人脸材质假体)和红外 FMP 检测(在暗光环境下，利用红外摄像头及红外光谱图检测)等手段，可更有效地防止以假乱真。

人脸识别有一个重要特征——非强制性，这也让人们有更多担心。用户不需要专门去配合采集设备，采集方就能几乎在用户无意识的状态下获取人脸图像。由于过度采集用户信息，个人信息数据泄露的事件时有发生，甚至存在"过脸产业"，个人可能在完全不知道的情况下，面部特征信息就已泄露。

2019 年，一些能识别人脸的摄像头步入课堂，学生逃课、打瞌睡、走神都逃不过这套系统，唤起了很多学生"被支配的恐惧"，更引发了社会各界的大讨论。随后，教育部对此明确回应："在校园推广人脸识别技术要谨慎，能不采集就不采。"2019 年 11 月杭州野生动物世界引入人脸识别技术，用于年卡用户入园检票，以解决节假日高峰期指纹打卡太慢、排队拥堵的问题，引起大家的反对。有评论曾担忧地提出："别把人脸识别技术搞成现代'刺黥'(古代的一种刑法，在犯人脸上刺图案)。"

质疑的声音不仅出现在中国，也出现在世界各地。在瑞典，因使用人脸识别系统记录学生出勤，一所高中接到了数据监管机构开出的 20 万瑞典克朗(约合人民币 14.7 万元)的罚单。在美国马萨诸塞州的萨默维尔市以及旧金山，都明文禁止警方和其他政府机构使用人脸识别技术。

## 8.2　数字鸿沟问题

互联网带来的数字红利没有得到广泛分享，一个重要原因就是依然广泛存在的数字鸿沟。数字鸿沟(digital divide)指不同群体对于信息技术使用的巨大差异。数字鸿沟总是指向信息时代的不公平，尤其在信息基础设施、信息工具以及信息的获取与使用等领域，或者可以认为是信息时代的"马太效应"，即先进技术的成果不能为人公正分享，于是造成"富者越富、穷者越穷"的情况。所以，数字鸿沟又称为信息鸿沟，即"信息富有者和信息贫困者之间的鸿沟"。

### 1. 数字鸿沟的产生和分类

数字鸿沟造成或拉大了国与国之间以及国家内部群体之间的差距。它的产生，从世界范围看，就是由于发达国家经济水平及信息化程度与发展中国家之间所形成的信息不对称；从发展中国家看，就是由于地区、行业、所有制以及企业规模等差异形成的信息不对称。

数字鸿沟的产生，首先在于技术和设备上的差异，观念上的数字鸿沟同样值得重视。

未来的数字鸿沟，并不仅限于技术、设备和观念的差距，更在于有能力筛选有用信息并创造知识的人，与只会被动接收信息而无法形成有效知识的人之间的鸿沟。

数字鸿沟有以下四种。

(1)可及：不同群体或个人在获取技术以及在信息可及方面存在的技术鸿沟。

(2)应用：不同群体或个人在通过互联网获取资源方面存在的应用鸿沟。

(3)知识：不同群体或个人在通过互联网获取知识方面存在的知识鸿沟。

(4)价值：使用者因自身价值观方面的原因导致在运用大数据方面存在的深层次的数字鸿沟。

数字鸿沟现象存在于国与国、地区与地区、产业与产业、社会阶层与社会阶层之间，已经渗透经济、政治和社会生活领域，成为在信息时代凸显出来的社会问题。

在大数据时代，随着移动互联网和云计算的普及，数字鸿沟及由此导致的公平正义问题不再集中于技术接入或信息接入方面，可及、应用和知识方面的鸿沟正在缩小，而价值鸿沟则日益扩大。由于数字鸿沟的概念涉及信息技术以及有关的服务、通信和信息可及等方面的失衡关系，它会在各国或各地区贫富之间、男女之间、受教育与未受教育的人群之间导致信息可及、资源应用、知识获取和价值区隔等方面的不平等和不公平。"鸿沟"只能逐步缩小，但仍将长期存在。如何将"鸿沟"缩小为"裂缝"甚至消除应该成为科学共同体思考的问题。而如何缩小"价值鸿沟"会变得越来越突出，也越来越重要。这是大数据技术面临的一个世界性和人类性的伦理学难题。

数字鸿沟是数据主体(搜集者、存储者、挖掘者、利用者)之间的问题，大数据时代数字鸿沟首先表现在大数据不同主体之间。在大数据巨大价值实现过程中，由于利益分配不均的存在，大数据主体之间为了实现各自的利益最大化而处于相互防备中，可能会出现搜集者不太愿意毫无保留地将大数据转让给存储者，而存储者也不会轻而易举地将数据让渡给挖掘者，挖掘者也不会无偿地将数据挖掘的价值送给利用者的现象。众所周知，真正拥有更多、更杂、更整体的大数据的首先是国家与政府，其次是企事业单位，再次是科研院所，最后是个体。但是大数据共享的法律制度规范并不健全，导致了任何拥有大数据的不同机构都不敢轻易地实现数据共享，以免带来不必要的法律层面和伦理层面的麻烦，必然使得大数据共享迟迟无法实现。正是这样的相互防备，使得大数据主体之间获得了各自大数据有限价值而相互孤立，数字鸿沟不仅不能得到有效缩小，反而会有增大的趋势。

2. 如何解决数字鸿沟

有些学者提出：可以简单地把数字鸿沟分为三类，一是国家间的数字鸿沟；二是地区间的数字鸿沟；三是人群间的数字鸿沟。解决这三种数字鸿沟的办法不同。首先，消除国家间数字鸿沟的办法是允许一部分地区(一部分人)先数字化，而不要急于去填平它。就像设立经济特区一样，应该让一部分人先富起来。要消除国家间的数字鸿沟，首先应该扩大这个鸿沟。这是个行之有效的办法。其次，解决地区间的数字鸿沟问题，要靠政府的作用。因为根据经济发展的规律，任何一种产业、一种新经济产业的发展，都要在达到一个临界点后，才有可能进入爆发性的增长。最后，解决人群间的数字鸿沟问题，要靠科普和教育。

## 8.3 数据时效性问题

### 1. 互联网，请你遗忘我

每个人都可能在年轻的时候做过不该做的事情，犯下一些不该犯的错。与以前不同的是，如今犯的错可能被记录。如在大学，为了虚荣而买苹果手机，借了"校园贷"且拖欠很多年。这样的事情现在通过数据都能够被记录下来，所以十多年前的一些问题，可能会影响现在的你去买车、买房；影响你的创业，第一笔融资，尤其是债权融资；还可能影响你在婚恋网站中的排名，使得你找不到心仪的对象。我们还应该为年轻时犯的错买单吗？我们不应该被宽恕吗？

也许有一天你心情不好，情绪低落，在你的个人网页上发一番愤世嫉俗的言论甚至一张颓废的图片，事后你意识到这个影响不好，你删除了它。你以为删除就完了吗？也许你的言论或者照片已经被搜索引擎编录了，你的照片已经被存档。

对人类而言，时间是最好的疗伤药，遗忘是常态，记忆才是意外。但是随着大数据的到来和人工智能的发展，这种平衡被打破。我们不仅成为"透明人"，还成了"不会被忘记的人"。正是这种背景下，"互联网遗忘运动"在欧美悄然兴起，"被遗忘权"也开始出现。

### 2."被遗忘权"第一案——冈萨雷斯案

1998 年，西班牙报纸《先锋报》网站刊登了西班牙公民冈萨雷斯因无力偿还社保债务而遭拍卖物业的公告。这是非常自然的一件事情，不同的是这个网页被网络爬虫程序存档，并被搜索引擎编录。冈萨雷斯发现，只要在谷歌搜索引擎中输入他的名字，就会出现指向《先锋报》的两个网页，让别人误解他依然还在欠债。他认为，在他债务偿还后，这些信息已经过时，并无实际价值，希望能够删除这些具有误导性的信息。于是，冈萨雷斯在 2010 年 2 月，向西班牙数据保护局提出了对《先锋报》、谷歌公司以及谷歌西班牙的诉讼。

西班牙数据保护局于 2010 年 7 月 30 日做出决定，一方面驳回了冈萨雷斯对《先锋报》的申诉，认为《先锋报》的公告行为，是依据劳动和社会事务部的行政命令而做出的，是合法的；另一方面却支持了冈萨雷斯对谷歌公司的申诉，要求谷歌公司采取必要措施，从其搜索结果中删除相关数据，并确保今后不再获得该类数据。谷歌公司不服，诉至西班牙高等法院。后来西班牙高等法院终止审理，请求欧洲法院对法律适用做出裁决。

2014 年 5 月 13 日，欧洲法院做出裁决，作为数据控制者的搜索引擎提供商，负有删除"不充分的、无关的或不再相关的，超出数据处理目的的"个人数据的法定义务，否则将侵犯作为数据主体的公民的"被遗忘权"；但同时指出《先锋报》可以援引言论自由条款免除此种法定义务。由此，公民的被遗忘权在世界上首次得到司法的正式确认。

根据谷歌公司公布的《透明度报告》，截至 2017 年，谷歌公司共收到全球超过 68.2 万人次删除个人数据的请求，绝大多数申请人是欧盟国家公民。欧盟在冈萨雷斯案件后公布了关于公民"被遗忘权"的指南性文件。

### 3. 中国"被遗忘权"第一案

在欧洲确立"被遗忘权"近两周年之际，北京市海淀区法院依法审结了中国公民任某某个人信息"被遗忘权"司法保护领域的全国首例案件。该案件对我国在网络时代如何保护个人信息的"被遗忘权"问题进行了有益的规则探索和司法实践。

海淀区法院审理的任某某案基本情况是，原告任某某曾在一家声誉不佳的教育公司工作，任某某进入某网络服务公司搜索页面，键入自己名字后，搜索引擎会出现"任某某+该教育公司名称"等相关搜索词条，而点击此类词条，搜索结果中包含任某某在该教育公司就职时的一些网页内容。任某某认为该网络服务公司的行为侵犯了自己的姓名权、名誉权和一般人格权中的"被遗忘权"。

法院经审理认为，相关搜索词系由过去一定时期内使用频率较高且与当前搜索词相关联的词条统计而由搜索引擎自动生成，并非由于某网络服务公司人为干预。某网络服务公司在"相关搜索"中推荐涉诉词条的行为，明显不存在对任某某进行侮辱、诽谤等侵权行为。"任某某"这三个字在相关算法的收集与处理过程中就是一串字符组合，并无姓名的指代意义，不存在干涉、盗用、假冒本案原告任某某姓名的行为。

任某某在本案中主张的应"被遗忘"（删除）信息的利益与任某某具有直接的利益相关性，而且，其对这部分网络上个人信息的利益指向并不能归入我国现有类型化的人格权保护范畴，只能从"一般人格权"的角度寻求保护，但是法院认为，任某某在从原公司离职后，仍从事同类教育培训行业，其此前的工作信息对于潜在客户充分知悉其情况是客观必要的。因此任某某要求删除"相关搜索"词条的利益不具有正当性和受法律保护的必要性，不应成为侵权保护的正当权益，故判决驳回了任某某的全部诉讼请求。

"被遗忘权"一般是指按照有关个人信息保护规则，网络用户有权要求搜索引擎服务提供商在搜索结果页面中删除自己名字或相关个人信息的权利。目前，我国民事权利体系中尚无该项法定权利。虽然本案判决并未支持原告提出的有关保护其所谓的"被遗忘权"的诉讼请求，但是为"被遗忘权"在我国现行法律体系下通过"一般人格权"加以保护打通了路径，通过对该权利法律性质的分析，寻找了现行法律保护的依据，确立了保护的条件和标准，其提出的"非类型化权利涵盖利益""利益正当性""保护必要性"三大裁判规则必将为"被遗忘权"的形成和案件裁判标准的完善奠定有力的实践基础,为我国网络时代个人信息相关利益进行司法保护提供有益的借鉴。

### 4. 我该为未来的可能犯罪买单吗

美国国土安全局已经在反恐系统中,通过人脸识别以及轨迹和记录,来判断一个乘坐飞机的人,是恐怖分子的可能性有多大。如果被判定为疑似恐怖分子,就可能有几个小时的检查,导致乘客经常会错过航班。它背后的问题是,尽管人脸识别技术能够提升社会安全度,但是我们应不应该为尚未发生的罪行买单?将来我们可能有技术去预测犯罪,那么在你没有犯罪的时候就逮捕你合法吗?在将来随着无人驾驶的普及,我们会不会接受人工驾驶上路,因为在那个时候,可能 90%的交通事故都是由真人造成的,那是不是要剥夺我们手动驾驶的行为或者只要你手动驾驶就罚款甚至逮捕。我们要不要为将来的可能性买单?

## 8.4　数据权归属问题

大数据商业产品涉及的主体有网络用户、网络运营者、数据收集者、数据处理者和数据利用者。数据权益到底归谁?上述的公民被遗忘权,也涉及数据权益问题。

### 1. 个人与企业之间的数据权益问题

面对相关数据,个人常常感到无力把控。因为个人与数据之间的关系存在不对等性,而数据控制方面的不对等性似乎更为突出。用户经常面对这样的情况:当用户决定要把他们提供给某个服务商的部分或全部数据删除时,即便服务商听从了用户的请求并确实删除了相关数据,但对服务商已出售给其他公司或已进行了大量处理的数据,用户丧失了掌控。

对于原始数据集被处理后生成的用户数据,还存在一个更为复杂的所有权问题:它们究竟属于用户,还是属于从事数据分析的公司抑或是原始数据的收集者?

对于用户来说,希望获得更充分的对个人数据的支配权,也希望获得更优良的基于个人数据的服务。

特定用户的网络用户信息(个人信息和非个人信息)显然是孤立的,其存在的目的是获得网络服务,因此,用户对于其个人在网络上的用户信息,并不具有独立的财产性权益。网络运营者对于原始网络数据(包括网络行为数据),只依约享有使用权,而不享有独立权。所以,各类数据收集公司一般会声明隐私权政策或者用户注册协议来获得用户的个人信息及数据授权,从而获得对用户数据的使用权益。但是用户授权就能免责吗?

网络大数据是经过网络运营者大量的智力劳动投入,经过深度开发与系统整合,是与网络用户信息、原始网络数据无直接对应关系的衍生数据，所以网络运营者，对于其开发的大数据产品，应当享有独立的财产性权益。除非大数据产品是完全自主的产权，否则一定会和用户数据权益相互交织，比如可能识别或者关联的特定的个人信息。此种情况下，网络运营者只能取得数据的使用权和一定的受益权益，应当将数据的控制权完全交还给用户。网络运营者应给予用户充分的纠正权、删除权、限制处理权、移植权、自动化决策拒绝权、账户的注销权等。

## 2. 企业之间的数据权益问题

企业间的数据收益争议更大，已经达到了剑拔弩张的程度。菜鸟和顺丰之间关于数据接口的纠纷，让人们第一次清楚地看到数据对公司和网络用户的深刻影响；新浪微博和陌陌的全国数据共享第一案，确定了数据共享的司法裁判规则；腾讯和华为旗下的荣耀 Medical 手机关于微信用户数据的纠纷，把原本两个世界的主体拉入同一竞争场。

如果一个网络运营者是通过爬虫获取的第三方的网络用户数据，那么这个网络运营者又有什么样的权益？如何认定其合理性呢？

网络爬虫是一种自动抓取网站数据的工具，抓取数据的前提是能正常访问目标网站。可以用 Robots 协议保护用户个人隐私信息或者商业秘密，这部分信息网络爬虫是不应当获取的。所以对于网络爬虫获取的用户的原始信息，首先考虑是否属于可公开获取的，其次考虑是否存在相应的 Robots 协议限制。网络用户的隐私是否该由网络运营商保护而不被网络爬虫获取？如果被网络爬虫越界获取后，网络运营商是否也有泄露隐私的责任？

对于公开数据的抓取，一方面要考虑在抓取公开用户信息的过程中，是否遵守了平台设置的 Robots 协议；另一方面要考虑这些数据是否经过平台的许可。

公开信息只意味着主体放弃了信息的私密性，但主体的其他权益并没有被放弃。信息公开的目的固然是为了让公众知晓信息，用户或平台一方面希望信息被他人获取，另一方面又不希望信息被他人不正当利用。例如用户可能不希望自己公开的信息被用来绘制用户画像而遭受广告的骚扰，平台也不希望自己公开的信息被对手复制用来争夺用户。

## 3. 企业和政府之间的数据权益问题

企业和政府之间存在着数据权益争议。这一问题的常规解决办法是限制数据的物理存储空间，即服务器的所在国。

苹果公司曾拒绝美国联邦调查局(FBI)要求查阅暴恐分子手机数据的请求。同样的事情，微软也曾做过。而在中国，也有网民爆料，腾讯公司曾拒绝法院调取微信点对点间数据。苹果公司在中国设立了数据中心；微软在北京、上海、香港都建立了数据中心；谷歌应用商店，因为想重返中国，所以必须将服务器放在中国境内。这样的企业和政府之间的数据权益争议问题，将会继续进行下去，短时间内很难有定论。

4. 国家/地区和国家/地区之间的数据权益问题

而国家(地区)和国家(地区)之间的数据权益问题更是上升到了国家安全层面。其中最为有名的事件就是欧洲法院曾做出判决,认定欧盟与美国于 2000 年签订的关于自动交换数据的《安全港协议》无效,美国互联网公司不能将欧盟公民的数据传输至美国的服务器。

## 8.5 大数据与数据分析的真实可靠性问题

大数据时代,数据总量大,"有用数据"隐藏在海量数据中,大量非相关、无意义甚至是错误的数据降低了有效数据的价值,即大数据的数据价值密度很低。斯坦福大学统计学教授特来沃尔·哈斯迪(Trevor Hastie)将其比喻为"在数据的大干草堆中,发现有意义的'针'",并且"其困难在于很多干草看起来也像针"。你能发现所有的草堆吗?你确信你翻遍了所有草堆而没有遗漏吗?你在翻草堆时如何识别针?你对每一根干草和针的态度公平公正吗?

### 8.5.1 大数据不等于全数据

大数据不是全数据。大数据的一大功能是预测。

从前,有一头猪,自打出生以来,就在猪圈这个世外桃源里美满地生活着。每天都有人时不时地扔进来一些好吃的东西,小猪觉得日子惬意极了!高兴时,可在猪圈的泥堆里打滚耍泼。忧伤时,可趴在猪圈的护栏上,看夕阳西下,春去秋来,岁月不争。"猪"生如此,夫复何求!根据过往数百天的大数据分析,小猪预测,未来的日子会一直这样"波澜不惊"地过下去,直到它从小猪长成肥猪……在春节前的一个下午,一次血腥的杀戮改变了猪的信念:天啦!大数据都是骗人的……惨叫戛然而止(图 8.6)。

图 8.6 大数据预测是骗人的(图片来源于网络)

这则"人造寓言"是由《MacTalk·人生元编程》一书作者池建强先生"杜撰"而成的。那头"悲催"的猪,之所以发出"大数据都是骗人的"的呐喊,是因为它得出了一个错误的"历史规律":根据以往的数据预测未来,它每天都会过着"饭来张口"的生活。但是没想到,会发生"黑天鹅事件"——春节的杀猪事件。那头小猪,仅仅着眼于分析它"从小到肥"的成长数据——局部小数据,而忽略了"从肥到没"的历史数据。数据不全,结论自然会偏,预测就会不准。

这好比你前面走来1000个人,刚好都是男性,你分析发现,他们的鞋子都在40码以上。这时走来第1001个人,所以你得出结论:这个人的鞋子也在40码以上。但是很遗憾,这是个女性,她的鞋子只有36码。

大数据时代中,常常使用 $n$=all 来定义大数据集合。但是 $n$=all 吗?我们不要简单地假定自己掌握了所有相关的数据。

那么,能采样到全数据吗?下面的案例可能会有所启发。

波士顿市政府推荐自己的市民使用一款智能手机应用——"颠簸的街道(street bump)"。这款应用程序,可利用智能手机中内置的加速度传感器,来检查出街道上的坑洼之处——在路面平稳的地方,传感器加速度值小,而在坑坑洼洼的地方,传感器加速度值就大。

这个设计不错。全波士顿市民都积极地参与。他们下载并使用这个应用程序,开着车、带着手机,他们就是一名义务的、兼职的市政工人,将全市的道路情况传递给市政人员。全市市民参与其中,肯定就能覆盖全市道路吧?市政工作人员无须亲自巡查道路,只需要联网就知道哪些地方存在坑洼、哪些道路损坏严重、哪里需要维修。

感觉这街道数据比较齐全吧?波士顿市政府也因此骄傲地宣布:"大数据,为这座城市提供了实时的信息,它帮助我们解决问题,并提供了长期的投资计划。"

然而,从一开始,"颠簸的街道"的设计就是有偏的,因为使用这款 App 的对象,"不经意间"要满足3个条件:①年龄结构趋近年轻,因为中老年人使用智能手机的相对较少。②使用这款 App 的人,还得有一部车。③得有闲心,开车时须记得打开这款 App。在一些贫民窟,可能因为使用智能手机的、开车的、有闲心打开这款 App 用户偏少,即使有些路面有较多坑洼点,也未必能检测出来。

所以,想要采集到波士顿全部道路状况的全数据,非常困难。波士顿全部道路状况是一个已知的有限集合,而有些数据本身就没有明确的边界。$n$=all 只是个幻觉。

## 8.5.2　防范数据失信和数据失真的措施

如前所述,大数据使量化世界成为可能,自然、社会、人类的一切状态和行为都可转化为数据而被记录、存储和传播,因而形成了与实体化的物理足迹相对应的"幽灵化"的数据足迹,它带来的潜在伦理风险是"无法摆脱的过去""无法被遗忘"对人之生存的压迫。如果人们担心"数据足迹"对个人职业生涯和未来生活造成不利影响，就有可能采取隐瞒、不提供或提供虚假数据，对数据进行"特殊"处理来"欺骗数据系统"。如果一个社会的信任资源状况不佳，欺骗数据系统的行为就会变得非常普遍。

数据源会出现不同程度的"污染"，主要包括以下三种类型。

(1)数据失真。数据生产和传播过程中由于多种因素导致的数据不可信，如因标准不一或技术障碍而引起的数据错误，被断章取义或片面引用造成的误报误载、以讹传讹等。

(2)数据造假。某些研究者为了得到理想的研究结果，故意采用必然产生误导性结果的实验方案，或者伪造、篡改和歪曲实验数据，虚假呈现和运用研究数据。

(3)数据超载。为了增加数据研究壁垒，在共享的数据集中掺杂大量无用数据或只对数据做简单堆积而不做任何有用解析，受众因无法理解数据而放弃使用。

除此之外，数据滥用也是不可忽视的，如何使科学数据既能成为人人可用的可信材料，又保证这些数据不被任意滥用，即平衡科学数据的普适性与专业性之间的关系应该成为未来议题。

大数据的数据源面临精准性、可信度、无污染三大挑战。这使得大数据技术在公共善的层面上面临信任悖论，即预设为可信的数据资源变得不可信。因此，治理或防范数据失信和失真，包括治理数据污染或清洗"脏"数据、不可信的数据和虚假数据等，将是大数据技术面临的公共伦理学难题。

### 8.5.3　项目设计中的算法歧视问题

美国很多公司以前的上班时间为早上九点到下午五点，每周工作六天。在现实情况中观测到每周二上午都没有顾客上门，店员经常拿着手机上网；而在每个周六来店的顾客却常常抱怨排队时间太长。新的人力安排软件为公司提供了丰富得多的选择，它能够处理不断更新的大数据，从天气到路人的行为模型皆可纳入考量。比如周六选择加班、休假挪到周二；预测某个下午会下雨，公园的人可能会跑进咖啡店避雨而导致咖啡店人手不够；再如预测到今年的黑色星期五去商店抢购的人数将比去年多26%以上。情况随时都在变化，企业必须合理配置人力去匹配不断变动的需求。

在以前的低效率经营模式下，职工有可预测的工作时间，从而有固定的空闲时间。但是现在程序可能会随时给员工分配临时的工作，安排包括周五的关开门事务(晚上关店和第二天一早开店)。所以职员的安排没有了规律，职员成了机器上的齿轮。

2014年《纽约时报》报道一位饱受工作时间安排不规律之苦的单亲妈妈，她一边努力读大学一边在星巴克担任咖啡师，同时还要照顾她四岁的孩子。她的值班时间不断改变，偶尔还必须负责关开门，这令她的生活陷入混乱。她无法为她的孩子安排固定的日间托儿服务，也不得不暂停学业，她的时间只够用来上班。

这位单亲妈妈陷入了一种恶性循环。因为工作时间非常不稳定，她不可能再回到学校念完大学，她的就业前途无法改变，她只能一直处于低薪劳工行业中。这样的劳工们会变得格外焦虑，而且睡眠不足，更容易出现剧烈情绪波动。这也将导致其子女在成长过程中无法拥有一个正常的家庭环境。这是新的人力调度软件造成的。

美国政府的统计数据显示，2/3 的餐饮业从业员和超过一半的零售业劳工如果工作安排临时有变，其被提前通知的时间最多不超过一周。他们因此只能仓促地调整自己的私人安排，比如托儿服务的时间。

在《纽约时报》这篇文章中被点名的大公司宣布将调整人力调度方式，承诺将在模型中加入一个限制条件，也就是不再要求同一名员工负责关开门，并可接受效率稍差一点的人力安排。星巴克甚至宣布将减轻其下 13 万名咖啡师值班时间频繁变更的困扰，承诺将至少提前一周公布员工的值班安排，但是《纽约时报》一年后的追踪报道显示，星巴克并未信守承诺，甚至连杜绝同一员工关开门的安排都没有做到，根本问题在于许多公司管理层的薪酬都取决于他们的人力运用效率，人力调度软件被用来协助管理层提高这些数字以及他们的薪酬。

之前的一些研究表明，法官在饿着肚子的时候，倾向于对犯罪嫌疑人比较严厉，判刑也比较重，所以人们常说，正义取决于法官有没有吃早餐。算法也正在带来类似的歧视问题。比如，2016 年 3 月，微软公司在美国的推特上上线的聊天机器人 Tay 在与网民互动过程中，成了一个集性别歧视、种族歧视等于一身的"不良少女"。随着大数据的算法决策越来越多，类似的歧视也会越来越多。

而且，算法歧视会带来危害。一方面，如果将算法应用在犯罪评估、信用贷款、雇佣评估等关乎人身利益的场合，一旦产生歧视，必然危害个人权益；另一方面，深度学习是一个典型的"黑箱"算法，连设计者可能都不知道算法如何决策，要在系统中发现有没有存在歧视和歧视根源，在技术上比较困难。

## 8.5.4 项目设计中使用方法的偏差

《计算机协会（ACM）伦理准则》中提道：设计和开发系统的计算机专业人员必须警惕，并提醒他人警惕任何潜在的危险。

计算机程序要运行多少次才算是"正确"的？考虑到全部的相关人员了吗？设计的模型考虑了全部可能发生的情况吗？解决问题的方法正确有效吗？并且设计者通常远离软件使用的环境，软件或软件的一部分可能用于原设计者所设想的不同的目的，软件可能用于比最初设计的使用环境更复杂、更危险。

来看一个可笑的小故事。

一天晚上，一个醉汉在路灯下不停地转来转去，警察就问他在找什么。醉汉说："我的钥匙丢了。"于是，警察帮他一起找，结果在路灯周围找了几遍都没找到。于是警察就问："你确信你的钥匙是丢在这儿吗？"

醉汉说："不确信啊，我压根就不知道我的钥匙丢到哪儿了。"警察怒从心中来："你为什么跑这里来找？"醉汉振振有词地说："因为只有这里有光线啊！"（图 8.7）。

是不是很可笑？但是看不见的地方我怎么找？

图 8.7 醉汉路灯下找钥匙(图片来源：经济学人)

在面临复杂问题时，我们的思维方式也常同这个醉汉相差无几，同样也是先在自己熟悉的范围和领域内寻找答案，哪怕这个答案与正确答案领域"相隔万里"！数据那么大，价值密度那么低，你也可以去分析，但从何分析起？首先想到的方法和工具，难道不是当下你最熟悉的？而你最熟悉的，就能确保它是最好的吗？

还有人甚至认为，醉汉找钥匙的行为，恰恰就是科学研究所遵循的哲学观。前人的研究成果，正是后人研究的基石，也即这则故事中的"路灯"。到路灯下找钥匙，虽看来有些荒唐，但也是"无奈之下"的明智之举。

技术本身无所谓好坏，在伦理学上是中性的，大数据自身的伦理也是如此。而技术伦理问题的出现主要是由主体因素引起的，是人在运用技术的过程中出现了偏差。

霍金说：一群金鱼在鱼缸里，在金鱼的世界里，由于光在进入水时发生了折射，在我们看来的直线运动，在金鱼眼中就是曲线运动。金鱼看到的和我们所看到的哪个更真实？如果金鱼够聪明，就会总结出一套物理学规律，虽然这规律在我们看来根本是胡说。

但问题是，我们怎么知道，我们不是在一个更大的金鱼缸里呢？也许我们正处在一个金鱼缸里，真正的世界在我们看不见的地方。

# 8.6　大数据相关法律法规

## 8.6.1　美国信息安全战略布局

2012 年 3 月 29 日，奥巴马政府推出"大数据研究与开发计划"，提出"通过收集、处理庞大而复杂的数据信息，从中获得知识和洞见，提升能力，加快科学、工程领域的创新步伐，强化美国国土安全，转变教育和学习模式"。

"大数据研究与开发计划"实质上是美国国家级信息通信技术(ICT)战略。美国信息安全的管理体制，由白宫科技政策办公室主导，政策执行、监督、管理等权限分配给多个政府部门，包括美国国家科学基金、国家卫生研究院、国防部、能源部、国防部高级研究局、地质勘探局等多个部门以及多个委员会和办公室。各个部门之间分工明确，互相配合，构成了美国庞大的信息安全组织管理机构体系。

同时美国为了加强大数据资源的开采，早就联合有关盟友，组建了"五眼联盟"(美国、英国、加拿大、澳大利亚和新西兰)进行全球监督和"掘金"。

美国信息安全法律制度调整对象涉及范围比较广泛，大致可以分为政府的信息安全、商业组织的信息安全和个人隐私的信息安全三个方面。

### 1. 保障政府信息安全的法律制度

美国对政府信息进行立法保护的首要原则是"向公众公开原则"，也称为"信息公开原则"。①《信息自由法》(1966 年)，主要是保障公民的个人自由，但也需要保障国家的安全；②《计算机欺诈与滥用法》(1986 年)，被用来保护联邦政府以及金融和医疗机构等"受保护的计算机"。③《爱国者法》(2001 年)，是"9·11"事件以后美国为保障国家安全颁发的最为重要的，也是目前争议最大的一部法律。它的主要目的是从法律上授予美国国内执法机构和国际情报机构非常广泛的权利和相应的设施，以防止、侦破和打击恐怖主义活动，使美国人民能够生活在安全的环境中。该法案已于美国时间 2015 年 5 月 31 日晚上 12 点到期失效，2015 年 6 月 2 日美参议院通过替代法案《美国自由法案》。

### 2. 保障商业组织信息安全的法律制度

对商业组织信息特别是商业秘密的保护，主要是依据各州的法律，大多是普通法。①《经济间谍法案》(1996 年)：规定窃取商业秘密的行为是一种联邦犯罪行为；②《数字千年版权法》(1998 年)：禁止规避数字版权作品上的技术保护措施，也禁止生产、进口和提供这样的设备和方法，否则要承担刑事责任和民事责任。

### 3. 保障个人隐私信息安全的法律制度

美国这一类法律法规比较多，比如：《隐私法》(1974 年)和《财务隐私法》(1980 年)规范联邦政府的电子记录和财政机构的银行记录；《隐私保护法》(1980 年)确定了执法机构使用报纸和其他媒体拥有的记录和其他信息的标准；《电子通信隐私法》(1986 年)根据计算机和数字技术所导致的电子信息的变化，更新了联邦的信息保护法。

## 8.6.2　欧洲联盟

2018 年 5 月 25 日，被誉为"欧洲最严法规"的欧盟《通用数据保护法案》正式生效，这份法案经过欧盟成员国长达四年的商讨，将个人隐私信息的保护和监管推向了一个具有时代意义的高度，堪称史上最严格的数据保护法案。

欧盟在最早推行的《数据保护指令》中，"用户数据"条目下的内容仅包含登录名、密码和购物记录等内容。《通用数据保护法案》则对这个概念的内涵进行了扩充，在法案开头便规定，"用户数据"的保护范围应包括：基本的身份信息(姓名、身份证信息等)、网络数据(IP 地址、浏览器 Cookie 等)、医疗保健或遗传数据、生物识别数据(指纹、虹膜等)、种族或民族数据、政治观点和性取向。这七大类用户数据，在欧洲进行业务经营的任何公司都不可以在未经用户同意的情况下进行处理。该法案规定，向欧盟居民提供产品或者服务，甚至只是收集或监控相关数据的非欧盟企业和组织，都必须遵守该法案。因此即便它是欧盟推行的数据保护法案，也能应用到全球范围内任何一家向欧盟居民提供服务的科技公司。

该法案生效当天，互联网科技巨头谷歌和脸书就首当其冲，被开出天价罚单。脸书被罚款 39 亿欧元，谷歌被罚款 37 亿欧元。QQ 国际版宣布，出于运营需要，于 2018 年 5 月 20 日开始在欧洲停止运营。

欧盟还将出台一项更为严格的隐私法案——《电子隐私条例》(ePrivacy Regulation)。两项法案将联手对互联网科技巨头公司划下红线，保护互联网用户的个人隐私数据。

欧盟委员会 2013 年 12 月批准实施"地平线 2020"科研规划，创建开放式数据孵化器，为大数据应用提供支撑，从 2014 年运行到 2020 年，是欧盟最大的研发、创新投资项目。

## 8.6.3　国际合作

2011 年 9 月，中国、俄罗斯、塔吉克斯坦、乌兹别克斯坦等国常驻联合国代表联名致函联合国秘书长，要求将由上述国家共同起草的"信息安全国际行为准则"作为第 66 届联合国大会文件分发，并呼吁各国在联合国框架内就此展开进一步讨论，希望各国尽早就规范网络空间行为的规则达成共识。2015 年 1 月，中国、俄罗斯、乌兹别克斯坦、吉尔吉斯斯坦、塔吉克斯坦、哈萨克斯坦向联合国大会共同提交了新版"信息安全国际行为准则"。加拿大参与了与联合国、北大西洋公约组织(简称北约)和八国集团等国际组织关于网络安全的讨论，加入了欧洲的网络犯罪公约，与美国、英国和澳大利亚形成了密切的安全和情报伙伴关系，在操作和战略层面不断加强合作。德国则希望建立和保持欧盟与世界范围内的广泛合作、联邦政府内部的合作、联邦政府信息技术特派员负责的公共和私营部门之间的合作。

2016 年 3 月 8 日，联合国人权理事会(United Nations Human Rights Council)根据第 28/16 号决议("数字时代的隐私权")设立隐私权特别报告员(special rapporteur on privacy，SRP)，调查各国隐私保护状况并每年向人权理事会和联合国大会提交隐私报告。联合国人权理事会强调在任何条件、任何时候和任何环境下都需要保障人权，当涉及隐私保护时，人权保护更具有挑战性。

报告关注的焦点问题主要有：跨文化的隐私和人格；线上商业模式和个人数据的使用；安全、监管、适当性和网络安全；开放数据和大数据分析对隐私的影响；基因和隐私；隐私、尊严和名誉；生物特征和隐私。

报告介绍了 2015 年至今全球隐私保护的最新动态：各国政府对于后门程序所持态度不一；欧洲法院通过司法判决的形式认定大规模监听行为违法，秘密监听措施侵权；英国通过专门的法案，禁止不恰当的侵犯隐私措施的实施；各国通过对话和合作机制积极探索隐私保护的新途径。

SRP 指出大约 25%的欧盟国家都实施了 DNA 数据库计划来侦查犯罪，但是这也引发了关于人权问题的讨论，比如政府在监控过程中不正当地使用 DNA 数据库。SRP 将继续致力于推动 DNA 数据库使用的国际人权标准计划，提供最佳行动指南。生物技术，比如语音识别、视网膜扫描、面部识别、指纹技术等目前已广泛用于各个领域，包括执法和个人接入移动设备。SRP 将继续致力于通过与生物研究组织合作，研究使用这些生物特征监测设备所需要的恰当的防护措施和救济。

报告提出，今后将进一步深化对于"隐私"概念的理解；提高民众的隐私意识；在世界范围内建立与隐私相关的对话机制；积极关注网络空间、网络隐私、网络间谍、网络战争与和平问题。

### 8.6.4　国内的相关法规

中国个人信息保护的相关法律并不完善。虽然《中华人民共和国网络安全法》与《中华人民共和国民法总则》等规定了侵权者的民事责任，《中华人民共和国刑法》及相关司法解释规定了侵犯公民个人信息罪，强调了侵权者的刑事责任，作为国家推荐标准的《信息安全技术个人信息安全规范》也对个人数据保护提供了执法的标准，但中国没有针对个人信息违法行为的行政处罚，导致从民事责任直接到刑事责任，难以形成执法合力，"要么没事，要么坐牢"的现状让很多人铤而走险。《个人信息保护法》和《数据安全法》已纳入十三届全国人大常委会立法规划的第一类项目。

2015 年 7 月，国务院发布了《关于运用大数据加强对市场主体服务和监管的若干意见》，主要是加强对市场主体的服务和监管。同年 8 月 31 日，国务院发布了《促进大数据发展行动纲要》，系统部署了大数据发展工作，其中着力促进大数据产业健康发展，着力规范利用大数据，保障数据安全。

2018 年 1 月，《科学数据管理办法》经中央深改组审议通过，由国务院办公厅正式印发，这是我国第一次在国家层面出台科学数据管理办法。科技部、财政部先后在基础科学、农业、林业、海洋、气象、地震、地球系统科学、人口与健康 8 个领域支持建成了国家科技资源共享服务平台，初步形成了一批资源优势明显的科学数据中心。在国家重点基础研究发展计划资源环境领域、科技基础性工作专项等科技计划项目管理中，将科学数据汇交纳入项目管理流程，实现了一批数据的汇交整合与开放共享。

2018 年 7 月 12 日，在 2018 中国互联网大会上，中国信息通信研究院(简称"中国信通院")发布了《大数据安全白皮书(2018 年)》。《大数据安全白皮书(2018 年)》首先从大数据带来的变革出发，探讨了大数据安全区别于传统安全的特殊内涵；然后聚焦技术角度，给出大数据安全技术总体视图，分别从平台安全、数据安全和个人隐私安全三个方面梳理了大数据环境下面临的安全威胁以及相应的安全保障技术的发展情况；最后基于大数据安全技术发展情况，提出大数据安全技术未来发展方向与建议，为大数据产业和安全技术发展提供依据和参考。

2018 年 10 月 1 日，全国首部大数据安全管理的地方性法规《贵阳市大数据安全管理条例》正式施行，这是贵阳围绕大数据在地方立法实践上的一次重大突破。该条例从大数据安全管理的适用范围、相关概念以及遵循的原则、数据安全责任单位履行数据安全保护的职责义务、政府部门的职责与分工、监督检查和法律责任、监测预警与应急处置等多方面做了明确规定。

2019 年 1 月 15 日中国科学院正式发布地球大数据共享服务平台，提供对地观测、生物生态、大气海洋、生物物种、微生物资源等多领域数据共计约 5PB。该平台包括两个核心系统。其一，数据共享服务系统，提供多学科数据的统一检索和发现，是国内首次遵照国家标准《信息技术科学数据引用》在国家重大项目数据共享平台发布数据引用。其二，CASEarth Databank 系统，提供长时序的多源对地观测数据即得即用产品集，包括 1986 年中国遥感卫星地面站建设以来 20 万景的长时序陆地卫星数据产品等。

此外，地球大数据共享服务平台还有一个区域系统——数字丝路地球大数据系统，包括"一带一路"区域资源、环境、气候、灾害、遗产等专题数据集 94 套，自主知识产权数据产品 57 类，通过中、英、法等多语言版本在国际相关单位实施共享。

2019 年 3 月，贵阳发布《2019 年全市大数据发展工作要点》，其中明确指出：贵阳将继续加快推进大数据及网络安全示范试点城市建设，以及建设国家大数据安全产业示范区，推进国家大数据安全靶场二期建设。

目前，地球大数据共享服务平台的用户能够在线检索到 40%数据，随着硬件条件不断完善，平台数据将陆续上线，预计每年以 3PB 的数据量进行更新。

我国《刑法》已做出相关规定，网络服务提供者拒不履行信息网络安全管理义务致使用户信息泄露，造成严重后果的，处三年以下有期徒刑、拘役或者管制，并处或者单处罚金。

最高法、最高检发布司法解释明确，2019 年 11 月 1 日起，拒不履行信息网络安全管理义务，致使用户信息泄露，具有"致使泄露行踪轨迹信息、通信内容、征信信息、财产信息五百条以上的"等 8 种情形，应当认定为刑法规定的"造成严重后果"。

# 8.7  大数据伦理与法律法规案例

2019 年以来，网上流传一个顺口溜："爬虫玩得好，监狱进得早。数据玩得溜，牢饭吃个够。"为什么会有这样的顺口溜？本节将以违规网络爬取数据以及侵害用户隐私数据为例，提醒公民在大数据时代应合法合规地使用大数据。

将爬取到的数据卖给其他公司，是大数据行业的一个违规操作。一旦诈骗公司或"套路贷"公司掌握了用户个人隐私数据，后果不堪设想。

## 1．"爬虫"原本是中立的

公民个人信息不可侵犯，现在国家正逐步规范数据行业和数据相关业务。

有这样一个案例：X 公司是某快递公司的分包服务商，可以登录该快递公司的后台查询快递信息。X 公司的一名员工自行开发了一个爬虫软件，利用这家快递公司给的权限密码登录后台系统，爬取了后台 25 万条用户信息。

这个案件被发现后，开发爬虫软件的员工被定为主犯抓捕，公司法人被定为从犯一起抓捕。公司法人没有参与这件事，不是第一责任人，但仍然是责任关系方。可见，数据安全与隐私保护的问题是涉及全行业的，不限于金融科技领域。

2019 年 9 月被查的大数据风控机构，都涉及爬虫技术。一时间，网络爬虫技术被推到了风口浪尖。在大数据行业内被广泛使用的网络爬虫技术，到底是什么呢？其实，网络爬虫是互联网时代被普遍运用的一项网络信息搜集技术。该项技术最早应用于搜索引擎领域，是搜索引擎获取数据来源的支撑性技术之一。简单来说，它包含三个步骤：采集信息、数据存储和信息提取。"爬虫"作为一种计算机技术，理论上来说具有技术中立性，在法律上也从未被明令禁止。

那么使用爬虫技术有什么风险呢？在获取数据的过程中，如果爬取了禁止爬取的数据，甚至为爬取数据而破解被爬服务器的防护措施，或者破坏被爬服务器的信息系统，就会触及监管红线。

### 2. 数据爬虫主要涉及的罪名

依据《中华人民共和国网络安全法》第四十一条、第四十二条，《最高人民法院、最高人民检察院关于办理侵犯公民个人信息刑事案件适用法律若干问题的解释》第一条、第三条、第四条、第五条，《信息安全技术个人信息安全规范》第 3.6 条、第 5.1 条、第 5.3 条、第 5.5 条，《中华人民共和国刑法》第二百五十二条、第二百八十五条，《中华人民共和国计算机信息系统安全保护条例》第三条、第七条，对爬虫技术应用不当的企业，可能涉及的罪名有以下三个。

1) 侵犯公民个人信息罪

(1) 爬取的数据信息属于公民个人信息范畴时。公民个人信息，是指以电子或者其他方式记录的，能够单独或者与其他信息结合识别特定自然人身份，或者反映特定自然人活动情况的各种信息，包括姓名、身份证件号码、通信联系方式、住址、账号密码、财产状况、行踪轨迹等。

(2) 利用爬虫技术获取的公民个人信息为非法获取的。利用爬虫技术收集公民个人信息数据，应当获得被收集人的同意，尤其是在数据中包含身份证号、信用信息等敏感数据的情况下，还需要获得明示同意。同时，利用网络漏洞非法下载、非法购买等行为，都属于"非法获取"公民个人信息。

(3) 非法获取公民个人信息达到"情节严重"以上的标准。非法获取、出售或者提供行踪轨迹信息、通信内容、征信信息、财产信息五十条以上；非法获取、出售或者提供住宿信息、通信记录、健康生理信息、交易信息等其他可能影响人身、财产安全的公民个人信息五百条以上；非法获取、出售或者提供上述规定以外的公民个人信息五千条以上，都属于"情节严重"。

2) 构成非法获取计算机信息系统数据罪

(1) 利用爬虫技术侵入计算机信息系统获取数据，或采用其他技术手段获取计算机信息系统数据。任何组织或个人不得危害计算机信息系统安全；不得破坏计算机及其相关的配套的设备、设施(含网络)安全，破坏其运行环境安全、信息安全，影响其功能正常发挥。因此企业若在爬取数据时，存在危害计算机信息系统安全的行为，包括破解被爬企业的防抓取措施、加密算法、技术保护措施等，则很有可能被认定为"侵入或以其他技术手段获取计算机信息系统数据"。

(2)非法获取计算机信息系统数据达到"情节严重"以上的标准。获取支付结算、证券交易、期货交易等网络金融服务的身份认证信息十组以上，或获取其他的身份认证信息五百组以上的，均属于"情节严重"。

3)非法侵入计算机信息系统罪

(1)违反国家规定，侵入国家事务、国防建设、尖端科学技术领域的计算机信息系统的，处三年以下有期徒刑或者拘役。

(2)对其他计算机信息系统具有侵入行为。只要有侵入行为，而不论侵入行为的结果。目前司法解释未对"侵入"进行具体的定义，但一般法院在认定上主要有两种方式：以非法手段登录网站，获取原本不该有权限获取的数据信息；将恶意程序、非法文件等发送至网站，对网站的正常运行产生影响。

在爬取网站的公开数据时，不存在"侵入"计算机信息系统的情形。但当批量爬取数据信息时，需特别关注是否会对网站的正常运行产生影响，切不可逾越红线。

# 第9章 大数据应用

互联网之父蒂姆·伯纳斯·李爵士(Tim Berners-Lee)曾提出："新闻的未来，是分析数据。"多数行业的未来是大数据分析，大数据分析也会成就这些行业的未来。大数据时代的到来对人类的生活、工作与思维方式产生了变革性影响，深刻改变着政府管理及公共管理等各个领域的面貌，大数据分析日渐成为各行业创新的助推力量。在全民创业、万众创新的时代，"大数据+"成为未来最具潜力的行业，各国对"大数据+"领域及其背后驱动的巨大产业寄予了高度的重视与支持。中国工程院院士高文说："不管你是否认同，大数据时代已经来临，并将深刻地改变着我们的工作和生活。"

2015年10月，阿尔法围棋(AlphaGo)，即谷歌旗下 DeepMind 公司开发的一款人工智能机器人，曾以5:0完胜欧洲围棋冠军、职业二段选手樊麾。虽然，人们取笑地说："拔掉电源不就战胜了 AlphaGo？"但是，让世界畏惧的并不是这款机器人，而是它身后的大数据。经过大数据驱动与分析，阿尔法机器人下每一步棋都是程序进行了大量分析后的结果。事实证明：通过用大数据分析可以战胜人类。

2016年3月，AlphaGo 以4:1的总比分战胜围棋世界冠军李世石。是 AlphaGo 自身具有超强的能力吗？答案是否定的。而是程序运用大数据分析战胜了人类。新华社评论道："不怕电脑记性好，就怕其爱学习。"

毫无疑问，大数据是当今社会最宝贵的财富之一，它不仅仅是一些数据，而是会给产业飞速发展带来动力的知识。源源不断产生的数据，正在加速大数据时代向全域发展。美国政府曾经将它比喻为未来的石油，潜力巨大、前程无量，大数据、云计算等科技发展已经触发了商业领域在管理理念、商业逻辑和业务模式上的巨变，未来将会形成一种新经济形态。

随着各种便携式网络设备、物联网和云计算等技术的发展，各行业将会推出更多基于多种甚至跨行业的数据源相互关联的应用场景，同时更注重面向个体类的决策和应用的时效性。因此，大数据的数据形态、处理技术、应用表现构成了新型的大数据应用。

当前，一方面，大数据在各个领域的应用持续升温；另一方面，大数据的效益尚在很多领域未充分展现。各类大数据系统虽处于早期阶段，但大数据应用会非常迅速地从电信、金融行业、互联网等重点领域向传统领域渗透，逐渐向全社会快速发展与部署。

通过企业大数据应用需求分析，我们还可以发现各行业企业对大数据的关注程度有所不同(图9.1)。本章将介绍电信、金融等行业的大数据应用。

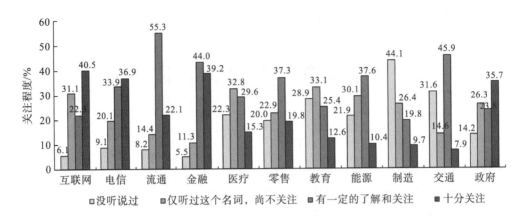

图 9.1　大数据在各行业的关注程度

# 9.1　电信大数据

电信行业拥有巨大的数据资源，手机用户每天产生的话单记录、信令数据、上网日志等数据就可达到 PB 字节规模。大数据对于电信运营商而言，一方面利用廉价、便捷的大数据技术提升其传统业务的数据处理能力，聚合更多的数据提升洞察与预测能力；另一方面提高大数据意识，寻求更个性化的商业新模式，尝试大数据价值的外部变现。电信行业利用这些大数据，不断改善网络运营，为客户提供各类个性化服务。

## 9.1.1　电信大数据的特点

（1）电信大数据可有效反映社会经济和个体的特征，包括精准的个体（人、车等）流量、职业和住宿分布、城镇关联强弱等，助力城市规划。

（2）电信大数据可持续长时间地观察个体的出行时空行为，可有效展现城市发展热点轨迹，以及各类设施对城市发展、居民出行与居住形成等的影响，将有效地支撑规划完善。

（3）电信大数据可连续记录具体个体的属性、互联网偏好等，如个体每天的出行轨迹、驻留特征、兴趣偏好、出行方式等相关信息；记录居民手机上网行为分析兴趣偏好，为个体划分群体类别、基本社会属性等；融合关联大数据，可全面分析城市居民特征与城市区域规划的关联性，为城市规划带来数据支撑，可为各级城市规划提供更为全面、精准化的数据分析服务，如提供个体、群体地理位置以及交通状态等特征分析；精细化分析城市个体的出行目的、方式和轨迹等；实时刻画 24 小时城市各个区域活跃个体流量变化和活动规律，描述各区域的经济关联，能准确分析出区域繁华程度，为政府规划经济圈提供依据。

## 9.1.2　经典创新应用实例——电信大数据优化现代城市功能与服务

### 1. 现代城市规划面临的挑战

当前，在城市规划方面，政府和行业专家根据以往经验，结合抽样问卷调查进行判断。但在这种高速发展新模式下，上述方式的作用非常有限，难以进行整体评估、调研结果实时性差等缺点逐渐显露。

(1)抽样数据支撑不足。采用小样本抽样问卷等方式，具有数据采集效率低、真实性较差等缺点，造成分析结果易偏差、数据实时性不足，不能反映出整体实际。

(2)个体的轨迹活动获取无法持续进行。采用小样本抽样问卷等方式，很难连续跟踪分析同一个体活动轨迹，数据连续性差、可信度不高。

### 2. 轨迹足迹位置大数据优化政府城市规划管理

在大数据时代，随着移动通信技术的发展，电信运营商通过电信基站与用户之间不间断的交互信息，可以比较准确地获得每个用户的实时坐标。这些数据几乎覆盖城市所有活跃人口，因此获得巨大的用户数据量。这些数据能够描述城市人口数量和空间分布的所有信息。

移动位置数据可以通过个体的位置轨迹，全面呈现该城市、道路、用地的动态情况，已经成为现代城市规划过程中重要的支撑数据。大数据轨迹通过提供"个体 + 连续时间 + 完整空间"的表达(图 9.2)，能够清晰地反映该城市个体群的职住、出行轨迹等重要特征，使城市规划更加准实时化和在线化。在城市规划与管理领域中，发挥着越来越大的作用。也能够为城市规划研究院、住建规划部门、高校科研单位提供全面、高质量的数据支撑。

图 9.2　轨迹足迹位置大数据服务提供"个体+连续时间+完整空间"的整体描述

基于电信位置及用户属性大数据，能够为各行业提供大数据服务。通过大数据平台，采集手机原始数据和手机网络流量等数据，利用大数据处理技术，进行数据处理，再进行大数据分析，将用户的属性分为"停留"和"行走"，再加上时间维度的分析，即可实现对用户的时空准确画像，全面地反映出人口的个性特征与移动规律模式，能够快速为政府部门等，提供有价值的位置和轨迹等大数据服务。

相较于以前的规划与管理调研方式，大数据服务优势与效率非常明显，主要包括以下几个方面。

（1）数据齐全：全域、整个城市的数据集中，数据完整。

（2）数据连续：获取长期连续的数据，可连续长时间地观察居民出行的时空行为，价值极高。

（3）数据效率高：能够有效地对数据进行清洗、加工，提高大量数据分析效率。

（4）智能化程度：大量使用人工智能、机器学习等算法，建立相关模型。

（5）实时定位：采用大数据分数算法，实时定位精确，自动校准。

（6）轨迹真实：长时间连续采集个体数据，能够掌握个体真实路线轨迹。

### 3. 位置大数据服务使城市规划与管理更为精准

在电信大数据分析模型的支撑下，电信大数据可提供全面、连续的居民位置大数据分析服务。如图9.3和图9.4分别为城市居民职住空间分布和城市居民迁徙分析。

对比政府与专家决策的传统城市规划方法，智慧大数据平台可以做到以下几个方面。

（1）体量巨大的运营大数据。可有效分析区域社会经济和个体的特征，包括精准的个体迁移、职业情况、居住分布、区域内部相互之间的关联强弱等，使得城市规划更有依据。

图9.3　城市居民职住空间分布

9.4　城市居民迁徙分析

（2）时间连续的迁徙大数据。可较长时间连续地观察人的出行时空行为，可有效跟踪城市（新城）发展轨迹，以及基础设施对城市发展、城市走廊形成等的影响，将有效地改进规划研究的可实施性。

（3）基于居民属性、互联网偏好数据。可连续不间断记录居民每天的出行、驻留、兴趣点、兴趣路线、出行方式等位置信息；记录居民手机上网行为，通过 URL 分析用户浏览的网站分析其兴趣爱好，分析居民使用 App 类型和频率为居民群体划分类别和打上标签；记录和分析居民基本社会属性，如性别、年龄，知道用户持有手机的系统、品牌、型号等；综合各种数据，可全面分析城市居民特征与城市区域规划的关联关系，为城市规划带来全新的洞察视角。因此，智慧足迹位置服务大数据可以帮助各级政府部门在城市规划分析的以下领域开展更为全面、精细化的分析与洞察。

（1）全面了解规划目标区域的整体情况，包括人口特征分析、地理位置特征分析，以及交通流量等分析。城市居民特征分析如图 9.5 所示。

图 9.5　城市居民特征分析

（2）精细化分析城市人口全天候的出行目的、出行方式、出行轨迹和出行路径。某城市的居民出行轨迹线路如图 9.6 所示；通过数据挖掘的匹配线路图如图 9.7 所示。

图9.6　某城市居民出行轨迹线路

图9.7　数据挖掘匹配线路图

（3）大数据分析某一个时段内，城市市民的活跃特征有哪些。通过这些研究，能够给公共服务部门提供如何开展服务的数据支撑。通过展示一定时段城市某些区域个体流量变化情况，政府能够分析个体流量的跨区域活动情况。这将有利于全面掌握城市居民时空分布情况。这既能够真实反映区域之间的经济关联强弱度，又能够成为政府规划特色经济圈、区域产业布局的重要依据。

（4）大数据系统化分析、汇聚城市人口的工作地和居住地分布，计算居民平均迁徙里程距离、时间，可为城市道路规划与优化、职住协调发展等提供应用数据。通过计算得出各区域、同时段和不同时段的人口密度，能准确反映出该区域的繁华程度等，这些将对城市规划与优化，以及经济关联性分析起到至关重要的作用。

现代城市规划与建设需要满足城市居民生活的各类需求，因此充分了解城市居民的信息，如居住地、工作地、出行的时间与轨迹等数据非常重要。利用这些数据，可刻画出城市居民的聚集特征、行走规律等。这些将为城市规划设计与优化提供重要的参考数据，对决定城市规划的功能区规划、基础设施配置等具有非常重要的意义。

### 9.1.3　电信大数据的未来

电信运营商应积极开展大数据关键技术研究与验证,同时要找准大数据应用的切入点,创新数据化运营的商业模式,尽快推动大数据技术应用实践,支撑更多的数据类型、更大的数据量,进行更精准的分析,为大规模应用、推广奠定基础。

对于电信企业来说,电信大数据的价值巨大。

首先电信大数据通过测算识别客户与客户之间关系所形成的社交关系中各客户角色的判定,形成企业对客户影响力和价值的判断。电信企业利用自身的影响力进行产品营销和活动推广,可以获取更大的商业价值,提高企业营销和运营管理的效率。

其次,电信大数据提供了个体行为轨迹数据与正常行为所需时长和行为轨迹标准进行对比,通过监测、判断,提出更完善的分析模型,完善产品和流程设计,提升客户体验度。

最后,根据客户个性化,提供不同营销方案及销售和服务等级,增强客户价值分析与测算,极大提高营销效率。

电信大数据能够在政府管理和社会稳定中发挥重要作用。电信大数据助力社会治安。例如,通过通话记录的主被叫关系,建立人物关系的知识图谱,建立模型、预测算法,可以快速挖潜,为公安机关提供破案的依据。电信大数据助力风控创新,推动政府数据开放及加强行业规范自律,提高风控能力。大数据助力客流智能化管理,让客流智能管理、监管人员智能调配、危机预测的资源得到更加合理地利用,信息精准并及时发布,能够为政府管理部门的运营改革、政策调整等提供科学依据。

电信大数据带来的行业变革,可构建具备长效机制的数据生态平台,融合多维度数据,创新出更科学的分析技术,推动相关行业的变革与发展,以及将沉淀的大数据转化为可应用的大数据解决方法。

## 9.2　金融大数据

金融行业是大数据的又一重要应用领域,在金融资源配置、精准营销、风险管控和创新方面有重要的应用意义。金融大数据在银行、保险和证券三大业务中均具有较为广阔的应用前景。金融企业需要更加主动地运营、获取客户数据,从而了解客户,获取优质的客户资源。如何掌握哪些客户是高价值客户、客户的偏好如何,已成为金融机构亟待解决的问题。

### 9.2.1　金融大数据的特点

未来几年,互联网将不断推动金融行业向更加注重客户体验、以客户为中心转变。这既是挑战，也是机遇，一旦抓住，就能为客户创造更好的体验，为金融行业创造更大的价值。

### 1. 运营交易成本低，客户群体大

以大数据云计算为基础，以大数据自动计算为主而非人工为主参与审批，成本低廉，不仅可以针对小微企业金融服务，而且可以根据企业生产周期灵活决定贷款期限。大数据金融不仅整合了碎片化的需求和供给，而且拓展了服务领域，服务数以千万计的中小企业和中小客户，进一步拉低了大数据金融的运营与交易成本。

### 2. 精准营销个性化服务，放贷快捷

无论平台金融还是供应链金融，任何时点都可以通过金融大数据计算得出用户信用评分，并通过网上支付方式，实时根据用户的贷款需要及信用评分等来放出贷款。根据每家企业的信用评分等建立模型，金融大数据不受时空限制，能够较好地匹配期限管理，解决流动性等问题，可针对每一家企业的个性化融资要求提供不同的金融服务。

### 3. 科学决策，风险管理和控制好

金融大数据聚拢了各平台信息流、物流、资金流等上下游系统内部的海量信息，可以实时给出信用评分，能够解决信用分配、风险评估、实施授权甚至是识别欺诈问题，利用分布式计算来做出风险定价、风险评估模型，科学决策更有效，不良贷款率更低。

## 9.2.2 经典创新应用案例——个性化营销策略

目前，国内不少金融机构已经开始尝试通过大数据来驱动业务运营，大数据公司在与金融机构的合作中，也进行了很多有意义的探索和尝试，包括精准营销、老客经营、用户唤醒、单客价值提升、产品优化及渠道投放策略等。

凭借对用户互联网行为特征的掌握，大数据帮助金融机构进行用户画像，了解其客户在互联网端的行为，基于此进行用户分群，并针对不同人群采取定制的营销策略。在了解客户倾向后，有针对性地提供相应的策略，如发现银行客户中存在大量"家庭主妇"型客户后，根据此类人群偏好，提供打折券、积分兑换等功能，强化此类客户认识，满足此类用户偏好，增加客户黏性及满意度，保证客户资金不断沉淀，在有合适理财产品时，进行精准推荐，使其产生购买行为，最终形成银行利润。在图9.8中，使用大数据分析挖掘平台将客户分成了以下4类。

(1)家庭主妇型：对金融理财偏保守，对母婴、幼儿教育感兴趣，有空闲时间看视频、听音乐，以家庭妇女为主。对优惠、儿童产品敏感，建议有针对性地推送"限时特惠""优惠快讯"，开展亲子类活动等，增加客户黏性。

（2）高端商务型：商旅出行是强需求，投资行为明显，经常使用可穿戴设备、智能家居，以高端商旅人群为主。建议通过高收益理财产品留住客户，思考如何让客户在商旅出行中享受贴心服务，思考与高科技产品的结合营销。

（3）小资生活型：有一定的经济基础，对投资、科技均感兴趣，以白领上班族为主，属未来潜力股。建议通过分期付款、信用卡额度提升等方式刺激客户消费，增加客户黏性。

（4）保守稳重型：手机 App 使用极其不活跃，互联网基因较弱，以老年人为主。建议挖掘高资产客户，因为此类客户不习惯使用互联网产品，所以可通过电话等进行一对一服务，会有意想不到的效果。

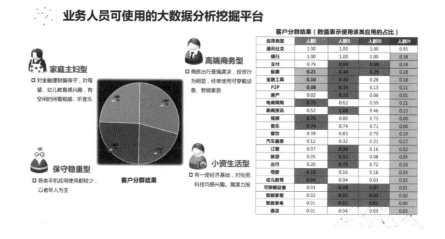

图 9.8　客户分类图

总的来看，大数据在金融行业的应用起步比互联网行业稍晚，其应用深度和广度还有很大的扩展空间。金融行业的大数据应用依然有很多的困难需要克服，比如，在金融机构交易墙内，各业务的数据孤岛效应严重、大数据人才相对缺乏，以及缺乏金融之外的数据整合等问题。大数据解决方案在多个行业获得了实际应用和价值收益，越来越多的行业客户看到了大数据在行业内的价值体现。相信在未来几年内，在互联网和移动互联网的驱动下，金融行业的大数据应用将迎来突破性发展。

### 9.2.3　金融大数据应用的未来

数据信息的挖掘能力将成为商业银行的核心竞争力，可以预见不久的将来，银行最重要的业务将是经营"大数据"，类似阿里巴巴的网商银行，已经没有银行柜台，完全通过数据来运营业务。今后，银行的数字化能力将成为银行竞争能力的直接体现。客户大数据将是银行最核心的资产，是银行数字化转型的必须途径。银行可利用大数据分析技术，预测分析客户行为，销售产品和服务；完善金融渠道，开发与时俱进的金融服务平台，如互联网金融；建立全面风险模型，控制信用风险；加速数字银行等信息化建设，完善网点的自助服务体系，构建良好的自助服务体验。

### 1. 金融大数据助力各环节中的用户描述

随着不同金融产品的推出和互联网金融的兴起，用户的偏好、需求都会发生变化。曾经活跃的用户可能在一段时间之后活跃性下降，不再专注于同一个投资领域或平台；曾经的高净值用户也可能将投资撤出，转向其他金融机构或产品。同时，不同年龄、地域或经济状况的客户对于金融产品和服务的诉求也会有所不同。如果这些变化被实时捕获，并通过大数据处理与分析，可以为客户构建崭新的 360 度全方位画像。实现更全面、更精准、更高效的人群描摹，助力金融机构深入了解客户群体，制定个性化的运营策略，提升客户满意度。

### 2. 金融大数据助力各环节中的业务分析

获取、关联和分析更多维度、更深层次的大数据相关性，及时调整金融策略，更好、更快、更准确地实现原来不可担保的信贷可以担保，不可保险的风险可以保险，不可预测的证券行情可以预测。建立有关业务描述的基础标签，包括业务属性、业务特征、线上业务应用偏好、线下业务行为轨迹、消费业务兴趣等，实时改变会导致客户流失的业务。

近年来，金融企业通过金融大数据创新商业模式和盈利模式。银行大数据应用可从客户画像、精准行销、风险管控以及运营优化等方面进行。在后金融危机时代，能够促进我国经济结构调整和转型升级。因此大数据金融战略不仅成为企业的战略选择，而且在产业和国家层面也成为战略选择。

## 9.3  政务大数据

### 9.3.1  政务大数据的特点

(1)大数据有助于提升公共产品和服务的质量。一方面，基于政务数据共享互通，实现政务服务一号认证(身份证)、一窗申请(政务服务大厅)、一网办事(联网办事)，大大简化了办事手续；另一方面，通过建设医疗、社保、教育、交通等民生事业大数据平台，有助于提升民生服务质量，同时引导鼓励企业和社会机构开展创新应用研究，深入发掘公共服务数据，有助于激发社会活力、促进大数据应用市场化服务。

(2)大数据有助于宏观调控科学化。政府通过对各部门、社会企业的经济相关数据进行关联分析和融合利用，可以提高宏观调控的科学性、预见性和有效性。比如电商交易、人流、物流、金融等各类信息的融合交汇可以绘出国家经济发展的气象云图，帮助我们了解未来经济走向。

（3）大数据有助于政府加强事中、事后的监管和服务，提高监管和服务的针对性、有效性。《国务院办公厅关于运用大数据加强对市场主体服务和监管的若干意见》（国办发〔2015〕51号）提出了4项主要目标：一是提高政府运用大数据的能力，增强政府服务和监管的有效性；二是推动简政放权和政府职能转变，促进市场主体依法诚信经营；三是提高政府服务水平和监管效率，降低服务和监管成本；四是实现政府监管和社会监督有机结合，构建全方位的市场监管体系。"大数据综合治税""大数据信用体系"等以大数据融合加强企业事中、事后监管的新模式的探索正在全国各地展开。

（4）大数据有助于推动权利管控精准化。借助大数据实现政府负面清单、权利清单和责任清单的透明化管理，完善大数据监督和技术反腐体系，促进政府依法行政。李克强总理在了解贵阳利用执法记录仪和大数据云平台监督执法权力情况时提出，要把执法权力关进"数据铁笼"，让失信市场行为无处遁形，权力运行处处留痕，为政府决策提供第一手科学依据，实现"人在干、云在算"。

大数据推动政府从"经验治理"转向"科学治理"。随着国家大数据战略渐次明细，各方实践逐步展开，大数据在政府领域的应用将迎来高速发展。

## 9.3.2　经典创新应用实例——政务大数据助力健全监管体系

就业、社保、监察、人才培训及税务、工商、民政、公安等数据资源，形成各地区"信息共享、网格联动、预防处置、指挥调度"劳动关系智能化预警监控"信息链"。通过信息数据库的比对，各地区人社部门可以第一时间发现并纠正企业劳动保障违法行为，改变以往单靠劳动保障监察部门处理案件的被动局面，促进全地区劳动关系的和谐稳定。

财税部门应用大数据可以进行税收监管。以美国为例，自2012年起，美国联邦及州的税务部门就开始尝试应用大数据技术寻找偷税、骗税行为的共同特征来打击逃税。美国税务局（Internal Revenue Service，IRS）对纳税人申报信息与各种公开信息记录进行比较，特别针对申报表中的税前列支内容、退税信息创建了大量算法，寻找其中的疑点。仅就2011年度的纳税申报，就发现了36亿美元的虚假税前列支，并发现超过3%的退税存在欺诈行为。

2018年，我国某市国税局也采用内控监督平台开展日常监督，充分发挥税收大数据的优势监督税务工作。其内控监督平台包括内部控制、税收执法风险、行政管理风险等子系统。通过该平台可以实现对税收业务部门和行政管理部门的全面监控。依托平台嵌入内控制度100多项，仅在2018年，梳理发布风险点和应对措施1000多条，推送核查执法风险疑点数据300多条。依托国税部门金税三期、防伪税控、电子底账等业务系统，深入挖掘发票数据，聚焦违规公务接待、购买高档烟酒、采购办公用品、公款旅游等事项，锁定烟、酒、茶、节日福利、餐费、购货方名称等关键字段，提取疑点数据。

### 9.3.3　政务大数据的未来

政府作为大数据建设和应用的主导力量，应积极应用大数据，充分发挥大数据隐含的战略价值。政府在建设和应用大数据的过程中有独特的优势。政府部门不仅掌握着绝大多数具有价值大数据，而且能最大限度地调动社会资源，整合推动大数据发展的各方力量，对各行业来说具有引导性作用。

(1)政务大数据助力工商部门探索建立注册登记监测预警机制，可对企业异常行为进行预警，有效提供针对性和科学性较强的监管等。中小企业大数据服务平台精准服务企业，根据企业的不同需求提供包括消费者情报、竞争者情报、合作者情报、生产类情报、销售类情报等个性化定制情报，为中小微企业全面提升竞争力提供数据信息支持。

(2)政务大数据助力规划部门制订城市规划，规划部门通过监控道路周边基站人口的流动情况，反映该区全天候道路个体流动情况，预测各个时段道路的拥堵状况等。

(3)政务大数据助力教育部门改善教学体验。在网络教学和课堂教学相融合的教学方式下，实现教育大数据的获取、存储、管理和分析，为教师教学方式构建全新的评价体系，改善教与学的体验。

## 9.4　旅游大数据

对于旅游行业，大数据平台可以收集互联网，例如论坛、博客、微博、微信、电商平台、点评网等有关旅游的评论数据，通过对大数据进行分词、聚类、情感分析，了解游客的消费习惯、价值取向，从而全面掌握旅游目的地的供需状况及市场评价，为政府和涉旅企业做出科学的、实时的决策和安全保障等提供依据。

### 9.4.1　旅游大数据的特点

以旅游大数据，建立以旅游客户为中心的大数据模型，并基于此形成各种数据应用依据，供企业数据分析和业务人员使用，不仅利于企业建立线上直营渠道的统计分析平台，也会为企业提供全方位的运营咨询服务，多层面提升企业的运营管理和服务水平。

(1)追踪旅游业务关键数据及指标，调整产品及优化体验，使用户更容易参与到产品的生产等各个过程，打造符合用户预期的旅游产品，实现用户规模的增长。

(2)通过大数据平台将用户画像与企业的旅游产品相结合，并对数据进行相应的业务解读才能发挥其真正的作用。在每个环节可以通过各种方式触达旅客，提高全流程产品转化率，提高用户黏度，同时也可以进行跨界营销，利用数据进行价值变现。

(3)可实时监测营销和活动效果。解决方案根据不同渠道采集的效果点数据、不同渠道的用户运营数据、历史投放策略、人群定义策略等进行综合分析，调整不同渠道的投放预算比例和出价等，动态优化投放方案，以达到最优的投放效果。投放开始之前后，通过真实用户的人群画像，可以帮助企业调整投放方案，更精准地进行后续的投放。

### 9.4.2   经典创新应用实例——酒店投资决策

某家旅游地产企业计划在上海迪士尼附近投资新建五星级酒店。首先使用数据市场中的旅游客户移动设备地理位置数据，包含游客来源与住宿信息等关联，最终确定酒店的投资策略。例如，上海迪士尼和全球其他迪士尼乐园一样采取通票制，游客在这类游乐园很少会只玩半天或更短的时间。经过一整天的游玩，来自其他地区的游客很难在当天返程，只能选择在上海住宿。酒店正式运营前后数据如图 9.9 所示，预测数据与实际数据高度一致。

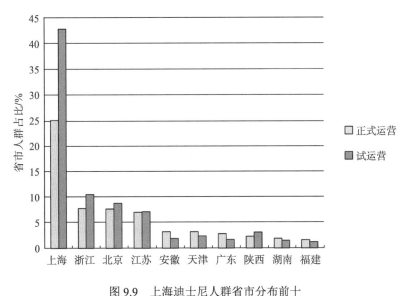

图 9.9   上海迪士尼人群省市分布前十

数据来源：中国旅游研究院与携程旅游大数据联合实验室

### 9.4.3   旅游大数据的未来

大数据让旅游更具智慧，能够给游客提供更好、更舒适、更有效的服务。

(1)旅游大数据可构建长效机制的旅游数据生态平台，将数据价值转化为可应用的旅游数据解决方案，让传统旅游业进入大数据应用的新时代。

(2)打造个性化的旅游服务。通过大数据分析，可以给旅游项目的选址、定位提供科学依据，预测全域旅游业的发展趋势，将宣传和营销活动植入目标人群的行为轨迹中，提升营销的精准度。例如，从图 9.10 的 2018 年"五一"小长假定制游热门玩法中可以精准定位一类目标人群及一种旅游趋势。

(3) 切合全域旅游的发展趋势，释放能量打通旅游产业要素，扩展产品线，形成产品群，实现产业规模的数量级扩张。

(4) 旅游智能信息化管理机制，对旅游业及其他相关产业改革、政策及战略调整有科学有效的参考价值，减少资源浪费，建立流量共享机制，从而打造旅游产业之间相互补充的生态发展平台。

(5) 智慧旅游大数据分析做到精准、真实、可关联、可追溯，通过数据在平台中不断的沉淀，智慧旅游平台还可以定制化为符合区域旅游特点的个性化智能平台。

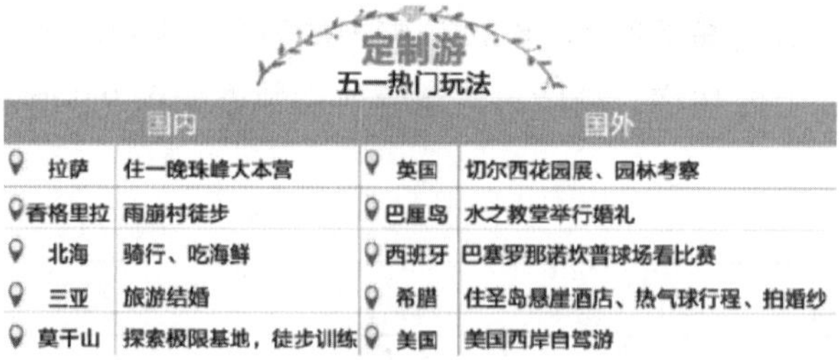

定制游
五一热门玩法

| 国内 | | 国外 | |
| --- | --- | --- | --- |
| 拉萨 | 住一晚珠峰大本营 | 英国 | 切尔西花园展、园林考察 |
| 香格里拉 | 雨崩村徒步 | 巴厘岛 | 水之教堂举行婚礼 |
| 北海 | 骑行、吃海鲜 | 西班牙 | 巴塞罗那诺坎普球场看比赛 |
| 三亚 | 旅游结婚 | 希腊 | 住圣岛悬崖酒店、热气球行程、拍婚纱 |
| 莫干山 | 探索极限基地，徒步训练 | 美国 | 美国西岸自驾游 |

图 9.10　2018 年“五一”小长假定制游热门玩法

数据来源：中国旅游研究院与携程旅游大数据联合实验室

## 9.5　大数据的其他应用

### 9.5.1　大数据在制造业的应用

大数据加速产品创新：挖掘和分析客户与工业企业之间的交互和交易行为数据，能够帮助客户参与到产品的需求分析和产品设计等创新活动中。

工业物联网生产线的大数据应用：现代化工业制造生产线安装有数以千计的小型传感器，来探测温度、压力、热能、振动和噪声。

大数据的产品销售预测与需求管理：通过历史数据的多维度组合，可预测区域性需求占比和变化、产品品类的市场受欢迎程度以及最常见的组合形式，以此来调整产品策略和铺货策略。

产品质量管理与分析：高度自动化的设备在加工产品的同时，也同步生成了庞大的检测大数据。这些大数据能够给传统的制造业带来创新方法，以便应对工业背景下的挑战。

大数据应用、建模与仿真技术则使得预测动态性成为可能。无所不在的传感器、互联网技术的引入使得产品故障实时诊断变为现实。

通过大数据分析和预测各地的商品需求量，并以此为依据优化产品供应链，从而提高配送和仓储的效能，提升客户体验。

　　生产计划与排程生产环节的大数据，可以提供更详细的信息，发现历史预测与实际的偏差概率，考虑产能约束、人员技能约束、物料可用约束、工装模具约束，通过智能的优化算法，制订排产计划等。

　　工业污染与环保检测大数据，可推动开展环境质量连续自动监测和环境污染遥感监测，可以预测排污和环境污染预警、监控。

## 9.5.2　大数据在能源领域的应用

　　各国、各州、各省、市和乡以及公用事业公司、各种类型和规模的企业都在努力降低能源使用量和成本，都试图了解能源趋势和未来预测如何影响它们及其组织构成或客户。大数据和先进的分析可以帮助每个人实现目标，降低风险。

　　大数据在能源领域中的应用之一是用来检测并解决网络问题，如网络中断、网络压力、效率低下和薄弱环节、可能的停机断电和未来的容量需求。随着新型智能传感器、电表和其他能够产生恒定数据流设备的出现，进行分析需要了解所有数据。公共事业各公司通过更加积极主动的工作，可防止经常出现的停机，节省修理费用。

　　大数据在能源领域的应用之二是在开放网络接收更多的能源供应信息，如客户回购项目中，客户通过替代能源来提高公共事业使用，如家用或商用太阳能电池板。该公共设施可以购买客户的多余能量，增加总体供应，以供转售。使用大数据工具可以正确跟踪和监视最新的能源供应信息，并正确跟踪这些成本和转售价格。

　　大数据在能源领域的应用之三是应用于早期检测系统威胁，例如变压器附近动物密集、恶劣天气威胁、恐怖主义或激进主义威胁等。公共事业数字化运作日益增强，这些系统将变得更加容易受到攻击，要采用大数据驱动的安全方式检测、限制、反应、阻止这种攻击。

　　大数据在能源领域中的应用之四是改革公共事业公司本身。从提高能量输出和可替代能源输入到改进效率低下的内部流程，数据分析最终将会改变一家公用事业公司乃至能源产业的整体运作方式。

## 9.5.3　大数据在交通领域的应用

　　交通大数据的需求已日益显现。交通大数据在交通管理优化、车辆和出行者的智能化服务方面，以及交通应急和安全保障等方面已经有大量应用。例如，高德地图的日请求次数大约有 70 亿次，拥有大量的用户出行数据。高德公司将自身的地图生态开放给交通部后，完善并增大了其交通数据规模。交通运输部可以根据高德提供的数据来提高数据的可靠性，成为可靠的参考样本，进而做好决策；其他一些大数据服务企业利用自身搜集的交通数据及交易的数据，分析用户出行数据，预测不同城市间的人口流动情况，如春运期间的交通调整等。可见，准确把握大数据在智能交通领域内的优势，可提高交通效率、解决交通拥堵、确保交通运输安全、减少环境污染等，进而在新的高度和起点上改善交通状况起着非常重要的作用。

对于交通领域中的汽车行业，车内数据收集对汽车制造商非常有利，最引人注目的是有利于找到诊断日益复杂的引擎和控制系统问题的新途径，同时驾驶员、汽车保险数据和行驶汽车留置权也能带来收入。汽车经销商发现，生成新数据的车载应用能够带来丰厚的经济回报。同时他们发现通过解读汽车收集的各类数据，可以降低诊断和维修成本。

现在已经不仅仅是汽车制造商和经销商才关注汽车大数据。车载信息服务数据使用范围已经从乡镇、县级地方政府扩大到省级政府。各级政府都在深入研究大数据，用以改善道路环境、交通安全状况和交通流量预测，并最终将其应用到互联互通的交通基础设施上。

通过安装摄像头和传感器，现有的道路和公路已经实现了数字化。不同的政府机构使用不同数据，一些用于提高执法，其他一些则用于改进交通模式、制订未来交通规划，利用车载系统、车联网，未来还可以利用道路基础设施和周围构造、标志、建筑完成数据分析和报告。

火车、汽车、船只和其他运输方式(包括从无人驾驶飞机、智能化自主战争机器到渡轮、高尔夫球车)也都正在经历转变，每种情况下数据生成分析和数据驱动的创新是转型的核心。

数据越来越多地对公众开放使用，运输领域之外的实体还可以以无数种方式使用此类数据。大数据已经应用到智能城市改造中，并有助于彻底改变交通状况。我们可以期待，可穿戴计算和移动应用程序与交通运输领域集成将更为紧密。

### 9.5.4  大数据在零售行业的应用

利用大数据及其分析技术，零售企业可以对客户群体进行细分，针对不同的客户群体制定相应的营销计划，达到事半功倍的效果。

大数据时代飞速发展的背景下，越来越多的企业意识到客户管理的重要性。在云计算与大数据分析技术的支持下,零售企业可以将客户日常浏览行为和交易行为数据全部整合在一起，对客户进行深度分析，挖掘客户新的需求。通过不同的角度去深度分析客户，再通过数据分析来挖掘新客户、提升客户黏性、降低客户流失率等。通过客户购买记录了解客户购买喜好，将相关产品放到一起销售，以增加产品销售额，例如将洗衣服相关的化工产品，如洗衣粉、消毒液、衣领净等放到一起进行销售，根据客户的产品购买记录而重新陈列货物，将会给零售企业增加 30%以上的销售额。零售行业还可以记录客户购买习惯，将一些日常必备的生活用品，在客户即将用完之前，通过精准广告的方式提醒客户购买或者定期通过网上商城进行送货，既帮助客户解决了问题，又提高了客户体验。

　　根据已有的销售数据，对市场进行分析，从"人""货""场"三个角度来分析销售数据产生原因，比如：是否应该推出促销活动，产品的陈列、包装是否需要优化，客户购买动机等。"啤酒与尿布"的故事是营销界的神话，"啤酒"和"尿布"两个看上去没有关系的商品摆放在一起进行销售，获得了很好的销售收益，这种现象就是卖场中商品之间的关联性。研究"啤酒与尿布"关联的方法就是购物篮分析，购物篮分析曾经是沃尔玛秘而不宣的独门武器，购物篮分析可以帮助商家在门店销售过程中找到具有关联关系的商品，并以此获得销售收益的增长。

## 9.5.5　大数据技术的应用拓展

### 1. 理解、定位服务对象，为服务对象提供个性化服务

　　使用大数据能更好地了解客户以及他们的行为和喜好，这是现在最大的最广为人知的大数据应用领域之一。企业通过收集社交媒体数据、浏览器日志、文本数据和传感器数据，来更全面地了解客户。在大多数情况下，其主要目标是创建一个预测模型，为下一个商机提供预测数据。例如美国零售商 Target 通过大数据分析，可以非常准确地预测客户生小孩的准确时间。除此之外，通过使用大数据分析技术，电信等公司可以更好地预测客户流失；沃尔玛等企业可以更好地预测哪些产品将会热卖；汽车保险等公司能够了解其客户的驾驶水平，提供比较合适的保险；而政府则能够了解人们的各项指数，提供更好的社会服务等。

### 2. 了解和优化业务流程

　　大数据分析技术也越来越多地用于优化业务流程。利用从社交媒体数据、网络搜索趋势以及天气预报挖掘出的预测信息，销售商能够优化其商品库存量、供应链或配送路线等。通过地理定位或无线电频率识别，能够整合实时交通数据来优化路线。通过使用大数据分析来改进人力资源业务流程，包括优化人才招聘和公司文化、提高人员参与度等。

### 3. 大数据提高了我们的生活质量

　　可以利用可穿戴设备(例如智能手表或智能手链)生成的数据，追踪我们的热量消耗、睡眠模式等。利用大数据分析，单身人士可以寻找爱情。采用大数据技术和算法，交友网站帮助单身人士寻找最匹配的对象。

## 4. 大数据助力医疗和研发

通过大数据分析的计算能力，医疗机构能够在很短时间内解码整个 DNA，并寻找到最佳的治疗方法，为患者提供更好的医疗服务；同时也能够更好地理解和预测疾病模式。未来的临床实验将不会仅限于小样本，而是将服务于每个人，包含早产婴儿以及患病婴儿。通过记录和分析每次心跳以及呼吸模式，医生可以在任何身体不适症状出现之前一段时间得到相关预警信息。这样，医生就可以更早地救助患者。

## 5. 科学训练有效提高体育成绩

通过运动器材中传感器收集的数据及比赛视频数据来分析运动员的表现，有助于提高运动员的成绩。

## 6. 设备更优化和智能

大数据分析能够让设备更加智能。例如，人工智能自驾车通过相机捕捉、GPS 定位以及强大的计算机处理和传感器技术，利用大数据分析能够适应路面变化，确保在道路上安全驾驶。大数据技术可以用来优化智能交通、电网等。

## 7. 提高安全保障和高效执法

当前，很多国家和政府部门，采用大数据技术分析预测恐怖主义活动，监控不法分子的生活。一些部门，如公安、税务等，可使用大数据技术预防犯罪和偷税漏税行为。金融系统可使用大数据技术来检测欺诈性金融交易。国防、部分高技术企业则可使用大数据技术来提高网络监测和预防可能的网络攻击。

## 8. 完善城市服务

大数据还被用来改善城市服务。例如，基于实时交通信息、社交媒体和天气数据。利用大数据分析技术有助于城市服务更合理、更实时和更个性化，构建智能型城市。

## 9. 大数据使金融交易更理性

高频交易是指从那些人们无法利用极为短暂的市场变化中寻求获利的计算机化交易，比如，某种证券买入价和卖出价差价的微小变化，或者某只股票在不同交易所之间的微小价差。高频交易是大数据技术应用的重要领域。其中，大数据技术算法被用来作出交易决定。大多数股权交易都是通过大数据算法进行，综合考虑社交媒体网络和新闻网站的信息，利用大数据技术算法的结果，在几秒内做出是否交易的决定。

　　近年来，伴随云计算和大数据的发展热潮，数据作为一种无形资产的价值正在日益得到社会广泛认可。面向大数据时代，运营商的及时转型成为必然，否则将有被互联网企业超越的可能。运营商需要重视并建立大数据体系，掌握大数据技能，发掘大数据价值，对内可实现智慧运营，为用户提供精细化营销服务，对外可提供增值化业务，将数据提供给零售行业、金融业和保险业等，实现数据的二次营销，从而为自身的转型发展提供强劲的动力。政府部门可以借助大数据提高政府执行和服务的能力，维持社会长治久安。当然，随着大数据技术的应用越来越普及，很多其他应用领域都会从大数据技术的发展中得到巨大回报，并衍生出很多新的应用。

# 参 考 文 献

阿里尔·扎拉奇，莫里斯·斯图克，2018. 算法的陷阱：超级平台算法垄断与场景欺骗？[M]. 余潇，译. 北京：中信出版集团.

艾伯特·拉斯洛·巴拉巴西，2012. 爆发：大数据时代预见未来的新思维[M]. 马慧，译. 北京：中国人民大学出版社.

布莱恩·克雷布斯，2016. 裸奔的隐私：你的资金、个人隐私甚至生命安全正被侵犯[M]. 曹烨，房小然. 译. 广州：广东人民出版社.

陈仕伟，2018. 大数据时代数字鸿沟的伦理治理[J]. 创新，12(3)：15-22.

大数据治国战略研究课题组，2017. 大数据领导干部读本[M]. 北京：人民出版社.

刁生富，姚志颖，2019. 大数据技术的价值负载与责任伦理建构——从大数据"杀熟"说起[J]. 山东科技大学学报(社会科学版)，21(05)：8-13+51.

方滨兴，贾焰，李爱平，2016. 大数据隐私保护技术综述[J]. 大数据，2(1)：1-18.

冯登国，张敏，李昊，2014. 大数据安全与隐私保护[J]. 计算机学报，37(1)：246-258.

何渊，2019. 大数据战争：人工智能时代不能不说的事[M]. 北京：北京大学出版社.

贾雷德·戴蒙德，2012. 第三种黑猩猩：人类的身世与未来[M]. 王道还，译. 上海：上海译文出版社.

李树栋，贾焰，吴晓波，2017. 从全生命周期管理角度看大数据安全技术研究[J]. 大数据，(3)：1-19.

李文军，2018. 计算机云计算及其实现技术分析[J]. 军民两用技术与产品，(22)：57-58.

梁耀东，2019. 无限的网络内容与不变的伦理责任——《国家治理与网络伦理》书评[J]. 长沙大学学报，33(3)：160.

林子雨，2017. 大数据技术原理与应用[M]. 第2版. 北京：人民邮电出版社.

刘鹏，张燕，付雯，等，2018. 大数据导论[M]. 北京：清华大学出版社.

邱仁宗，黄雯，翟晓梅，2014. 大数据技术的伦理问题[J]. 科学与社会，4(1)：36-48.

单志广，房毓菲，王娜，2016. 大数据治理：形势、对策与实践[M]. 北京：科学出版社.

汤姆·福雷斯特，佩里·莫里森，2006. 计算机伦理学——计算机学中的警示与伦理困境[M]. 陆成，阮笛，译. 北京：北京大学出版社.

特雷尔·拜纳姆，西蒙·罗杰森，2010.计算机伦理与专业责任[M]. 李伦，金红，曹建平，等，译. 北京：北京大学出版社.

特蕾莎·佩顿，西奥多·克莱普尔，2016. 大数据时代的隐私[M]. 郑淑红，译. 上海：上海科学技术出版社.

田鹏颖，戴亮，2019. 大数据时代网络伦理规制研究[J]. 东北大学学报(社会科学版)，21(3)：221-227.

涂子沛，2015. 大数据：正在到来的数据革命[M]. 南宁：广西师范大学出版社.

维克托·迈尔·舍恩伯格，肯尼思·库克耶，2013. 大数据时代[M]. 盛杨燕，周涛，译. 杭州：浙江人民出版社.

许子明，田杨锋，2018. 云计算的发展历史及其应用[J]. 信息记录材料，19(8)：66-67.

严卫，钱振江，周立凡，等，2019. 人工智能大数据伦理问题的研究[J]. 科技风，(28)：105-106.

俞宏峰，2012. 大规模科学可视化[J]. 中国计算机学会通讯，8(9)：29-36.

岳瑨，2016. 大数据技术的道德意义与伦理挑战[J]. 马克思主义与现实，(05)：91-96.

张尼，张云勇，胡坤，等，2014.大数据安全技术与应用[M].北京：人民邮电出版社.

张尧学，胡春明，2019. 大数据导论[M]. 北京：机械工业出版社.

张玉宏，2016. 品味大数据[M]. 北京：北京大学出版社.

周莉娜，洪亮，高子阳，2019. 唐诗知识图谱的构建及其智能知识服务设计[J].图书情报工作，63(2):24-33.

Manning J T, Taylor R P, 2001. Second to fourth digit ratio and male ability in sport：implications for sexual selection in humans[J]. Evolution and Human Behavior，22(1)：61-69.